山东省高等教育名校建设工程课程改革教材

水利工程施工监理

主　编　周长勇　刘　宁
副主编　魏桂良　王　宁
主　审　杜守建　刘彭江

黄河水利出版社
·郑州·

内 容 提 要

本书为中央财政支持提升社会服务能力重点建设专业和山东省高等教育名校建设工程重点建设专业——水利工程专业与水利水电工程管理专业课程改革系列教材之一,是本着高职教育的特色,依据中央财政支持专业建设方案和山东省特色名校建设方案要求进行编写的。本书共分5个项目、24项工作任务,主要内容包括水利工程监理基本知识、水利工程施工准备阶段的监理、水利工程施工实施阶段的监理、水利工程验收及保修期阶段的监理、水利工程监理系列文件等。内容范围广泛,实用性强。

本书可作为水利工程专业、水利水电工程管理专业的教学用书,也可作为水利水电建筑工程等专业和水利工程技术人员的参考用书,又可作为监理员、监理工程师等资格考试及培训的参考用书。

图书在版编目(CIP)数据

水利工程施工监理/周长勇,刘宁主编.—郑州:黄河水利出版社,2014.6

山东省高等教育名校建设工程课程改革教材

ISBN 978-7-5509-0807-9

Ⅰ.①水… Ⅱ.①周… ②刘… Ⅲ.①水利工程-工程施工-施工监理-高等职业教育-教材 Ⅳ.①TV523

中国版本图书馆CIP数据核字(2014)第103152号

组稿编辑:王路平 电话:0371-66022212 E-mail:hhslwlp@163.com

出 版 社:黄河水利出版社

地址:河南省郑州市顺河路黄委会综合楼14层 邮政编码:450003

发行单位:黄河水利出版社

发行部电话:0371-66026940、66020550、66028024、66022620(传真)

E-mail:hhslcbs@126.com

承印单位:郑州文华印务有限公司印刷

开本:787 mm×1 092 mm 1/16

印张:19.5

字数:450千字　　印数:1—3 100

版次:2014年6月第1版　　印次:2014年6月第1次印刷

定价:42.00元

前言

本书是依据中央财政支持提升社会服务能力重点建设专业和山东省高等教育名校建设工程重点建设专业——水利工程专业和水利水电工程管理专业的人才培养方案和课程建设目标要求,并按照有关水利工程监理的新规范、新法规、新标准,在教育部高等学校高职高专水利水电工程专业教学指导委员会指导下编写完成的。在吸收有关教材和技术文献资料精华的基础上,充实了新思想、新理论、新方法和新技术,另外不过分苛求学科的系统性和完整性,强调理论联系实际,突出应用性。

水利工程施工监理是水利工程专业和水利水电工程管理专业建设的一门理论与实践相结合的必修核心课程。本书共包括5个项目、24项工作任务,其主要任务是使学生掌握水利工程监理基本知识、水利工程施工准备阶段的监理、水利工程施工实施阶段的监理、水利工程验收及保修期阶段的监理、水利工程监理系列文件等基本知识和基本技能,为从事水利工程监理工作和参加监理员、监理工程师等资格培训及考试打下基础。

水利工程施工监理课程改革推行任务驱动、项目导向等"教、学、做"一体化的教学模式。本课程除要求学生掌握水利工程监理的基本知识外,还着重培养学生掌握水利工程施工准备阶段、施工实施阶段、验收及保修期阶段的监理等基本技能,还能熟练掌握水利工程监理系列文件的编制。因此,在教材的每个项目中列举了一些典型项目案例和职业能力实训题目。

本书由山东水利职业学院、山东省水利工程建设监理公司和山东省科源工程建设监理中心组织山东水利职业学院教师及水利工程监理单位一线专家共同编写,编写人员及编写分工如下:周长勇(山东水利职业学院)、李晓(山东省科源工程建设监理中心)编写项目一、项目二、附录,刘宁(山东水利职业学院)、王麦吉(日照市源泉工程建设监理有限公司)编写项目三,魏桂良(山东水利职业学院)、王宁(日照市水利移民管理局)编写项目四,王典鹤(山东水利职业学院)、赵德远(日照水源工程建设监理有限公司)编写项目五。本书由周长勇、刘宁担任主编,周长勇负责全书统稿;由魏桂良、王宁担任副主编;由山东水利职业学院杜守建教授担任校内主审,山东省水利工程建设监理公司刘彭江研究员担任行业主审。

在本书编写和出版过程中,得到了山东省水利工程建设监理公司、山东省科源工程建设监理中心和山东水利职业学院领导的大力支持,山东水利职业学院的甄红锋、曹广占、冷爱国、尹红莲等老师给予了帮助。同时,书中参考、引用和吸收了大量文献,未能一一详尽,在此一并致谢!

限于编者水平和时间关系,书中难免存在不足之处,恳请读者给予批评指正。

编 者

2014年3月

目 录

项目一 水利工程监理基本知识

【学习目标】

1. 能了解水利工程项目管理和水利工程建设管理法律法规基本知识。

2. 能理解我国的建设监理制。

3. 能熟悉水利工程建设监理人员、监理单位和监理组织。

4. 能具备监理员和监理工程师资格培训及考试的基本知识。

任务一 水利工程项目管理概述

一、工程项目

(一)项目的概念、种类与特性

1. 项目的概念

项目是指在一定的约束条件下,具有专门组织和特定目标的一次性任务(或事业、活动)。项目的概念有广义与狭义之分。就广义的项目概念而言,凡是符合上述定义的一次性任务都可以看作项目。在工程领域,狭义的项目概念一般专指工程项目,如修建一座水闸、一座水电站等具有质量、工期和投资目标要求的一次性工程建设任务。

2. 项目的种类

1)按项目成果的内容分类

项目可分为开发项目、科研项目、规划项目、建设工程项目、社会项目(如希望工程、申办奥运、社会调查、运动会、培训)等。

2)按项目的建设阶段分类

项目可分为预备项目、筹建项目、施工项目、建成投产项目、收尾项目、竣工项目等。

3)按项目的效益分类

项目可分为生产经营性项目、有偿服务性项目、社会效益性项目。

4)按实施的内容分类

项目可分为土建项目、金属结构安装项目、技术咨询服务项目等。

5)按专业(行业)性质分类

项目可分为水利项目、电力项目、市政项目、交通项目、供水项目、人力资源开发项目、环境保护项目等。

6)按建设性质分类

项目可分为新建项目、扩建项目、重建项目、迁建项目、恢复项目、维修项目等。

7)按项目规模分类

项目可分为大型项目、中型项目、小型项目等。

3.项目的特性

根据项目的内涵,项目的特性主要有:一次性或单件性、目标性、系统性、独特性、时限性、制约性等。

(二)建设项目的概念、特征与划分

1.建设项目的概念

建设项目即基本建设项目,是指按照一个总体设计进行施工,由若干个相互有内在联系的单项工程所组成,经济上实行统一核算,行政上实行统一管理的基本建设单位。

2.建设项目的特征

1)建设项目是若干单项工程的总体

各单项工程在建成后的工程运行中,以其良好的工程质量发挥其功能与作用,并共同组成一个完整的组织结构,形成一个有机整体,协调、有效地发挥工程的整体作用,实现整体的功能目标。

2)工程投资大,建设周期长

由于建设产品工程量巨大,尤其是水利工程,在建设期间要耗用大量的劳动、资源和时间,加之施工环境复杂多变,受自然条件影响大,这些因素都无时不在影响着工期、投资和质量。

3.建设项目的划分

为了工程管理工作的需要,建设项目可按单项工程、单位工程、分部工程和分项工程逐级划分。

根据《水利水电工程施工质量检验与评定规程》(SL 176—2007)规定,我国大、中型水利水电工程建设项目按级划分为单位工程、分部工程、单元(工序)工程等三级。其中,单位工程是指具有独立发挥作用或独立施工条件的建筑物。属于主要建筑物的单位工程称为主要单位工程。当主要建筑物规模较大时,为有利于施工质量管理,进行项目划分时常将具有独立施工条件的某一部分划为一个单位工程,如混凝土重力坝主坝,可按坝段将其划分为几个单位工程,每个单位工程都称为主要单位工程。分部工程是指在一个建筑物内能组合发挥一种功能的建筑安装工程,是组成单位工程的部分。对单位工程安全、功能或效益起决定性作用的分部工程称为主要分部工程。单元工程是指在分部工程中由几个工序(或工种)施工完成的最小综合体,是日常质量考核的基本单位。对工程安全或效益或使用功能有显著影响的单元工程称为关键部位单元工程。主要建筑物的隐蔽工程中,涉及严重影响建筑物安全或使用功能的单元工程称为重要隐蔽单元工程,如主坝坝基开挖中涉及断层或裂隙密集带的单元工程是重要隐蔽单元工程。

二、项目管理

(一)项目管理的概念、特征与内容

1.项目管理的概念

项目管理是指在建设项目生命周期内所进行的有效的规划、组织、协调、控制等系统的管理活动。其目的是在一定的约束条件下,最优地实现项目的目标。

2. 项目管理的特征

1) 目标明确

项目管理的目标,就是在限定的时间、限定的资源和规定的质量标准范围内,高效率地实现项目法人规定的项目目标。项目管理的一切活动都要围绕这一目标进行。项目管理的好坏,主要看项目目标的实现程度。

2) 计划管理

项目管理应围绕其基本目标,针对每一项活动的期限、资源投入、质量水平作出详细计划,并在实施中加以控制、执行。

3) 系统管理

项目管理是一种系统管理方法,这是由项目的系统性所决定的。项目是一个复杂的开放系统,对项目进行管理,必须从系统的角度出发,统筹协调项目实施的全过程、全部目标和与项目有关各方的活动。

4) 动态管理

由于项目人员和资源组织的临时性、项目内容的复杂性和项目影响因素的多变性,项目计划的执行应根据不断变化的情况及时作出调整,围绕项目目标实施动态管理。

3. 项目管理的内容

从现代项目管理的观点来看,项目管理的内容涉及项目人力资源管理、项目范围管理、项目质量管理、项目投资(费用)管理、项目进度管理、项目合同管理、项目信息管理、项目安全管理、项目风险管理、项目采购管理等。

(二) 建设项目管理的概念与类型

1. 建设项目管理的概念

建设项目管理是以建设项目为对象,以实现建设项目的质量目标、投资目标和进度目标为目的,对建设项目进行高效率的计划、组织、协调、控制的有限循环管理过程。

2. 建设项目管理的类型

建设项目的管理者应由参与建设活动的各方组成,即项目法人、设计单位、施工单位、监理单位等。因此,项目管理的类型可分为:项目法人的建设项目管理、设计单位的建设项目管理、施工单位的建设项目管理、监理单位的建设项目管理等。

三、水利工程项目建设程序

建设程序是指建设项目从设想、规划、评估、决策、设计、施工到竣工验收、投入生产整个建设过程中,各项工作必须遵循的先后次序的法则。这个法则是人们在长期的工程实践中总结出来的。它反映了建设工作所固有的客观规律和经济规律,是建设项目科学决策和顺利进行的重要保证。

水利部《水利工程建设项目管理规定(试行)》(水建〔1995〕128 号)和《水利工程建设程序管理暂行规定》(水建〔1998〕16 号)规定,水利工程建设程序一般分为:项目建议书、可行性研究报告、初步设计、施工准备(包括招标设计)、建设实施、生产准备、竣工验收、后评价等阶段。其中,项目建议书、可行性研究报告、初步设计属于前期工作阶段;施工准备、建设实施属于工程实施阶段;生产准备、竣工验收、后评价属于竣工投产阶段。

(一)前期工作阶段

1. 编制主体

项目建议书、可行性研究报告和初步设计报告由水行政主管部门或项目法人委托编制。项目建议书、可行性研究报告和初步设计报告等前期工作技术文件的编制必须由具有相应资质的勘测设计单位承担,初步设计(含施工图设计)需按照国家有关规定采取招标方式,择优选择设计单位。

2. 编制依据

项目建议书的编制以党和国家的方针政策、已批准的流域综合规划及专业规划、水利发展中长期规划为依据;可行性研究报告的编制以批准的项目建议书为依据(立项过程简化者除外);初步设计报告的编制以批准的可行性研究报告为依据。

3. 应具备的必要文件

1)项目建议书上报应具备的必要文件

(1)水利基本建设项目的外部建设条件涉及其他省、行业等利益时,必须附具有关省和行业部门意见的书面文件;

(2)水行政主管部门或流域机构签署的规划同意书;

(3)项目建设与运行管理初步方案;

(4)项目建设资金的筹集方案及投资来源意向。

本阶段的主要任务是对拟建项目进行初步说明,论述其建设的必要性、建设条件的可行性,并确定是否进行下一步工作(从国家的产业政策考虑)。

2)可行性研究报告应具备的必要文件

(1)由省水行政主管部门或市发展和改革部门向省发展和改革委员会提交关于申请建设项目审批的正式文件;

(2)具有乙级或以上工程咨询资格和相应专业机构编制的可行性研究报告;

(3)国土资源部门出具的项目用地预审意见;

(4)环境保护行政主管部门的环境影响评价意见;

(5)规划行政主管部门出具的规划选址意见;

(6)具有相应工程咨询资格和相应专业机构编制的节能评估报告书或节能评估表、节能登记表;

(7)依法必须进行招标的,提供建设项目招标方案;

(8)按有关规定应提交的其他文件,如移民规划大纲等。

应注意的是,土地预审(含压矿调查、地质灾害评价)、水土保持方案、环境影响评价、移民规划大纲是上报可行性研究报告的必备要件。有的手续文件较难办理,如土地手续办理时需办理林地可行性研究报告。

本阶段的主要任务为:可行性研究报告是对项目进行方案比较,对技术上是否可行、经济上是否合理进行科学分析和论证。可行性研究报告的作用是论证建设项目是否有必要建设,是否可能建设和如何建设的问题,为投资者的最终决策提供依据。

3）初步设计报告上报应具备的必要文件

（1）可行性研究报告的批准文件；

（2）资金筹措文件；

（3）项目建设及建成投入使用后的管理机构批复文件和管理维护经费承诺文件。

初步设计是工程建设的核心文件，是工程施工、稽查、审计、绩效评估的主要依据。

本阶段的主要任务是对设计对象进行通盘研究，提出具体实施方案，阐明项目在技术上的可能性和经济上的合理性，确定各项基本技术参数，并编制项目概算。

大中型水利工程实行施工图设计文件（含招标设计、实施方案等）审查制度。水行政主管部门应当对工程设计文件（含招标设计、实施方案等）中涉及公共利益、公共安全、工程建设强制性标准的内容进行审查，未经审查的施工图设计文件不得使用。

4. 审批权限

1）项目建议书、可行性研究报告的审批权限

大中型水利基本建设项目的项目建议书、可行性研究报告，经技术审查后，由水利部提出审查意见，报国家发展和改革委员会审批；总投资2亿元以上的，报国务院审批。其他中央项目的项目建议书、可行性研究报告由水利部或委托流域机构审批；其他地方项目，使用中央补助投资的由省有关部门按基本建设程序审批。

2）初步设计审批权限

中央项目，地方大中型堤防工程、水库枢纽工程、水电工程以及其他技术复杂的项目，中央在立项阶段决定参与投资的地方项目，全国重点或总投资2亿元以上的病险水库（闸）除险加固工程，省际边界工程由水利部或流域机构审批。

其他地方项目的初步设计由省级水行政主管部门审批。

5. 设计变更

2012年水利部制定出台了《水利工程设计变更管理暂行办法》，将设计变更分为重大设计变更和一般设计变更，要求设计变更须严格履行变更审批程序。其中，一般设计变更由项目法人审批，重大设计变更报原审批单位进行审批。

（二）工程实施阶段

1. 施工准备

施工准备的主要内容包括以下方面：

（1）施工现场的征地、拆迁；

（2）完成施工用水、电、通信、路和场地平整等工程；

（3）必需的生产、生活临时建筑工程；

（4）组织招标设计、咨询、设备和物资采购等服务；

（5）组织建设监理和主体工程招标投标，并择优选定建设监理和施工单位。

2. 建设实施

建设实施阶段是指主体工程的建设实施，项目法人按照批准的建设文件，组织工程建设，保证项目建设目标的实现。根据《水利部关于取消三项水利部行政许可项目的公告》（2013年第35号），取消了水利工程开工审批。为了明确水利工程开工审批取消后的管理措施，做好衔接工作，加强后续监管，以保障水利工程建设质量，水利部以《水利部关于

水利工程开工审批取消后加强后续监管工作的通知》(水建管〔2013〕331 号)规定对水利工程开工实行“备案制”,即:水利工程具备开工条件后,由项目法人自主确定工程开工,但项目法人应当自工程开工之日起 15 个工作日内,将开工情况的书面报告报项目主管单位和上一级主管单位备案,以便监督管理。

水建管〔2013〕331 号规定水利工程开工需具备的条件为:项目法人已设立,初步设计已批准,施工详图设计满足主体工程施工需要,建设资金已落实,主体工程施工、监理单位已按规定选定并依法签订了合同,工程阶段验收、竣工验收主持单位已明确,质量安全监督手续已办理,主要设备和材料已落实来源,施工准备和征地移民工作满足主体工程开工需要等。

(三)竣工投产阶段

1. 生产准备

生产准备是项目投产前所要进行的一项重要工作,是建设阶段转入生产经营的必要条件。项目法人应当按照建管结合和项目法人责任制的要求,适时做好有关生产准备工作。生产准备工作的主要内容包括:生产组织准备、生产人员准备、生产技术准备、生产物资准备、生产生活福利设施准备、生产资金准备等。

2. 竣工验收

竣工验收是工程完成建设目标的标志,是全面考核基本建设成果、检验设计和工程施工质量的重要步骤。竣工验收合格后的项目即从基本建设转入生产或使用。

3. 后评价

项目竣工投产,一般经过 1 ~ 2 年生产运营后,要进行项目的后评价工作,主要内容包括影响评价、经济效益评价、过程评价等。项目后评价一般按三个层次组织实施,即项目法人的自我评价、项目行业的评价、发改部门的评价。

四、水利工程建设项目管理体制

水利部《水利工程建设项目管理规定》(水建〔1995〕128 号)第五条指出:水利工程建设要推行项目法人责任制、招标投标制和建设监理制,积极推行项目管理。

经过几十年的探索、总结、发展,我国水利工程建设领域逐步形成了以建设项目法人责任制、招标投标制、建设监理制为核心的建设管理体制(系)。即以项目法人为核心的招标发包体系,以设计、施工、材料设备供应为核心的投标承包体系,以监理单位为核心的技术咨询服务体系,构筑了当前工程项目建设管理的基本格局。其目的在于促进参与工程建设的项目法人、承包人、监理单位三元主体,应用现代项目管理科学的、系统的方法,确保工程质量,缩短建设工期,提高投资效益,最优实现项目目标。

任务二　水利工程建设监理法规基本知识

一、我国法律规范的形式

我国法律规范的主要形式是规范性文件。规范性文件是相对于非规范性文件而言的。规范性文件是指国家机关在其权限范围内,按照法定程序制定和颁布的含有一定普遍约束力的行为规则的文件。广义的规范性文件是指属于法律范畴(宪法、法律、行政法规、地方法规、规章等)的立法性文件和除此以外的由国家机关和其他团体、组织制定的具有约束力的非立法性文件的总和。通常所说的规范性文件指狭义的规范性文件,是指法律范畴以外的其他具有约束力的非立法性文件。

在我国,由于制定规范性文件的国家机关不同,文件的名称和法律效力也不同,依效力由高到低,依次分为宪法,法律,行政法规,地方性法规、自治条例和单行条例,规章等。

(一)宪法

我国的宪法以法律的形式确认了我国各族人民奋斗的成果,规定了我国的根本制度和根本任务、公民的基本权利和义务,以及国家机关等,是我国的根本法,具有最高的法律效力。全国各族人民、一切国家机关和武装力量、各政党和各社会团体、各企业事业组织,都必须以宪法为根本的活动准则,并且负有维护宪法尊严、保证宪法实施的职责。

(二)法律

法律分为基本法律和其他法律。基本法律是指由全国人民代表大会制定和修改的刑事、民事、国家机构的法律。其他法律是指全国人民代表大会常务委员会制定和修改除应由全国人民代表大会制定的法律。

(三)行政法规

行政法规指国务院根据宪法和法律而制定的规范性文件。行政法规由国务院组织起草,其决定程序依照《中华人民共和国国务院组织法》的有关规定处理,一般经国务院常务会议审议通过,由国务院总理签署国务院令发布、施行。

(四)地方性法规、自治条例和单行条例

1. 地方性法规

地方性法规包括省级地方性法规和较大的市地方性法规,由省、自治区、直辖市和较大的市的人民代表大会及常务委员会,根据各自行政区域的具体情况和实际需要制定。

2. 自治条例和单行条例

自治条例和单行条例是由民族自治地方(如自治区、自治州、自治县)的人民代表大会,依照当地民族的政治、经济和文化特点制定的。

(五)规章

1. 部门规章

部门规章是指由国务院各部、委员会、中国人民银行、审计署和具有行政管理职能的直属机构,依据法律和国务院行政法规,在本部门的权限范围内制定的规范性文件。部门规章应经部务会议或者委员会会议决定,由部门首长签署命令予以公布。

2. 地方政府规章

地方政府规章是指由省、自治区、直辖市和较大的市的人民政府,根据法律、行政法规和本省、自治区、直辖市的地方性法规制定的规范性文件。地方政府规章应经政府常务会议或全体会议决定,由省长或自治区主席或市长签署命令予以公布。

二、水利工程建设监理法规构成

(一)法律关系

人们在社会生活的各个领域结成广泛的社会关系。法律关系是由法律规范所调整的社会关系,具体表现为法律上的权利义务关系。各种不同的社会关系需要各种不同的法律规范去调整,从而形成各种不同的法律关系。我国的法律关系主要包括行政法律关系、民事法律关系和刑事法律关系等。

(二)水法规体系

水是生命之源、生产之要、生态之基。

1988 年 1 月 12 日,第六届全国人民代表大会常务委员会第二十四次会议审议通过的《中华人民共和国水法》的颁布,是新中国第一部规范水事活动的法律,标志着我国水利事业走上法制化轨道。根据水利部拟定的《水法规体系总体规划》,水法规体系主要涉及水资源开发利用和保护、水土保持、防洪抗旱、工程建设管理和保护、经营管理、执法监督管理、其他等七个方面。

(三)水利工程建设管理法规体系

水利工程建设管理法规体系构成是由水利工程建设管理中所发生的各种社会关系(包括水利工程建设管理活动中的行政管理关系、经济协作及其相关关系的民事关系)、规范水利工程建设行为、监督管理水利工程建设活动的法律规范组成的有机统一整体,是水法规体系中七个子体系之一。

水利工程建设管理法规体系由不同级别的国家机关、地方政府、水行业管理部门制定的对水利工程建设管理具有一定的普遍约束力的文件组成。按照效力高低的不同,可分为法律、行政法规、规章和规范性文件;按照文件的作用不同,可分为综合性法规,建设管理体制法规,项目前期工作管理法规,建设项目监督管理法规,工程质量与安全管理法规,工程验收、资质资格管理法规和其他等。

三、综合性法律、法规简介

(一)法律

1.《中华人民共和国水法》

1988 年 1 月通过的《中华人民共和国水法》(以下简称《水法》)的实施,对规范水资源开发利用和保护、加强管理、防治水害、促进水利事业的发展,发挥了积极的作用。根据经济社会的发展和水资源需求发生的新的变化,水利部在深入调查研究基础上,总结了原《水法》实施 14 年的实践经验,完成了《水法》修订草案,于 2002 年 8 月 29 日经全国人民代表大会常务委员会审议通过修订后的新《水法》,自 2002 年 10 月 1 日起施行。

修订后的《水法》分八章(共 82 条):第一章总则,第二章水资源规划,第三章水资源开发利用,第四章水资源、水域和水工程的保护,第五章水资源配置和节约使用,第六章水事纠纷处理与执法监督检查,第七章法律责任,第八章附则。

2.《中华人民共和国防洪法》

《中华人民共和国防洪法》(以下简称《防洪法》)于 1998 年 1 月 1 日经全国人民代表

大会常务委员会通过并颁布实施。《防洪法》分八章(共66条):第一章总则,第二章防洪规划,第三章治理与防护,第四章防洪区和防洪工程设施的管理,第五章防汛抗洪,第六章保障措施,第七章法律责任,第八章附则。

3.《中华人民共和国环境保护法》

《中华人民共和国环境保护法》(以下简称《环境保护法》)于1989年12月26日经第七届全国人民代表大会常务委员会第十一次会议通过并颁布实施。《环境保护法》分六章(共47条):第一章总则,第二章环境监督管理,第三章保护和改善环境,第四章防止环境污染和其他公害,第五章法律责任,第六章附则。

4.《中华人民共和国水土保持法》

《中华人民共和国水土保持法》(以下简称《水土保持法》)于1991年6月29日经第七届全国人民代表大会常务委员会第二十次会议通过并颁布实施,2010年12月25日第十一届全国人民代表大会常务委员会第十八次会议修订并颁布实施。修订后的《水土保持法》分七章(共60条):第一章总则,第二章规划,第三章预防,第四章治理,第五章监测和监督,第六章法律责任,第七章附则。

5.《中华人民共和国水污染防治法》

《中华人民共和国水污染防治法》(以下简称《水污染防治法》)于1984年5月11日经第六届全国人民代表大会常务委员会第五次会议通过并颁布实施;1996年5月15日第八届全国人民代表大会常务委员会第十九次会议通过《关于修改〈中华人民共和国水污染防治法〉的决定》修正。2008年2月28日《中华人民共和国水污染防治法》由第十届全国人民代表大会常务委员会第三十二次会议修订通过,自2008年6月1日起施行。修订后的《水污染防治法》分八章(共92条):第一章总则,第二章水污染防治的标准和规划,第三章水污染防治的监督管理,第四章水污染防治措施,第五章饮用水水源和其他特殊水体保护,第六章水污染事故处理,第七章法律责任,第八章附则。

6.《中华人民共和国合同法》

《中华人民共和国合同法》(以下简称《合同法》)于1999年3月15日经第九届全国人民代表大会常务委员会第二次会议通过并自1999年10月1日起施行。《合同法》包括总则、分则、附则三部分。总则分八章(共129条):第一章一般规定,第二章合同的订立,第三章合同的效力,第四章合同的履行,第五章合同的变更和转让,第六章合同的权利义务和终止,第七章违约责任,第八章其他规定。分则分十五章(共298条),分别介绍了15种合同的法律规定。附则规定《合同法》自1999年10月1日起施行。

7.《中华人民共和国招标投标法》

《中华人民共和国招标投标法》(以下简称《招标投标法》)于1999年8月30日第九届全国人民代表大会常务委员会第十一次会议通过并自2000年1月1日起施行。《招标投标法》分六章(共68条):第一章总则,第二章招标,第三章投标,第四章开标、评标和中标,第五章法律责任,第六章附则。

(二)行政法规、规章、规范性文件

1.《贯彻质量发展纲要提升水利工程质量的实施意见》

为深入贯彻落实国务院《质量发展纲要(2011~2020年)》(以下简称《质量发展纲

要》),水利部印发了《贯彻质量发展纲要提升水利工程质量的实施意见》(水建管〔2012〕581号,以下简称《实施意见》),要求以科学发展观为指导,深入贯彻落实党的十八大、中央关于加快水利改革发展的决定和《质量发展纲要》精神,牢固树立质量第一、安全为先的理念,进一步强化质量意识,完善管理机制,落实主体责任,加强政府监督,全面提升水利建设质量管理工作能力和水平,确保水利工程质量、安全和效益,为促进经济社会又好又快发展提供强有力的水利支撑和保障。

《实施意见》确定的工作目标是:到2020年,水利工程质量水平全面提升,国家重点水利工程质量达到国际先进水平,人民群众对水利工程质量满意度显著提高。到2015年,水利工程质量整体水平保持稳中有升,重点骨干工程的耐久性、安全性、可靠性普遍增强;水利工程质量通病治理取得显著成效;大中型水利工程项目一次验收合格率达到100%,其他水利工程项目一次验收合格率达到98%以上,人民群众对水利工程质量(特别是民生水利工程质量)满意度明显提高,水利工程质量投诉率显著下降,水利工程质量技术创新能力明显增强。

在加强质量管理方面,《实施意见》明确要完善质量管理体制,加大政府对水利工程质量监督管理的力度,完善水利工程建设项目法人对水利工程质量负总责,勘察、设计、施工、监理及质量检测等单位依法各负其责的质量管理体系,构建政府监管、市场调节、企业主体、行业自律、社会参与的质量工作格局。在项目法人、勘察设计、施工、监理、质量检测、质量评定和验收、工程档案、质量保修、工程运行管理等方面,《实施意见》有针对性地提出了加强管理的具体措施。

在落实质量责任方面,《实施意见》明确:一要落实从业单位质量主体责任,项目法人、勘察、设计、施工、监理及质量检测等从业单位是水利工程质量的责任主体,项目法人对水利工程质量负总责,其他从业单位依法各负其责;二要落实从业单位领导人责任制,各单位的法定代表人或主要负责人对所承建项目的工程质量负领导责任;三要落实从业人员责任,勘察设计工程师、项目经理、总监理工程师等从业人员按照各自职责对工程质量负责;四要落实质量终身责任制,从业单位的工作人员按各自职责对其经手的工程质量负终身责任。

在加强监督管理方面,《实施意见》明确:一要加快质量法治建设,加快质量管理规章制度的制定和修订,形成覆盖广、内容全的水利工程质量管理规章制度体系,严格依法行政,加大水利工程质量执法力度;二要加强政府监督管理,各级水行政主管部门对水利工程质量负监管责任,按照分级负责的原则开展水利工程质量监督工作,推行质量分类监管和差别化监管,提高监管工作的针对性和有效性;三要加强质量风险管理,开展质量隐患大排查,提升风险防范能力,有效预防、及时控制和消除水利工程质量事故的危害;四要推进质量诚信体系建设,加大对质量失信惩戒力度,健全诚信奖惩机制;五要严厉打击质量违法行为,深挖细查背后隐藏的违纪违法问题;六要开展水利工程质量管理年活动,形成全行业重视质量发展的浓厚氛围。

在夯实质量基础方面,《实施意见》明确:一要健全技术标准体系,加快质量标准体系建设,切实提高标准的目的性、实用性和协调性;二要推进信息化建设,实现水利工程质量动态监控、管理,提高质量控制和质量管理的信息化水平;三要加强质量文化建设,努力形成政府重视质量、企业追求质量、行业崇尚质量、人人关心质量的良好氛围；四要鼓励质量技术创新，促进全国水利工程质量技术水平的进一步提升；五要建立质量激励机制，引导水利行业树立重质量、讲诚信、树品牌的理念。

在加强队伍建设方面，《实施意见》明确：一要加强质量监督机构能力建设，使监督机构数量、专业、人员规模与水利建设规模相适应，建立责权明确、行为规范、执法有力的质量监管队伍；二要加强专业技术执业人员能力建设，努力造就一批经验丰富、技术过硬的设计、施工、监理、质量检测工程师队伍，完善人才技术保障体系；三要加强一线人员质量教育培训，提高一线从业人员的质量意识和准确应用工程建设标准的技能，推动全行业人员素质得到整体提升。

2.《关于加强公益性水利工程建设管理的若干意见》

2000 年 5 月 20 日，国家计委、财政部、水利部、建设部向国务院报送了《关于加强公益性水利工程建设管理的若干意见》（以下简称《若干意见》）。2000 年 7 月 1 日国务院以国发〔2000〕20 号发出通知，批准转发了《若干意见》，要求各省、自治区、直辖市人民政府，国务院各部委、各直属机构认真贯彻执行。

《若干意见》共分七个部分，即建立健全水利工程建设项目法人责任制，加强水利工程项目的前期工作，加强水利工程建设的施工组织，严格水利工程建设项目验收制度，加强水利工程建设项目的计划与资金管理，加强对水利工程建设的检查监督，其他。

3.《水利工程建设项目管理规定（试行）》

1995 年 4 月 21 日，水利部建设与管理司颁发了《水利工程建设项目管理规定（试行）》（水建〔1995〕128 号）。该规定分六章（共 24 条）：第一章总则，第二章管理体制及职责，第三章建设程序，第四章实行“三项制度”改革，第五章其他管理制度，第六章附则。

4.《水利工程建设程序管理暂行规定（试行）》

在 1995 年 4 月 21 日颁布的《水利工程建设项目管理规定（试行）》中，明确了水利工程建设程序包括项目建议书、可行性研究报告、初步设计、施工准备（包括招标设计）、建设实施、生产准备、竣工验收、后评价等 8 个阶段。在此基础上，1998 年 1 月 7 日，水利部建设与管理司颁发了《水利工程建设程序管理暂行规定》（水建〔1998〕16 号），对水利工程建设程序各阶段的内容与要求作了进一步的规定。

四、建设管理机制有关的法律、法规、规章和规范性文件

在《水利工程建设项目管理规定（试行）》（水建〔1995〕128 号）中明确了水利工程建设要推行项目法人责任制、招标投标制和建设监理制等“三项制度”。实行“三项制度”有关的法律、法规、规章和规范性文件主要有：

（1）《关于实行建设项目法人责任制的暂行规定》（国家计委计建设〔1996〕673 号）。

（2）《水利工程建设项目实行项目法人责任制的若干意见》（水建〔1995〕129 号）。

（3）《关于在水利工程实行项目法人责任制整改工作的通知》（建管综〔1999〕3 号）。

（4）《关于加强公益性水利工程建设管理的若干意见》（国发〔2000〕20 号）。

（5）《水利工程建设项目管理暂行规定》（水建〔1995〕128 号）。

（6）《水利工程建设监理规定》（水利部令第 28 号）。

(7)《中华人民共和国招标投标法》(1999 年 8 月 30 日经第九届全国人民代表大会常务委员会第十一次会议通过,2000 年 1 月 1 日起施行)。

(8)《中华人民共和国招标投标法实施条例》(2011 年 11 月 30 日国务院第 183 次常务会议通过,国务院令第 613 号,自 2012 年 2 月 1 日起施行)。

(9)《水利工程建设项目招标投标管理规定》(水利部令第 14 号)。

(10)《关于国务院有关部门实施招标投标活动行政监督的职责分工的意见》(国办发〔2000〕34 号)。

(11)《工程建设项目招标范围和规模标准规定》(国家发展计划委员会令第 3 号)。

(12)《招标公告发布暂行办法》(国家发展计划委员会令第 4 号)。

(13)《工程建设项目自行招标办法》(国家发展计划委员会令第 5 号)。

(14)《建设项目可行性研究报告增加招标内容以及核准招标事项暂行规定》(国家发展计划委员会令第 3 号)。

(15)《评标委员会和评标方法暂行规定》(国家发展计划委员会、国家经济贸易委员会、建设部、铁道部、交通部、信息产业部、水利部令第 12 号)。

(16)《工程建设项目施工招标投标办法》(国家发展计划委员会、建设部、铁道部、交通部、信息产业部、水利部、民用航空总局、国家广电总局令第 30 号)。

(17)《工程建设项目勘察设计招标投标办法》(国家发展计划委员会、建设部、铁道部、交通部、信息产业部、水利部、民用航空总局、国家广电总局令第 2 号)。

(18)《水利工程建设项目重要设备材料采购招标投标管理办法》(水建管〔2002〕585 号)。

(19)《水利工程建设项目监理招标投标管理办法》(水建管〔2002〕587 号)。

(20)《水利工程建设项目施工分包管理暂行规定》(水建管〔1998〕481 号)。

(21)《国务院办公厅关于进一步规范招投标活动的若干意见》(国办发〔2004〕56 号)。

(22)《关于印发水利水电工程标准施工招标资格预审文件和水利水电工程标准施工招标文件通知》(水建管〔2009〕629 号)。

五、建设前期工作有关的法律、法规、规章和规范性文件

《水利工程建设项目管理暂行规定》(水建〔1995〕128 号)第十一条规定:建设前期包括项目建议书、可行性研究报告和初步设计。建设前期工作有关的法律、法规、规章和规范性文件主要有:

(1)《水利工程建设项目管理规定(试行)》(水建〔1995〕128 号)。

(2)《水利工程建设程序管理暂行规定》(水建〔1998〕16 号)。

(3)《河道管理范围内建设项目管理有关规定》(水利部、国家计委水政〔1992〕7 号)。

(4)《堤防工程建设计划管理暂行办法》(水规计〔1997〕77 号)。

(5)《大型重点险库项目除险加固建设管理办法》(计投资〔1998〕1182 号)。

(6)《病险水库除险加固工程项目建设管理办法》(发改办农经〔2005〕806 号附件一)。

(7)《关于进一步做好病险水库除险加固工作的通知》(水建管〔2008〕49 号)。

(8)《关于加强重点小型病险水库除险加固项目建设管理的指导意见》(水建管〔2008〕348号)。

(9)《农村饮水安全项目建设管理办法》(发改农经〔2007〕1752号)。

(10)《水土保持工程建设管理办法》(发改投资〔2007〕1686号)。

(11)《大型灌区节水续建配套项目建设管理办法》(发改投资〔2005〕1506号)。

(12)《中央财政小型农田水利重点县建设管理办法》(财农〔2009〕336号)。

(13)《水利水电工程项目建议书编制暂行规定》(水规计〔1996〕608号)。

(14)《水电工程可行性研究报告编制规程》(DL/T 5020—2007)。

(15)《水利水电工程初步设计报告编制规程》(SL 619—2013)。

(16)《水利水电工程设计概(估)算编制规定》(水总〔2002〕116号)。

六、水利建设资金管理有关的法律、法规、规章和规范性文件

水利建设项目资金管理有关的法律、法规、规章和规范性文件主要有:

(1)《水利前期工作投资计划管理办法》(水规计〔1999〕333号)。

(2)《关于加强水利项目财政预算内专项资金管理暂行办法》(计投资〔1998〕1504号)。

(3)《中央水利建设基金财务管理暂行办法》(财农字〔1997〕158号)。

(4)《水利基本建设资金管理办法》(财基字〔1999〕139号)。

(5)《国债转贷地方政府管理办法》(财预字〔1998〕267号)。

(6)《预算外资金管理实施办法》(财基字〔1996〕104号)。

(7)《财政基本建设支出预算管理办法》(财基字〔1999〕30号)。

(8)《建设项目审计处理暂行规定》(审投发〔1996〕105号)。

(9)《大江大河大湖治理资金审计监督实施办法》(水审〔1995〕60号)。

(10)《关于建设项目工程预(结)算、竣工决算审查管理工作的通知》(财基字〔1998〕766号)。

(11)《财政部委托审价机构审查工程预(结)算、竣工决算管理办法》(财基字〔1999〕1号)。

(12)财政部、建设部《建设工程价款结算暂行办法》(财建〔2004〕369号)。

(13)《水利基本建设项目竣工财务决算编制规程》(SL 19—2008)。

(14)水利部《重点小型病险水库除险加固项目基本建设财务管理指导意见》(水财务〔2008〕494号)。

七、建设项目执法监督、稽查有关的法律、法规、规章和规范性文件

水利建设项目执法监督、稽查有关的法律、法规、规章和规范性文件主要有:

(1)《水利基本建设项目稽查暂行办法》(水利部令第11号)。

(2)《国家重大建设项目稽查办法》(国办发〔2000〕54号)。

(3)《重大建设项目违规问题举报办法(试行)》(计稽查〔1999〕404号)。

八、工程质量与安全管理有关的法律、法规、规章和规范性文件

水利工程质量与安全管理有关的法律、法规、规章和规范性文件主要有：

(1)《建设工程质量管理条例》(国务院令第279号)。

(2)《水利工程质量管理规定》(水利部令第7号)。

(3)《水利工程质量监督管理规定》(水建〔1997〕339号)。

(4)《水利工程质量检测管理规定》(水利部令第36号)。

(5)《水利工程质量事故处理暂行规定》(水利部令第9号)。

(6)《国务院办公厅关于加强基础设施工程质量管理的通知》(国办发〔1999〕16号)。

(7)《中华人民共和国安全生产法》(2002年6月29日经第九届全国人民代表大会常务委员会第二十八次会议通过,2002年11月1日起施行)。

(8)《建设工程安全生产管理条例》(国务院令第393号)。

(9)《水利工程建设安全生产管理规定》(水利部令第26号)。

(10)《水利工程建设安全生产监督检查导则》(水安监〔2011〕475号)。

(11)《民用爆炸物品安全管理条例》(国务院令第466号)。

(12)《水利水电工程施工通用安全技术规程》(SL 398—2007)。

(13)《水利水电工程土建施工安全技术规程》(SL 399—2007)。

(14)《水利水电工程金属结构与机电设备安装安全技术规程》(SL 400—2007)。

(15)《水利水电工程施工作业人员安全操作规程》(SL 401—2007)。

(16)《水利工程建设重大质量与安全事故应急预案》(水建管〔2006〕202号)。

(17)《水利工程建设标准强制性条文管理办法》(试行)(水国科〔2012〕546号)。

(18)《关于发布2010年版〈工程建设标准强制性条文〉(水利工程部分)的通知》(建标〔2011〕60号)。

(19)《高危行业企业安全生产费用财务管理暂行办法》(财企〔2006〕478号)。

九、工程验收有关的法律、法规、规章和规范性文件

水利工程验收有关的法律、法规、规章和规范性文件主要有：

(1)《水利工程建设项目验收管理规定》(水利部令第30号)。

(2)《水利水电工程施工质量检验与评定规程》(SL 176—2007)。

(3)《水利水电建设工程验收规程》(SL 223—2008)。

(4)《水利水电工程单元工程施工质量验收评定标准》(SL 631～637—2012)。

(5)《开发建设项目水土保持设施验收管理办法》(2002年10月14日水利部令第16号发布,2005年7月8日水利部令第24号修正)。

(6)《节水灌溉增效示范项目验收管理办法》(水利部办公厅办农水〔2008〕119号)。

(7)《水利水电建设工程蓄水安全鉴定暂行办法》(水建管〔1999〕177号)。

(8)《水利工程建设项目档案管理规定》(水办〔2005〕480号)。

(9)《水利工程建设项目档案验收管理办法》(水办〔2008〕366号)。

十、资质资格管理有关的法律、法规、规章和规范性文件

水利行业勘测设计、施工、监理资质资格管理有关的法律、法规、规章和规范性文件主要有：

(1)《建设工程勘察设计资质管理规定》(建设部令第160号)。

(2)《工程勘察资质分级标准》(建设部建设〔2001〕22号)。

(3)《工程设计资质分级标准(水利行业)》(建设〔2001〕22号)。

(4)《工程勘察、工程设计资质分级标准补充规定》(建设〔2001〕178号)。

(5)《建筑业企业资质管理规定》(建设部令第159号)。

(6)《建筑业企业资质等级标准(水利水电施工企业部分)》(建设〔2001〕82号)。

(7)《水利工程建设监理单位资质管理办法》(水利部令第29号)。

(8)《关于修改〈水利工程建设监理单位资质管理办法〉的决定》(水利部令第40号)。

(9)《水利工程建设监理工程师注册管理办法》(水建管〔2006〕600号)。

(10)《注册建筑师条例》(国务院令第184号)。

(11)《注册建筑师条例实施细则》(建设部令第167号)。

(12)《注册结构工程师职业资格制度暂行规定》(建设部、人事部建设〔1997〕222号)。

(13)《水利工程造价工程师资格管理暂行办法》(水建管〔1999〕590号)。

(14)《水利工程建设监理人员资格管理办法》(中水协〔2007〕3号)。

(15)《关于进一步加强水利水电工程施工企业主要负责人、项目负责人和专职安全生产管理人员安全生产考核工作的通知》(水利部办公厅办安监〔2010〕348号)。

任务三　建设监理制

一、建设监理制概述

建设监理制度是国际上通行的做法，这主要体现在一些国际通用的工程合同文件中。实施建设监理制度是我国工程建设与国际惯例接轨的一项重要工作，也是我国建设领域管理体制改革的重要举措，是我国在建设领域推行的“三项制度”改革的内容之一。

20世纪80年代中后期，随着我国建设管理体制改革的不断深化和按国际惯例实施工程建设的需要，出现了建设工程监理。建设部于1988年7月发布了《关于开展建设监理工作的通知》，明确提出要建立建设监理制度，并开始组织建设监理制试点。1998年3月实施的《中华人民共和国建筑法》第三十条规定国家推行建设工程监理制度，标志着建设工程监理在我国全面推行。

我国的工程建设监理制度起源于我国第一个世界银行贷款项目鲁布革水电站引水工程。

工程建设监理在我国的发展过程大致可分为如下三个阶段。

(一)1988 年至 1992 年:监理试运作期

这一时期,监理对象大多为国家、地方重点工程项目,如水利水电、高速公路、城市标志性工程等。监理方式主要为自行监理,即由业主直接派出人员组建监理。

(二)1992 年至 1998 年四川彩虹桥事件之前:监理维护时期

这一时期,监理对象除一些重点工程外,还有一些具有一定规模、投资相对较大的工程项目,如市政工程、高层建筑、小区开发等。监理队伍发展较快,社会监理机构发展迅速,监理方式除自行监理外,开始委托社会化独立的监理单位。

(三)1999 年至今:监理强制性维护时期

这一时期,监理对象不管工程大小,只要涉及人民的生命、财产安全的必须实行监理制。监理方式主要是委托监理。

为加强建设监理制,水利部根据有关法律、行政法规和有关规定,于 2006 年颁发了《水利工程建设监理规定》(水利部令第 28 号)、《水利工程建设监理单位资质管理办法》(水利部令第 28 号)、《水利工程建设监理工程师注册管理办法》(水利水建〔2006〕600 号),2007 年颁发了《水利工程建设监理人员资格管理办法》(水利部中水协〔2007〕3 号),2002 年颁发了《水利工程建设项目监理招标投标管理办法》(水利部水建管〔2002〕587 号),2003 年颁发了《水利工程建设项目施工监理规范》(SL 288—2003)。

《水利工程建设监理规定》第三条规定:水利工程建设项目依法实行建设监理。总投资 200 万元以上且符合下列条件之一的水利工程建设项目,必须实行建设监理:

(1)关系社会公共利益或者公共安全的;

(2)使用国有资金投资或者国家融资的;

(3)使用外国政府或者国际组织贷款、援助资金的。

铁路、公路、城镇建设、矿山、电力、石油天然气、建材等开发建设项目的配套水土保持工程,符合前款规定条件的,应当按照本规定开展水土保持工程施工监理。

二、工程建设监理的概念与内涵

(一)工程建设监理的概念

工程建设监理,就是监理的执行者,依据有关工程建设的法律法规和技术标准,综合运用法律、经济、技术手段,对工程建设参与者的行为及其职责权利,进行必要的协调与约束,促使工程建设的进度、质量和投资按计划实现,避免建设行为的随意性和盲目性,使工程建设目标得以最优实现。

(二)水利工程建设监理的概念

按照水利部颁发的《水利工程建设监理规定》,水利工程建设监理是指具有相应资质的水利工程建设监理单位,受项目法人委托,按照监理合同对水利工程建设项目实施质量、进度、投资、合同、信息、安全、环保等的管理活动。水利工程建设监理按专业划分为:水利工程施工监理、水土保持工程施工监理、机电及金属结构设备制造监理、水利工程建设环境保护监理。

(三)工程建设监理的内涵

1. 针对工程项目建设实施的监督管理

工程建设监理是围绕着工程项目建设来展开的,离开了工程项目,就谈不上监理活动。监理单位代表项目法人的利益,依据法规、合同、科学技术、现代方法和手段,对工程项目建设进行程序化管理。

2. 行为主体是监理单位

建设工程监理单位是具有独立性、社会化、专业化等特点的专门从事工程建设监理和其他相关工程技术服务活动的经济组织。监理单位在工程建设中是独立的第三方,只有监理单位才能按照“公正、独立、自主”的原则,开展工程监理工作。建设行政主管部门对工程项目建设行为所实施的监督管理活动、项目业主所进行的管理、总承包单位对分包单位进行的监督管理,都不属于工程建设监理范畴。

3. 需要项目法人委托和授权

工程建设监理的实施需要项目法人委托和授权,这是工程建设监理的特点所决定的,也是建设监理制所规定的。工程建设监理不是一种强制性的,而是一种委托性的,这种委托与政府对工程建设的强制性监督有很大区别。只有监理合同中对工程监理企业进行委托与授权,工程监理企业才能在委托的范围内,根据建设单位的授权,对承建单位的工程建设活动实施科学管理。

4. 有明确依据的工程建设行为

工程建设监理实施的依据主要有国家和建设管理部门颁发的法律、法规、规章和有关政策,国家有关部门颁发的技术规范、技术标准,政府建设主管部门批准的工程项目建设文件,工程承包合同和其他工程建设合同。

5. 现阶段工程监理发生在建设实施阶段

鉴于目前工程监理工作在建设工程投资决策阶段和设计阶段尚未形成系统、成熟的经验,还需要通过实践进一步研究探索。现阶段我国工程监理主要发生在项目建设的实施阶段。

6. 微观性质的监督管理活动

政府职能部门从宏观上对工程建设进行管理,通过强制性的立法、执法来规范工程建设市场。工程监理属于微观层次,是针对一个具体的工程项目展开的,是紧紧围绕着工程建设项目的各项投资活动和生产活动进行的监督管理,注重具体工作的实际效益。

三、工程建设监理的性质

工程建设监理是市场经济的产物,是一种特殊的工程建设活动,它具有以下性质。

(一)服务性

服务性是工程建设监理的重要特征之一,是由监理的业务性质决定的。首先,监理单位是智力密集型的组织,它本身不是建设产品的直接生产者和经营者,它为项目法人提供的是智力服务。监理单位拥有一批多学科、多行业、具有长期从事工程建设工作的丰富实践经验、精通技术与管理、通晓经济与法律的高层次专门人才。一方面,监理单位的监理工程师通过工程建设活动进行组织、协调、监督和控制,保证建设合同的顺利实施,达到建设单位的建设意图;另一方面,监理工程师在工程建设合同的实施过程中,有权监督建设单位和承包单位必须严格遵守国家有关建设标准和规范,贯彻国家的建设方针和政策,维护国家利益和公众利益。从这一意义上理解,监理工程师的工作也是服务性的。其次,监理单位的劳动与相应的报酬是技术服务性的。监理单位与工程承包公司、房屋开发公司、建筑施工企业不同,它不像这类企业那样承包工程造价,不参与工程承包的盈利分配,它是按其支付脑力劳动量的大小而取得相应的监理报酬。因此,工程监理企业不具有建设工程重大问题的决策权,而只是在委托与授权范围内代表建设单位进行项目管理。工程建设监理的服务性使它与政府对工程建设行政性监督管理活动区别开来。

(二)独立性

独立性是工程建设监理的又一重要特征,其表现在以下几个方面:第一,监理单位在人际关系、业务关系和经济关系上必须独立,其单位和个人不得与工程建设的各方发生利益关系。我国建设监理有关规定指出,监理单位的"各级监理负责人和监理工程师不得是施工、设备制造和材料供应单位的合伙经营者,或与这些单位发生经营性隶属关系,不得承包施工和建材销售业务,不得在政府机关、施工、设备制造和材料供应单位任职"。之所以这样规定,正是为了避免监理单位和其他单位之间利益牵制,从而保持自己的独立性和公正性,这也是国际惯例。第二,监理单位与建设单位的关系是平等的合同约定关系。监理单位所承担的任务不是由建设单位随时指定,而是由双方事先按平等协商的原则确立于合同之中,监理单位可以不承担合同以外建设单位随时指定的任务。如果实际工作中出现这种需要,双方必须通过协商,并以合同形式对增加的工作加以确定。监理委托合同一经确定,建设单位不得干涉监理工程师的正常工作。第三,监理单位在实施监理的过程中,是处于工程承包合同签约双方,即建设单位和承建单位之间的独立一方,它以自己的名义,行使依法成立的监理委托合同所确认的职权,承担相应的职业道德责任和法律责任。

(三)公正性

公正性是监理单位和监理工程师顺利实施其职能的重要条件。监理成败的关键在很大程度上取决于能否与承包人以及项目法人良好的合作、相互支持、互相配合。而这一切都是以监理的公正性为基础的。公正性也是监理制对工程建设监理进行约束的条件。实施建设监理制的基本宗旨是建立适合社会主义市场经济的工程建设新秩序,为开展工程建设创造安定、协调的环境,为项目法人和承包人提供公平竞争的条件。建设监理制的实施,使监理单位和监理工程师在工程项目建设中具有重要的地位。所以,为了保证建设监理制的实施,就必须对监理单位和它的监理工程师制定约束条件。公正性要求就是重要的约束条件之一。公正性是监理制的必然要求,是社会公认的职业准则,也是监理单位和监理工程师的基本职业道德准则。公正性必须以独立性为前提。

(四)科学性

科学性是监理单位区别于其他一般服务性组织的重要特征,也是其赖以生存的重要条件。监理单位必须具有发现和解决工程设计和承包人所存在的技术与管理方面问题的能力,能够提供高水平的专业服务,所以它必须具有科学性。科学性必须以监理人员的高素质为前提,按照国际惯例,监理单位的监理工程师,都必须具有相当的学历,并有长期从事工程建设工作的丰富实践经验,精通技术与管理,通晓经济与法律,经权威机构考核合格并经政府主管部门登记注册,发给证书,才能取得公认的合法资格。监理单位不拥有一定数量这样的人员,就不能正常开展业务,也是没有生命力的。社会监理单位的独立性和公正性也是科学性的基本保证。

四、工程建设监理的目标、任务与内容

(一)工程建设监理的目标

工程建设监理的总目标就是力求在计划的质量、投资和进度目标内实现建设项目的总目标;阶段目标就是力求实现各阶段建设项目的目标。

(二)工程建设监理的任务

工程建设监理的中心任务就是控制工程项目目标,也就是控制合同所确定的质量、投资和进度目标;具体任务是指建设各阶段的任务。中心任务的完成是通过各阶段具体的监理工作任务的完成来实现的。

(三)工程建设监理的内容

工程建设监理的内容主要是对建设项目进行质量控制、投资控制、进度控制、合同管理、信息管理、安全管理、组织协调等,简称为"三控制、三管理、一协调"。其中,质量和安全控制是前提,投资控制是保障,进度控制是关键,合同管理是中心,信息管理是手段,组织协调是保证。

1. 工程质量控制

1)原材料、构配件及设备的质量控制

工程所需的主要原材料、构配件及设备应由监理机构进行质量认定,其主要控制内容一般有:审核工程所用原材料、构配件及设备的出厂合格证或质量保证书;对工程原材料、构配件及设备在使用前需进行抽检或复试其试验的范围,按有关规定、标准的要求确定;凡采用新材料、新型制品,应检查技术鉴定文件;对重要原材料、构配件及设备的生产工艺、质量控制、检测手段等进行检查,必要时应到生产厂家实地进行考察,以确定供货单位;所有设备在安装前,应按相应技术说明书的要求进行质量检查,必要时还应由法定检测部门检测。

2)单元工程的质量控制

在一般情况下,主要的单元工程施工前,施工单位应将施工工艺、原材料使用、劳动力配置、质量保证措施等基本情况填写施工条件准备情况表报监理机构,监理机构应调查核实,经同意后方可开工。

单元工程施工过程中,应对关键部位随时进行抽检,抽检不合格的应通知施工单位整改,并要作好复查和记录。

所有单元工程施工,施工单位应在自检合格后,填写单元工程报验申请表,并附上单元工程评定表。属隐蔽工程,还应将隐蔽工程报验单报监理机构,监理工程师必须严格按每道工序进行检查。经检查合格的,给以确认。不合格的,给施工单位下达监理通知,指明整改项目。整改合格后,重新报验。

2. 工程投资控制

监理单位审核施工单位编制的工程项目各阶段及各年、季、月度资金使用计划,并控制其执行,熟悉设计图纸、招标文件、标底(合同价),分析合同价构成因素,找出工程费用最易突破的部分,从而明确投资控制的重点,预测工程风险及可能发生索赔的原因,制定防范性对策,严格执行付款审核签订制度,及时进行工程投资实际值与计划值的比较、分析,严格履行计量与支付程序,及时对质量合格工程进行计量,及时审核签发付款证书等。

工程未经监理工程师签证,不得进行下一道工序的施工。设计单位的设计变更通知,应通知监理单位,监理工程师应核定费用及工期的增减,列入工程结算。

严格审核施工单位提交的工程结算书,公正地处理施工单位提出的索赔。

根据施工合同拟定的工程价款结算方式,由施工单位按已完工程进度填制工程价款等有关账单并报送监理单位,由总监理工程师对已完工程的数量、质量核实签证后,经建设单位同意,作为支付价款的依据。

3. 工程进度控制

工程进度控制的工作内容一般包括以下几个方面:

(1)审核施工单位编制的工程项目实施总进度计划;

(2)审核施工单位提交的施工进度计划,审核施工进度计划与施工方案的协调性和合理性等;

(3)审核施工单位提交的施工总平面布置图;

(4)审定材料、构配件及设备的采购供应计划;

(5)工程进度的检查,主要检查计划进度与实际进度的差异,实际工程量与计划工程量指标完成情况的一致性。

需要注意的是,工程建设项目质量、进度、投资三大目标是相互制约、相互影响的对立统一体。例如投资与进度的关系,加快进度往往要花很多钱,而加快进度提早投产就可能增加收入,提高投资效益。又如进度与质量的关系,加快进度有可能影响质量,而质量控制严格,不返工,进度则会加快。投资与质量的关系也是这样,提高质量可能要增加投资;而质量控制严了,可以减少经常的维护费用,提高投资效益。所以,工程建设项目的三大目标是相辅相成、相互关联的,任何一个目标发生变化,都必将影响其他两个目标。为此,在对建设项目的目标实施控制的同时,应兼顾到其他两个目标,以维持建设项目目标体系的整体平衡。良好的建设项目管理任务,就是要通过合理的组织、协调、控制和管理,达到质量、进度、投资整体最佳组合的目标。

4. 合同管理

合同管理是监理工作的主要内容。广义地讲,监理工作可概括为监理单位受项目法人的委托,协助项目法人组织工程项目建设合同的订立、签订,并在合同实施过程中管理合同。狭义的合同管理指合同文件管理、会议管理、支付、合同变更、违约、索赔及风险分担、合同争议协调等。

5. 信息管理

信息管理是项目建设监理的重要手段。信息是反映客观事物规律的一种数据,是人们决策的重要依据。信息管理是项目工程监理的重要手段。只有及时、准确地掌握项目建设中的信息，严格、有序地管理各种文件、图纸、记录、指令、报告和有关技术资料，完善信息资料的接收、签发、归档和查询等制度，才能使信息及时、完整、准确和可靠地为工程监理提供工作依据，以便及时采取有效的措施，有效地完成监理任务。计算机信息管理系统是现代工程建设领域信息管理的重要手段。

6. 安全管理

项目监理机构应当审查施工单位提出的施工组织设计中的安全技术措施或者专项施工方案是否符合工程建设强制性标准，并按照法律、法规和工程建设强制性标准对安全生产实施监理，对工程安全生产承担监理责任。

项目监理机构在实施监理过程中，发现存在质量缺陷和安全事故隐患的，应当要求施工单位整改；发现存在重大质量和安全事故隐患时，应当要求施工单位停工整改，并及时报告建设单位；施工单位拒不整改或者不停止施工的，项目监理机构应当及时向有关主管部门报告。

7. 组织协调

在工程项目实施过程中，存在大量的组织协调工作，项目法人和承包商之间由于各自的经济利益和对问题的不同理解，就会产生各种矛盾和冲突；在项目建设过程中，多部门、多单位以不同的方式为项目建设服务，他们难以避免地会发生各种冲突。因此，监理工程师及时、准确地做好协调工作，是建设项目顺利进行的重要保证。

五、工程建设监理的依据

水利工程建设监理的主要依据是：

(1)国家和水利部有关工程建设的法律、法规、规章和政策。

(2)水利行业及相关行业工程建设有关技术标准、规范、规程及其强制性条文。

(3)政府建设主管部门批准的建设文件、设计文件及其他相关文件。

(4)监理合同、施工合同等合同文件。

六、工程建设监理的工作程序

水利部《水利工程建设项目施工监理规范》(SL 288—2003)第4.1节规定了水利工程施工监理的基本工作程序，叙述如下：

(1)签订监理合同，明确监理范围、内容和责权。

(2)依据监理合同，组建现场监理机构，选派总监理工程师、监理工程师、监理员和其他工作人员。

(3)熟悉工程建设有关法律、法规、规章以及技术标准，熟悉工程设计文件、施工合同文件和监理合同文件。

(4)编制项目监理规划。

(5)进行监理工作交底。

(6)编制各专业、各项目监理实施细则。

(7)实施施工监理工作。

(8)督促承包人及时整理、归档各类资料。

(9)参加验收工作,签发工程移交证书和工程保修责任终止证书。

(10)结清监理费用。

(11)向发包人提交有关档案资料、监理工作总结报告。

(12)向发包人移交其所提供的文件资料和设施设备。

七、工程建设监理的工作方法

水利部《水利工程建设项目施工监理规范》(SL 288—2003)第4.2节规定了水利工程施工监理的主要工作方法,叙述如下。

(一)现场记录

监理机构认真、完整记录每日施工现场的人员、设备和材料、天气、施工环境以及施工中出现的各种情况。

(二)发布文件

监理机构采用通知、指示、批复、签认等文件形式进行施工全过程的控制和管理。

(三)旁站监理

监理机构按照监理合同约定,在施工现场对工程项目的重要部位和关键工序的施工,实施连续性的全过程检查、监督与管理。

(四)巡视检验

监理机构对所监理的工程项目进行的定期或不定期的检查、监督和管理。

(五)跟踪检测

在承包人进行试样检测前,监理机构对其检测人员、仪器设备以及拟订的检测程序和方法进行审核;在承包人对试样进行检测时,实施全过程的监督,确认其程序、方法的有效性以及检测结果的可信性,并对该结果确认。

(六)平行检测

监理机构在承包人对试样自行检测的同时,独立抽样进行的检测,核验承包人的检测结果。

(七)组织协调

监理机构对参加工程建设各方之间的关系以及工程施工过程中出现的问题和争议进行调解。

八、工程建设监理的工作制度

水利部《水利工程建设项目施工监理规范》(SL 288—2003)第4.3节规定了水利工程施工监理的主要工作制度,叙述如下。

(一)技术文件审核、审批制度

根据施工合同约定由双方提交的施工图纸以及由承包人提交的施工组织设计、施工措施计划、施工进度计划、开工申请等文件均应通过监理机构核查、审核或审批,方可实施。

(二)原材料、构配件和工程设备检验制度

进场的原材料、构配件和工程设备应有出厂合格证明和技术说明书,经承包人自检合格后,方可报监理机构检验。不合格的材料、构配件和工程设备应按监理指示在规定时限

内运离工地或进行相应处理。

(三)工程质量检验制度

承包人每完成一道工序或一个单元工程,都应经过自检,合格后方可报监理机构进行复核检验。上道工序或上一单元工程未经复核检验或复核检验不合格,不得进行下道工序或下一单元工程施工。

(四)工程计量付款签证制度

所有申请付款的工程量均应进行计量并经监理机构确认。未经监理机构签证的付款申请,发包人不应支付。

(五)会议制度

监理机构应建立会议制度,包括第一次工地会议、监理例会和监理专题会议。会议由总监理工程师或由其授权的监理工程师主持,工程建设有关各方应派员参加。各次会议应符合下列要求:

(1)第一次工地会议。应在合同项目开工令下达前举行,会议内容应包括工程开工准备检查情况,介绍各方负责人及其授权代理人和授权内容,沟通相关信息,进行监理工作交底。会议的具体内容可由有关各方会前约定。会议可由总监理工程师主持或由总监理工程师与发包人的负责人联合主持。

(2)监理例会。监理机构应定期主持召开由参建各方负责人参加的会议,会上应通报工程进展情况,检查上次监理例会中有关决定的执行情况,分析当前存在的问题,提出问题的解决方案或建议,明确会后应完成的任务。会议应形成会议纪要。

(3)监理专题会议。监理机构应根据需要,主持召开监理专题会议,研究解决施工中出现的涉及施工质量、施工方案、施工进度、工程变更、索赔、争议等方面的专门问题。

(4)总监理工程师应组织编写由监理机构主持召开的会议纪要,并分发与会各方。

(六)施工现场紧急情况报告制度

监理机构应针对施工现场可能出现的紧急情况编制处理程序、处理措施等文件。当发生紧急情况时,应立即向发包人报告,并指示承包人立即采取有效紧急措施进行处理。

(七)监理工作报告制度

监理机构应及时向发包人提交监理月报或监理专题报告;在工程验收时,提交监理工作报告;在监理工作结束后,提交监理工作总结报告。

(八)工程验收制度

在承包人提交验收申请后,监理机构应对其是否具备验收条件进行审核。并根据有关水利工程验收规程或合同约定,参与、组织或协助发包人组织工程验收。

任务四　监理人员

一、监理人员概述

(一)监理人员的概念

水利工程建设监理人员包括监理员、监理工程师和总监理工程师,必要时可配备总监理工程师代表或副总监理工程师。

1. 监理员

监理员是指经过建设监理培训合格,经中国水利工程协会审核批准取得水利工程建设监理员资格证书且从事建设监理业务的人员。

2. 监理工程师

监理工程师是指经全国水利工程建设监理工程师资格统一考试合格,经批准获得水利工程建设监理工程师资格证书,并经注册机关注册取得水利工程建设监理工程师岗位证书且从事建设监理业务的人员。监理工程师系岗位职务,并非国家现有专业技术职称的一个类别,而是指工程建设监理的执业资格。监理工程师的这一特点,决定了监理工程师并非终身职务。只有具备资格并经注册上岗,且从事监理业务的人员,才能成为监理工程师。

3. 总监理工程师

总监理工程师是指具有水利工程建设监理工程师资格证书,并经总监理工程师培训班培训合格,取得水利工程建设监理总监理工程师岗位证书,且在总监理工程师岗位上从事建设监理业务的人员。水利工程建设监理实行总监理工程师负责制。总监理工程师应负责全面履行监理合同中所约定的监理单位的职责。项目总监理工程师对监理单位负责;副总监理工程师对总监理工程师负责;部门监理工程师或专业监理工程师对副总监理工程师或总监理工程师负责。监理员对监理工程师负责,协助监理工程师开展监理工作。

(二)监理人员的专业划分

监理员、监理工程师的监理专业分为水利工程施工、水土保持工程施工、机电及金属结构设备制造、水利工程建设环境保护4类。其中,水利工程施工类设水工建筑、机电设备安装、金属结构设备安装、地质勘察、工程测量5个专业,水土保持工程施工类设水土保持1个专业,机电及金属结构设备制造类设机电设备制造、金属结构设备制造2个专业,水利工程建设环境保护类设环境保护1个专业。

总监理工程师不分类别、专业。

(三)监理人员的基本素质要求

1. 监理员的基本素质要求

监理员应具有初级专业技术任职资格,掌握一定的水利工程建设专业技术知识,包括水工建筑、测量、地质、检验、机电、金属结构等专业知识。

2. 监理工程师的基本素质要求

对于一个监理工程师来说,要求有比较广泛的知识面、比较高的业务水平和比较丰富的工程实践经验。监理工程师的基本素质要求如下:

(1)具有良好的品德。①爱祖国,爱人民,爱事业;②科学的工作态度;③廉洁奉公、为人正直、办事公道的高尚情操;④能听取不同意见,有良好的包容性。

(2)具有较高的理论水平。

(3)具有较高的专业技术水平。

(4)具有足够的管理知识。

(5)具有熟知的法律、法规知识。

(6)具有足够的经济方面知识。

(7)具有较高的外语水平。

(8)具有丰富的工程建设实践经验。①地质勘测实践经验;②规划设计实践经验;③建设施工实践经验;④经济管理实践经验;⑤招标投标实践经验;⑥立项评估实践经验;⑦后评价分析实践经验;⑧建设监理实践经验。

(9)具有健康的体魄和充沛的精力。

3.总监理工程师的基本素质要求

总监理工程师是监理单位派往项目执行组织机构的全权负责人。总监理工程师的基本素质要求如下:

(1)专业技术知识的深度。总监理工程师必须精通水利水电工程专业知识,其特长应与监理项目技术方向对口。

(2)管理知识的广度。

(3)领导艺术和组织协调能力。

①总监理工程师的理论修养。总监理工程师应把现代化行为科学和管理心理学作为自身研究和应用的理论武器,具有组织理论、需求理论、授权理论、激励理论等理论知识及修养。

②总监理工程师的榜样作用。总监理工程师的实干精神、团结精神、牺牲精神、不耻下问精神、开拓进取精神和雷厉风行的工作作风,对下属有巨大的号召力,容易形成班子内部的合作气氛和奋斗进取的作风。

③总监理工程师的个人素质及能力特征。总监理工程师应具有决策应变能力、组织指挥能力、协调控制能力、交际沟通能力、谈判能力、说服他人的能力、必要的妥协能力等。

④开会艺术。总监理工程师应掌握会议组织与控制的技巧,高效率地主持好各种会议。

(四)监理人员的职业准则

(1)遵纪守法,坚持求实、严谨、科学的工作作风,全面履行义务,正确运用权限,勤奋、高效地开展监理工作。

(2)努力钻研业务,熟悉和掌握建设项目管理知识与专业技术知识,提高自身素质和技术管理水平。

(3)提高监理服务意识,增强责任感,加强与工程建设有关各方的协作,积极、主动开展工作,尽职尽责,公正廉洁。

(4)未经许可,不得泄露与本工程有关的技术和商务秘密,并应妥善做好发包人所提供的工程建设文件资料的保存、回收及保密工作。

(5)除监理工作联系外,不得与承包人和材料、工程设备供货人有其他业务关系和经济利益关系。

(6)不得出卖、出借、转让、涂改、伪造资格证书或岗位证书。

(7)监理人员只能在一个监理单位注册。未经注册单位同意不得承担其他监理单位的监理业务。

(8)遵守职业道德,维护职业信誉,严禁徇私舞弊。

二、监理人员工作职责

水利工程建设监理实行总监理工程师负责制。总监理工程师负责全面履行监理合同约定的监理单位职责,发布有关指令,签署监理文件,协调有关各方之间的关系。监理工程师在总监理工程师授权范围内开展监理工作,具体负责所承担的监理工作,并对总监理工程师负责。监理员在监理工程师或者总监理工程师授权范围内从事监理辅助工作。

(一)总监理工程师工作职责

(1)主持编制监理规划,制定监理机构规章制度,审批监理实施细则,签发监理机构的文件。

(2)确定监理机构各部门职责分工及各级监理人员职责权限,协调监理机构内部工作。

(3)指导监理工程师开展工作;负责本监理机构中监理人员的工作考核,调换不称职的监理人员;根据工程建设进展情况,调整监理人员。

(4)主持审核承包人提出的分包项目和分包人,报发包人批准。

(5)审批承包人提交的施工组织设计、施工措施计划、施工进度计划和资金流计划。

(6)组织或授权监理工程师组织设计交底,签发施工图纸。

(7)主持第一次工地会议,主持或授权监理工程师主持监理例会和监理专题会议。

(8)签发进场通知、合同项目开工令、分部工程开工通知、暂停施工通知和复工通知等重要监理文件。

(9)组织审核付款申请,签发各类付款证书。

(10)主持处理合同违约、变更和索赔等事宜,签发变更和索赔的有关文件。

(11)主持施工合同实施中的协调工作,调解合同争议,必要时对施工合同条款作出解释。

(12)要求承包人撤换不称职或不宜在本工程工作的现场施工人员或技术、管理人员。

(13)审核质量保证体系文件并监督其实施,审批工程质量缺陷的处理方案,参与或协助发包人组织处理工程质量及安全事故。

(14)组织或协助发包人组织工程项目的分部工程验收、单位工程完工验收、合同项目完工验收,参加阶段验收、单位工程投入使用验收和工程竣工验收。

(15)签发工程移交证书和保修责任终止证书。

(16)检查监理日志,组织编写并签发监理月报、监理专题报告、监理工作报告,组织整理监理合同文件和档案资料。

总监理工程师不得将以下工作授权给副总监理工程师或监理工程师:

(1)主持编制监理规划,审批监理实施细则。

(2)主持审核承包人提出的分包项目和分包人。

(3)审批承包人提交的施工组织设计、施工措施计划、施工进度计划和资金流计划。

(4)主持第一次工地会议,签发进场通知、合同项目开工令、暂停施工通知、复工通知。

(5)签发各类付款证书。

(6)签发变更和索赔的有关文件。

(7)要求承包人撤换不称职或不宜在本工程工作的现场施工人员或技术、管理人员。

(8)签发工程移交证书和保修责任终止证书。

(9)签发监理月报、监理专题报告和监理工作报告。

一名总监理工程师只宜承担一个工程建设项目的总监理工程师工作。如需担任两个标段或项目的总监理工程师,应经发包人同意,并配备副总监理工程师。总监理工程师可通过书面授权副总监理工程师履行部分总监理工程师的职责。

(二)监理工程师工作职责

(1)参与编制监理规划,编制监理实施细则。

(2)预审承包人提出的分包项目和分包人。

(3)预审承包人提交的施工组织设计、施工措施计划、施工进度计划和资金流计划。

(4)预审或经授权签发施工图纸。

(5)核查进场材料、构配件、工程设备的原始凭证、检测报告等质量证明文件及其质量情况。

(6)审批分部工程开工申请报告。

(7)协助总监理工程师协调参建各方之间的工作关系。按照职责权限处理施工现场发生的有关问题,签发一般监理文件。

(8)检验工程的施工质量,并予以确认或否认。

(9)审核工程计量的数据和原始凭证,确认工程计量结果。

(10)预审各类付款证书。

(11)提出变更、索赔及质量和安全事故处理等方面的初步意见。

(12)按照职责权限参与工程的质量评定工作和验收工作。

(13)收集、汇总、整理监理资料,参与编写监理月报,填写监理日志。

(14)施工中发生重大问题和遇到紧急情况时,及时向总监理工程师报告、请示。

(15)指导、检查监理员的工作。必要时可向总监理工程师建议调换监理员。

(三)监理员工作职责

(1)核实进场原材料质量检验报告和施工测量成果报告等原始资料。

(2)检查承包人用于工程建设的材料、构配件、工程设备使用情况,并做好现场记录。

(3)检查并记录现场施工程序、施工工法等实施过程情况。

(4)检查和统计计日工情况,核实工程计量结果。

(5)核查关键岗位施工人员的上岗资格;检查、监督工程现场的施工安全和环境保护措施的落实情况,发现异常情况及时向监理工程师报告。

(6)检查承包人的施工日志和试验室记录。

(7)核实承包人质量评定的相关原始记录。

当监理人员数量较少时,监理工程师可同时承担监理员的职责。

三、水利工程建设监理人员资格管理

（一）资格管理制度

水利工程建设监理人员资格管理实行行业自律管理制度。中国水利工程协会负责全国水利工程建设监理人员的行业自律管理工作。

监理人员分为总监理工程师、监理工程师、监理员。总监理工程师实行岗位资格管理制度，监理工程师实行执业资格管理制度，监理员实行从业资格管理制度。

从事水利工程建设监理活动的人员，应当按照《水利工程建设监理人员资格管理办法》（水利部中水协〔2007〕3号）的规定，取得相应的资格（岗位）证书。

（二）资格管理主体

监理人员资格管理工作内容包括监理人员资格考试、考核、审批、培训和监督检查等。

（1）中国水利工程协会负责全国水利工程建设监理人员资格管理工作。负责全国总监理工程师资格审批；负责全国监理工程师资格审批；负责水利部直属单位的监理员资格审批工作。

（2）流域管理机构指定的行业自律组织或中介机构受中国水利工程协会委托，负责本流域管理机构所属单位的监理员资格审批工作。

（3）省级水行政主管部门指定的行业自律组织或中介机构受中国水利工程协会委托，负责本行政区域内的监理员资格审批工作。

（三）监理人员资格的取得

1. 监理员资格的取得

取得监理员从业资格，须由中国水利工程协会审批，或者由具有审批管辖权的行业自律组织或中介机构审批并报中国水利工程协会备案后，颁发全国水利工程建设监理员资格证书。

（1）申请监理员资格应同时具备以下条件：

①取得工程类初级专业技术职务任职资格，或者具有工程类相关专业学习和工作经历（中专毕业且工作5年以上、大专毕业且工作3年以上、本科及以上学历毕业且工作1年以上）；

②经培训合格；

③年龄不超过60周岁。

（2）申请监理员资格，由监理单位签署意见后向具有审批管辖权的单位申报，并提交以下有关材料：

①《水利工程建设监理员资格申请表》；

②身份证、学历证书或专业技术职务任职资格证书、监理员培训合格证书。

（3）证书颁发。审批单位自收到监理员资格申请材料后，应当在20个工作日内完成审批，审批结果报中国水利工程协会备案后，颁发全国水利工程建设监理员资格证书。

监理员资格证书由中国水利工程协会统一印制、统一编号，由审批单位加盖中国水利工程协会统一规格的资格管理专用章。监理员资格证书有效期一般为3年。

中国水利工程协会定期向社会公布取得监理员资格的人员名单，接受社会监督。

2. 监理工程师资格的取得

取得监理工程师资格，须经中国水利工程协会组织的资格考试合格，并颁发全国水利工程建设监理工程师资格证书。监理工程师资格考试，一般每年举行一次，全国统一考试。

(1) 申请监理工程师资格考试者，应同时具备以下条件：

①取得工程类中级专业技术职务任职资格，或者具有工程类相关专业学习和工作经历(大专毕业且工作8年以上、本科毕业且工作5年以上、硕士研究生毕业且工作3年以上)；

②年龄不超过60周岁；

③有一定的专业技术水平、组织协调能力和管理能力。

(2) 申请监理工程师资格考试，应当向中国水利工程协会申报，并提交以下材料：

①《水利工程建设监理工程师资格考试申请表》；

②身份证、学历证书或专业技术职务任职资格证书。

(3) 证书颁发。中国水利工程协会对申请材料组织审查，对审查合格者准予参加考试。中国水利工程协会向考生公布考试结果，公示合格者名单，向考试合格者颁发全国水利工程建设监理工程师资格证书。对监理工程师考试结果公示有异议的，可向中国水利工程协会申诉或举报。

3. 总监理工程师资格的取得

取得总监理工程师岗位资格，须持有水利工程建设监理工程师注册证书并经培训合格后，由中国水利工程协会审批并颁发全国水利工程建设总监理工程师岗位证书。

(1) 申请总监理工程师岗位资格应同时具备以下条件：

①具有工程类高级专业技术职务任职资格并在监理工程师岗位从事水利工程建设监理工作的经历不少于2年；

②已取得水利工程建设监理工程师注册证书；

③经总监理工程师岗位培训合格；

④年龄不超过65周岁；

⑤具有较高的专业技术水平、组织协调能力和管理能力。

(2) 申请总监理工程师岗位资格，应由其注册的监理单位签署意见后向中国水利工程协会申报，并提交以下材料：

①《水利工程建设总监理工程师岗位资格申请表》；

②《水利工程建设监理工程师注册证书》、专业技术职务任职资格证书、总监理工程师岗位培训合格证书；

③由监理单位和建设单位共同出具近两年监理工作经历证明材料。

(3) 证书颁发。中国水利工程协会组织评审总监理工程师申请材料，并将评审结果公示，公示期满后向合格者颁发全国水利工程建设总监理工程师岗位证书，证书有效期一般为3年。对总监理工程师岗位资格评审结果有异议的，可在公示期内向中国水利工程协会申诉或举报。

(四) 监理人员资格管理

1. 监理员资格管理

全国水利工程建设监理员资格证书有效期满需继续从业的，应在有效期满前30个工作日内,由监理单位到有审批管辖权的单位申请办理延续手续,并报中国水利工程协会备案。监理员允许从业时间不足3年的,应当按其实际可从业期限确定资格证书有效期。监理员在证书有效期内至少参加一次由中国水利工程协会组织的教育培训。

2.监理工程师资格管理

取得全国水利工程建设监理工程师资格证书,未按照《水利工程建设监理工程师注册管理办法》进行注册的,在3年内至少参加一次由中国水利工程协会组织的教育培训,以保持其资格的有效性。

3.总监理工程师资格管理

全国水利工程建设总监理工程师岗位证书有效期满需继续从事本岗位工作的,应当在有效期满前30个工作日内,由监理单位到中国水利工程协会申请办理延续手续。总监理工程师允许从事本岗位工作时间不足3年的,应当按其实际可从事本岗位工作的期限确定岗位证书有效期。

(五)监理人员资格(岗位)证书的保管

监理人员资格(岗位)证书应当由本人保管。任何单位和个人不得涂改、伪造、出借、倒卖、转让监理人员资格(岗位)证书,不得非法扣压、没收监理人员资格(岗位)证书。

(六)监理人员资格的撤销与注销

1.资格的撤销

有下列情形之一的,中国水利工程协会可撤销已批准的监理人员资格:

(1)违反《水利工程建设监理人员资格管理办法》(水利部中水协〔2007〕3号)规定程序批准的;

(2)不具备《水利工程建设监理人员资格管理办法》(水利部中水协〔2007〕3号)规定条件批准的;

(3)有关单位超越职权范围批准的;

(4)以欺骗等不正当手段取得资格的;

(5)严重违反行业自律规定的;

(6)应当撤销的其他情形。

2.资格的注销

取得监理人员资格后有下列情形之一的,中国水利工程协会注销其相应的资格(岗位)证书。

(1)完全丧失民事行为能力的;

(2)死亡或者依法宣告死亡的;

(3)超过本办法规定的监理人员年龄限制的;

(4)超过资格(岗位)证书有效期而未延续的;

(5)监理人员资格批准决定被依法撤销、撤回或资格(岗位)证书被依法吊销的;

(6)应当注销的其他情形。

(七)监理人员资格(岗位)证书的补发

监理人员遗失资格(岗位)证书,应当在资格审批单位指定的媒体声明后,向资格审批单位申请补发相应的资格(岗位)证书。

(八)罚则

1.《水利工程建设监理人员资格管理办法》(水利部中水协〔2007〕3号)对监理人员资格处罚的有关规定

(1)申请监理人员资格时,隐瞒有关情况或者提供虚假材料申请资格的,不予受理或者不予认定,并给予警告,且1年内不得重新申请。

(2)以欺骗等不正当手段取得监理人员资格(岗位)证书的,吊销相应的资格(岗位)证书,3年内不得重新申请。

(3)监理人员涂改、倒卖、出租、出借、伪造资格(岗位)证书,或者以其他形式非法转让资格(岗位)证书的,吊销相应的资格(岗位)证书。

(4)监理人员从事工程建设监理活动,有下列行为之一,情节严重的,吊销相应的资格(岗位)证书:

①利用执(从)业上的便利,索取或收受项目法人、被监理单位以及建筑材料、建筑构配件和设备供应单位财物的;

②与被监理单位以及建筑材料、建筑构配件和设备供应单位串通,谋取不正当利益或损害他人利益的;

③将质量不合格的建设工程、建筑材料、建筑构配件和设备按照合格签字的;

④泄露执(从)业中应当保守的秘密的;

⑤从事工程建设监理活动中,不严格履行监理职责,造成重大损失的。

监理工程师从事工程建设监理活动,因违规被水行政主管部门处以吊销注册证书的,吊销相应的资格证书。

(5)监理人员因过错造成质量事故的,责令停止执(从)业1年;造成重大质量事故的,吊销相应的资格(岗位)证书,5年内不得重新申请;情节特别恶劣的,终身不得申请。

(6)监理人员未执行法律、法规和工程建设强制性条文且情节严重的,吊销相应的资格(岗位)证书,5年内不得重新申请;造成重大安全事故的,终身不得申请。

(7)监理人员被吊销相应的资格(岗位)证书,除已明确规定外,3年内不得重新申请。

2.《水利工程建设监理规定》(水利部令第28号)对监理人员资格处罚的有关规定

(1)《水利工程建设监理规定》(水利部令第28号)第三十一条规定:监理人员从事水利工程建设监理活动,有下列行为之一的,责令改正,给予警告;其中,监理工程师违规情节严重的,注销注册证书,2年内不予注册;有违法所得的,予以追缴,并处1万元以下罚款;造成损失的,依法承担赔偿责任;构成犯罪的,依法追究刑事责任。

①利用执(从)业上的便利,索取或者收受项目法人、被监理单位以及建筑材料、建筑构配件和设备供应单位财物的;

②与被监理单位以及建筑材料、建筑构配件和设备供应单位串通,谋取不正当利益的;

③非法泄露执(从)业中应当保守的秘密的。

(2)《水利工程建设监理规定》(水利部令第28号)第三十二条规定:监理人员因过错造成质量事故的,责令停止执(从)业1年,其中,监理工程师因过错造成重大质量事故的，注销注册证书，5 年内不予注册，情节特别严重的，终身不予注册。

监理人员未执行法律、法规和工程建设强制性标准的，责令停止执（从）业 3 个月以上 1 年以下，其中，监理工程师违规情节严重的，注销注册证书，5 年内不予注册，造成重大安全事故的，终身不予注册；构成犯罪的，依法追究刑事责任。

（3）《水利工程建设监理规定》（水利部令第 28 号）第三十四条第二款规定：监理单位的工作人员因调动工作、退休等原因离开该单位后，被发现在该单位工作期间违反国家有关工程建设质量管理规定，造成重大工程质量事故的，仍应当依法追究法律责任。

四、水利工程建设监理工程师注册管理

为加强水利工程建设监理工程师注册管理，提高建设监理工作水平，依据《水利工程建设监理规定》，水利部制定了《水利工程建设监理工程师注册管理办法》（水利部水建〔2006〕600 号），本办法明确了水利部负责监理工程师注册备案与管理工作，办事机构为建设与管理司。省、自治区、直辖市人民政府水行政主管部门和流域管理机构依照管理权限，负责监理工程师注册申请材料的接收、转报以及相关管理工作。取得水利工程建设监理工程师资格证书的人员应当按照本办法先申请注册，取得水利工程建设监理工程师注册证书和执业印章后，方可从事水利工程建设监理活动。

根据《水利部关于修改〈水利工程建设监理单位资质管理办法〉的决定》（水利部令第 40 号）和《水利工程建设监理工程师注册管理办法》（水建管〔2006〕600 号，以下简称《注册办法》），2010 年水利部又颁发了《关于水利工程建设监理工程师注册有关工作的通知》（办建管函〔2010〕623 号），对水利工程建设监理工程师注册工作有关事项作出了要求。

（一）注册范围

取得中国水利工程协会颁发的水利工程建设监理工程师资格证书、符合《注册办法》规定且尚未注册的监理工程师，或拟变更注册监理单位的监理工程师。

注册期满的注册监理工程师，应当及时办理监理工程师延续注册手续。

（二）注册程序

（1）监理工程师向拟注册监理单位提交《水利工程建设监理工程师注册申请表》或提交《水利工程建设监理工程师延续注册申请表》。

（2）监理单位同意后，填写《水利工程建设监理工程师注册同意书》或《水利工程建设监理工程师延续注册同意书》，签署意见并加盖公章后向其工商注册地的省、自治区、直辖市人民政府水行政主管部门提交申请。其中，流域管理机构直属单位独资或控股成立的监理单位，直接向流域管理机构提交申请；水利部直属单位独资或控股成立的监理单位，直接向水利部建设与管理司提交申请。

（3）省、自治区、直辖市人民政府水行政主管部门和流域管理机构自收到申请材料之日起 10 个工作日完成初审工作，按照《注册办法》第四条规定的申请注册人员条件，在《水利工程建设监理工程师注册同意书》或《水利工程建设监理工程师延续注册同意书》上签署意见，并报水利部建设与管理司。

其中，监理工程师与监理单位签订的劳动合同和社会保险凭证等要求，各省、自治区、

直辖市人民政府水行政主管部门可根据当地省级人民政府的规定进行审核。社会保险应包含养老、医疗、失业、工伤等法律法规规定应缴纳的险种，且由注册（拟注册）监理单位或其控股单位缴纳。属退休人员的，可只提供意外伤害保险凭证（复印件）；退休人员年龄未超过60周岁的，需提供退休证明复印件；退休人员年龄超过60周岁的，需提供身份证复印件。

（4）水利部自收到申请材料之日起20个工作日完成审查工作，按照《注册办法》相关规定对符合条件者准予注册后，颁发水利工程建设监理工程师注册证书和执业印章。如监理工程师申请在尚未取得水利工程建设监理单位资质等级证书的单位注册，只能在该单位申请监理单位资质期间进行；若该单位未通过水利工程建设监理单位资质等级审批，则注册申请无效，相关的监理工程师可到其他已取得水利工程建设监理单位资质等级的监理单位重新申请注册。

（三）申请材料及网络申报

水利工程建设监理工程师注册和延续注册的具体工作委托中国水利工程协会办理。

1.申请注册和延续注册应提交的材料

（1）《水利工程建设监理工程师注册申请表》或《水利工程建设监理工程师延续注册申请表》；

（2）申请人与拟注册监理单位签订的劳动合同（复印件）和缴纳的社会保险凭证（复印件）；

（3）《水利工程建设监理工程师注册同意书》或《水利工程建设监理工程师延续注册同意书》；

（4）申请注册的监理工程师本人近期1寸免冠照片1张（背面签名）；

（5）水利工程建设注册监理工程师继续教育合格证书（延续注册的提供）。

申请变更注册监理单位的监理工程师应提交《水利工程建设监理工程师变更注册申请表》、申请人与拟注册监理单位签订的劳动合同（复印件）和缴纳的社会保险凭证（复印件）、监理工程师本人近期1寸免冠照片1张。

取得《水利工程建设监理工程师资格证书》满3年且为首次申请注册执业的，或被注销注册证书后又重新申请注册执业的，应提交继续教育合格证书。

2.申请注册和延续注册须通过网络申报的程序

申请注册和延续注册须通过网络申报，具体程序如下：

1）监理工程师

申请注册的监理工程师进入中国水利工程协会网站，登录“监理工程师注册”，点击“个人注册”登录窗口，以水利工程建设监理工程师资格证书编号为登录名（初始密码为身份证号码前10位）进入申请页面，填写相应注册或延续注册申请表，上报注册申请并打印纸质申请表，签署名字后将申请资料交注册监理单位。

申请注册或延续注册的监理工程师也可先填写《水利工程建设监理工程师注册申请表》或《水利工程建设监理工程师延续注册申请表》，委托监理单位通过“监理工程师注册”系统补录《水利工程建设监理工程师注册申请表》或《水利工程建设监理工程师延续注册申请表》。

2)监理单位

拟接受监理工程师注册的监理单位进入中国水利工程协会网站登录“监理工程师注册”，点击“监理单位”登录窗口，以水利工程建设监理单位资质等级证书编号为登录名和初始密码进入受理页面，完成网络审核、上报和打印《水利工程建设监理工程师注册同意书》或《水利工程建设监理工程师延续注册同意书》，并签署意见同时加盖单位公章。

尚未取得水利工程建设监理单位资质等级证书的单位，只能在申请监理单位资质期间进行网络申报。需将营业执照副本复印件或名称核准书复印件(右上角标注“监理注册”字样)传真至中国水利工程协会；中国水利工程协会确认后开通单位用户，申请单位可凭单位用户名和初始密码(用户名和密码均为单位全称汉字)，建立监理单位数据库。

从2013年开始，新申请监理单位无须发送营业执照等传真，只需点击“新单位预申请”按钮建立数据库即可，用户名和密码均为单位名称汉字。

3)省级管理机构

省、自治区、直辖市人民政府水行政主管部门和流域管理机构进入中国水利工程协会网站，登录“监理工程师注册”，点击“省级管理机构”登录窗口(用户名和密码请致电中国水利工程协会查询)，完成网络初审，并应在监理单位书面上报的《水利工程建设监理工程师注册同意书》或《水利工程建设监理工程师延续注册同意书》上签署意见同时加盖公章。

网络申报的具体流程和使用事项，详见中国水利工程协会网站“水利工程建设监理工程师注册管理系统操作使用说明”。监理工程师、监理单位和省级管理机构在初次登录网络后，务必立即更改密码。

3.材料制备要求

申请材料应当报送纸质材料一式1份，并按以下顺序装订：《水利工程建设监理工程师注册同意书》、《水利工程建设监理工程师注册申请表》、《水利工程建设监理工程师变更注册申请表》、劳动合同复印件；每个监理工程师的材料应合订在一起，按注册同意书人员名单的顺序排列；照片按注册同意书人员名单的顺序单独粘贴在白纸上并标注姓名。

提交申请材料时应准备有关证书、劳动合同、保险凭证等原件，以备查核。

(四)时间安排

(1)每个月最后一周的星期五为监理单位按权限集中报送申请材料的时间；省、自治区、直辖市人民政府水行政主管部门和流域管理机构应当自收到申请材料之日起10个工作日内提出意见，并报水利部建设与管理司。

(2)监理工程师的注册证书有效期满需继续执业的，应当在有效期满30个工作日前，向有关主管部门申请办理延续注册手续。

(3)尚未取得水利工程建设监理单位资质等级证书的单位，应当在申请监理单位资质的截止时间前完成网络注册申报手续，同时按权限向有关管理机构报送监理单位资质申请材料和监理工程师注册申请材料。

(五)注册证书的有效期

水利工程建设监理工程师注册证书有效期一般为3年。监理工程师允许执业时间不足3年的，按其实际可执业期限确定有效期。

(六)注册证书的保管

水利工程建设监理工程师注册证书和执业印章由监理工程师本人保管,任何单位和个人不得涂改、伪造、出借、转让和非法扣押、没收水利工程建设监理工程师注册证书和执业印章。

(七)注册证书的注销

监理工程师注册后有下列情形之一的,由水利部注销其注册证书,收回水利工程建设监理工程师注册证书和执业印章:

(1)完全丧失民事行为能力的;

(2)死亡或者依法宣告死亡的;

(3)年龄超过65周岁的;

(4)以欺骗等不正当手段取得注册证书的;

(5)超过注册证书有效期而未延续注册的;

(6)注册证书被依法吊销的;

(7)成为国家公务员或依照公务员管理的现职工作人员的;

(8)依法应当注销的其他情形。

(八)注册证书的补发

监理工程师遗失水利工程建设监理工程师注册证书或执业印章,应当在水利部指定的媒体声明后,向水利部申请补发水利工程建设监理工程师注册证书或执业印章。

(九)不予注册

按照《水利工程建设监理工程师注册管理办法》(水利部水建〔2006〕600号),有下列情形之一的,不予注册:

(1)不具备完全民事行为能力的;

(2)在两个以上监理单位申请注册执业的;

(3)在申请注册过程中弄虚作假的;

(4)为国家公务员或依照公务员管理的现职工作人员的;

(5)年龄超过65周岁的;

(6)未按本办法规定取得继续教育合格证书的;

(7)依法不予注册的其他情形。

任务五 监理单位

一、监理单位概述

建设监理单位是我国推行建设监理制度之后兴起的一种企业。它的主要职责是向工程项目法人提供高质量、高智能的技术服务,受项目法人委托对建设项目的质量、进度和投资依据合同进行监督管理。

(一)监理单位的概念

监理单位是指取得监理资质等级证书、具有法人资格从事工程建设监理的单位,如监理公司、监理事务所、监理中心以及兼承监理业务的设计、施工、科研、咨询等单位。监理单位必须具有自己的名称、组织机构和场所，有与承担监理业务相适应的经济、法律、技术及管理人员，完善的组织章程和管理制度，并应具有一定数量的资金和设施。符合条件的单位经申请取得监理资质等级证书，并经工商注册取得营业执照后，才可承担监理业务。

水利工程建设监理单位是指依法取得水利工程建设监理单位资质等级证书，并经工商注册取得营业执照，且从事水利工程建设监理业务的单位。为加强水利工程建设监理单位的资质管理，规范水利工程建设市场秩序，保证水利工程建设质量，水利部制定了《水利工程建设监理单位资质管理办法》（水利部令第40号）。从事水利工程建设监理业务的单位，应当按照本办法取得资质，并在资质等级许可的范围内承揽水利工程建设监理业务。申请监理资质的单位，应当按照其拥有的技术负责人、专业技术人员、注册资金和工程监理业绩等条件，申请相应的资质等级。水利部负责监理单位资质的认定与管理工作。

（二）监理单位的分类

1. 按照资本主体分类

监理单位可分为独资监理企业、合资监理企业、股份监理企业。

2. 按照资质条件分类

监理单位可分为甲级、乙级、丙级。

3. 按照工程类别分类

监理单位可分为房屋建筑、市政公用、机电安装、水利工程等14种监理单位。

（三）监理单位的市场地位

1. 监理单位是建设市场的三大主体之一

项目法人、承包人、监理单位是建设市场的三大行为主体。对建设市场而言，项目法人和承包人（包括工程建设的勘察、设计、施工、建筑构配件制造等单位）是买卖的双方；而监理单位是介于项目法人和承包人之间的第三方，为促进建设市场中交易活动顺利进行而开展服务的。

2. 监理单位与项目法人的关系

（1）项目法人与监理单位之间是法律地位平等的关系。双方都是市场经济条件下建设市场中独立的法人，都是建设市场中的主体，是为了工程建设而走到一起的。

（2）项目法人与监理单位之间是委托与被委托、授权与被授权的关系，更是相互依存、相互促进、共兴共荣的紧密关系。

（3）项目法人与监理单位之间是合同关系。项目法人与监理单位之间的委托与被委托关系是主体地位完全平等的合同关系。虽然监理单位是受项目法人的委托开展监理工作的，但在工作中，应独立、公正地处理项目法人与被监理单位的利益，不得偏袒项目法人利益而克扣被监理单位的利益。

3. 监理单位与承包人的关系

（1）监理单位与承包人之间是法律地位平等的关系。

（2）监理单位与承包人之间是监理与被监理的关系。

二、监理单位经营活动的基本准则

监理单位从事工程建设监理活动，应当遵循“守法、诚信、公正、科学”的准则。

（一）守法

守法，即遵守国家有关工程建设监理法律、法规、规范、标准等。对于监理单位而言，守法即是依法经营。

（1）严格遵守国家法律、法规、规章和政策，维护国家利益、社会公共利益和工程建设当事人各方合法权益。

（2）不得与所承担监理项目的承包人、设备和材料供货人发生经营性隶属关系，也不得是这些单位的合伙经营者。

（3）禁止转让、违法分包监理业务。

（4）不得聘用无监理岗位证书的人员从事监理业务。

（5）禁止采取不正当竞争手段获取监理业务。

（二）诚信

诚信，即诚实守信。监理单位在生产经营过程中不应损害他人利益和社会公共利益，维护市场道德秩序，在合同履行过程中能履行自己应尽的职责、义务，建立一套完整的、行之有效的，服务于企业、服务于社会的现代企业管理制度并贯彻执行，取信于业主、取信于市场。

工程监理企业应当建立健全企业的诚信管理制度，主要内容有以下几点：

（1）建立健全合同管理制度。

（2）建立健全与业主的合作制度，及时进行信息沟通，增强相互间的信任感。

（3）建立健全监理服务需求制度。

（4）建立企业内部信用管理制度，及时检查和评估企业信用的实施情况，不断提高企业信用管理水平。

（三）公正

公正是指工程监理单位在监理活动中既要维护业主的利益，为业主提供服务，又不能损害施工承包单位的合法利益，并能依据合同公平公正地处理业主与施工承包单位之间的合同争议。公正性是监理工作的必然要求，是社会公认的执业准则，也是监理单位和监理工程师的基本职业道德准则。监理单位要做到公正，必须要做到以下几点：

（1）要培养良好的职业道德，不为私利而违心地处理问题。

（2）要坚持实事求是的原则，不惟上级或业主的意见是从。

（3）要提高综合分析问题的能力，不为局部问题或表面现象所迷惑。

（4）要不断提高自己的专业技术能力，尤其是要尽快提高综合理解、熟练运用建设工程有关合同条款的能力，以便以合同条款为依据，恰当地协调、处理问题。

（四）科学

科学，是指监理单位的监理活动要依据科学的方案，运用科学的手段，采取科学的方法，进行科学的总结。

1. 科学的方案

就一个工程项目的管理工作而言,科学的方案主要是指监理实施细则,它包括该项目监理机构的组织计划;该项目监理工作的程序,各专业、各年度(含季度,甚至按天计算)的监理内容与对策;工程的关键部分或可能出现的重大问题的监理措施。总之,在实施监理前,要尽可能地把各种问题都列出来,并拟订解决办法,使各项监理活动都纳入计划管理的轨道。更重要的是,要集思广益,充分运用已有的经验和智慧,制定出切实可行、行之有效的监理实施细则,指导监理活动顺利进行。

2. 科学的手段

监理人员必须综合运用技术、法律、经济、管理、行政等手段,借助于先进的科学仪器才能做好监理工作。

3. 科学的方法

监理工作的科学方法主要体现在监理人员在掌握大量的、确凿的有关监理对象及其外部环境实际情况的基础上,适时、妥当、高效地处理有关问题,体现在解决问题要用"事实说话"、"用书面文字说话"、"用数据说话",尤其体现在要开发、利用计算机软件,建立起先进的软件库。

4. 科学的总结

工程项目监理结束后,监理人员要进行科学的总结,编写好监理工作总结报告等。

三、水利工程建设监理单位的专业资质等级

(一)监理单位资质的概念

监理单位的资质主要体现在监理能力和监理效果上。所谓监理能力,是指监理单位所能监理的建设项目的类别和等级。所谓监理效果,是指监理单位对建设项目实施监理后,在工程质量、投资、进度控制等方面所取得的成果。

监理单位的监理能力和监理效果主要取决于:监理人员素质、专业配套能力、技术装备、监理经历、管理水平等。

(二)水利工程建设监理单位资质专业和等级

水利工程建设监理单位专业资质等级按《水利工程建设监理单位资质管理办法》(水利部令第40号)第六条规定,分为水利工程施工监理、水土保持工程施工监理、机电及金属结构设备制造监理和水利工程建设环境保护监理四个专业。其中,水利工程施工监理专业资质和水土保持工程施工监理专业资质分为甲级、乙级和丙级三个等级,机电及金属结构设备制造监理专业资质分为甲级、乙级两个等级,水利工程建设环境保护监理专业资质暂不分级。

(三)水利工程建设监理单位专业资质等级标准

申请水利工程建设监理单位专业资质必须符合《水利工程建设监理单位资质管理办法》(水利部令第40号)规定的标准。

1. 水利工程施工监理专业

1)甲级监理单位资质条件

(1)具有健全的组织机构、完善的组织章程和管理制度。技术负责人具有高级专业

技术职称,并取得总监理工程师岗位证书。

(2)专业技术人员。监理工程师40人(其中具有高级专业技术职称的人员不少于8人,总监理工程师不少于7人),水利工程造价工程师不少于3人。

(3)具有5年以上水利工程建设监理经历,且近3年监理业绩分别为:应当承担过(含正在承担)1项Ⅱ等水利枢纽工程,或者2项Ⅱ等(堤防2级)其他水利工程的施工监理业务;该专业资质许可的监理范围内的近3年累计合同额不少于600万元。

承担过水利枢纽工程中的挡、泄、导流、发电工程之一的,可视为承担过水利枢纽工程。

(4)能运用先进技术和科学管理方法完成建设监理任务。

(5)注册资金不少于200万元。

2)乙级监理单位资质条件

(1)具有健全的组织机构、完善的组织章程和管理制度。技术负责人具有高级专业技术职称,并取得总监理工程师岗位证书。

(2)专业技术人员。监理工程师不少于25人(其中具有高级专业技术职称的人员不少于5人,总监理工程师不少于3人),水利工程造价工程师不少于2人。

(3)具有3年以上水利工程建设监理经历,且近3年监理业绩分别为:应当承担过(含正在承担)3项Ⅲ等(堤防3级)水利工程的施工监理业务,该专业资质许可的监理范围内的近3年累计合同额不少于400万元。

(4)能运用先进技术和科学管理方法完成建设监理任务。

(5)注册资金不少于100万元。

3)丙级监理单位资质条件

(1)具有健全的组织机构、完善的组织章程和管理制度。技术负责人具有高级专业技术职称,并取得总监理工程师岗位证书。

(2)专业技术人员。监理工程师不少于10人(其中具有高级专业技术职称的人员不少于3人,总监理工程师不少于1人),水利工程造价工程师不少于1人。

(3)能运用先进技术和科学管理方法完成建设监理任务。

(4)注册资金不少于50万元。

申请重新认定、延续或者核定丙级监理单位资质,还须专业资质许可的监理范围内的近3年年均监理合同额不少于30万元。

2.水土保持工程施工监理专业

1)甲级监理单位资质条件

(1)具有健全的组织机构、完善的组织章程和管理制度。技术负责人具有高级专业技术职称,并取得总监理工程师岗位证书。

(2)专业技术人员。监理工程师25人(其中具有高级专业技术职称的人员不少于5人,总监理工程师不少于4人),水利工程造价工程师不少于3人。

(3)具有5年以上水利工程建设监理经历,且近3年监理业绩分别为:应当承担过(含正在承担)2项Ⅱ等水土保持工程的施工监理业务,该专业资质许可的监理范围内的近3年累计合同额不少于350万元。

(4)能运用先进技术和科学管理方法完成建设监理任务。

(5)注册资金不少于200万元。

2)乙级监理单位资质条件

(1)具有健全的组织机构、完善的组织章程和管理制度。技术负责人具有高级专业技术职称,并取得总监理工程师岗位证书。

(2)专业技术人员。监理工程师不少于15人(其中具有高级专业技术职称的人员不少于3人,总监理工程师不少于2人),水利工程造价工程师不少于2人。

(3)具有3年以上水利工程建设监理经历,且近3年监理业绩分别为:应当承担过(含正在承担)4项Ⅲ等水土保持工程的施工监理业务,该专业资质许可的监理范围内的近3年累计合同额不少于200万元。

(4)能运用先进技术和科学管理方法完成建设监理任务。

(5)注册资金不少于100万元。

3)丙级监理单位资质条件

(1)具有健全的组织机构、完善的组织章程和管理制度。技术负责人具有高级专业技术职称,并取得总监理工程师岗位证书。

(2)专业技术人员。监理工程师不少于10人(其中具有高级专业技术职称的人员不少于3人,总监理工程师不少于1人),水利工程造价工程师不少于1人。

(3)能运用先进技术和科学管理方法完成建设监理任务。

(4)注册资金不少于50万元。

申请重新认定、延续或者核定丙级监理单位资质,还须专业资质许可的监理范围内的近3年年均监理合同额不少于30万元。

3. 机电及金属结构设备制造监理专业

1)甲级监理单位资质条件

(1)具有健全的组织机构、完善的组织章程和管理制度。技术负责人具有高级专业技术职称,并取得总监理工程师岗位证书。

(2)专业技术人员。监理工程师25人(其中具有高级专业技术职称的人员不少于5人,总监理工程师不少于4人),水利工程造价工程师不少于3人。

(3)具有5年以上水利工程建设监理经历,且近3年监理业绩分别为:应当承担过(含正在承担)4项中型机电及金属结构设备制造监理业务,该专业资质许可的监理范围内的近3年累计合同额不少于300万元。

(4)能运用先进技术和科学管理方法完成建设监理任务。

(5)注册资金不少于200万元。

2)乙级监理单位资质条件

(1)具有健全的组织机构、完善的组织章程和管理制度。技术负责人具有高级专业技术职称,并取得总监理工程师岗位证书。

(2)专业技术人员。监理工程师不少于12人(其中具有高级专业技术职称的人员不少于3人,总监理工程师不少于2人),水利工程造价工程师不少于2人。

(3)能运用先进技术和科学管理方法完成建设监理任务。

(4)注册资金不少于100万元。

申请重新认定、延续或者核定乙级监理单位资质,还须专业资质许可的监理范围内的近3年年均监理合同额不少于30万元。

4. 水利工程建设环境保护监理专业

(1)具有健全的组织机构、完善的组织章程和管理制度。技术负责人具有高级专业技术职称,并取得总监理工程师岗位证书。

(2)专业技术人员。监理工程师不少于10人(其中具有高级专业技术职称的人员不少于3人,总监理工程师不少于1人),水利工程造价工程师不少于1人。

(3)能运用先进技术和科学管理方法完成建设监理任务。

(4)注册资金不少于50万元。

(四)水利工程建设监理单位的业务范围

水利工程建设监理单位各专业资质等级可以承担的业务范围按《水利工程建设监理单位资质管理办法》(水利部令第40号)第七条的规定,具体如下。

1. 水利工程施工监理专业资质

(1)甲级可以承担各等级水利工程的施工监理业务。

(2)乙级可以承担Ⅱ等(堤防2级)以下各等级水利工程的施工监理业务。

(3)丙级可以承担Ⅲ等(堤防3级)以下各等级水利工程的施工监理业务。

水利工程等级划分标准按照《水利水电工程等级划分及洪水标准》(SL 252—2000)执行。

2. 水土保持工程施工监理专业资质

(1)甲级可以承担各等级水土保持工程的施工监理业务。

(2)乙级可以承担Ⅱ等以下各等级水土保持工程的施工监理业务。

(3)丙级可以承担Ⅲ等水土保持工程的施工监理业务。

同时具备水利工程施工监理专业资质和乙级以上水土保持工程施工监理专业资质的,方可承担淤地坝中的骨干坝施工监理业务。

3. 机电及金属结构设备制造监理专业资质

(1)甲级可以承担水利工程中的各类型机电及金属结构设备制造监理业务。

(2)乙级可以承担水利工程中的中、小型机电及金属结构设备制造监理业务。

4. 水利工程建设环境保护监理专业资质

监理单位可以承担各类各等级水利工程建设环境保护监理业务。

四、水利工程建设监理单位的资质管理

水利工程建设监理单位资质等级由水利部负责监理单位资质的认定与管理工作。水利部所属流域管理机构(以下简称流域管理机构)和省、自治区、直辖市人民政府水行政主管部门依照管理权限,负责有关的监理单位资质申请材料的接收、转报以及相关管理工作。

申请水利工程建设监理资质的单位,应当按照其拥有的技术负责人、专业技术人员、注册资金和工程监理业绩等条件,申请相应的资质等级。申请水利工程建设监理单位资

质,应当具备《水利工程建设监理单位资质管理办法》(水利部令第40号)规定的资质条件。水利工程建设监理单位资质一般按照专业逐级申请。申请水利工程建设监理资质的单位可以申请一个或者两个以上专业资质。

监理单位资质每年集中认定一次,受理时间由水利部提前三个月向社会公告。需要注意的是,经水利部认定资质的监理单位分立后申请重新认定监理单位资质以及监理单位申请资质证书变更或者资质延续的,不适用此规定。

水利工程建设监理单位资质等级证书包括正本一份、副本四份,正本和副本具有同等法律效力,有效期为五年。如果监理单位被吊销资质等级证书的,三年内不得重新申请;被降低资质等级的,两年内不得申请晋升资质等级;受到其他行政处罚,受到通报批评、情节严重,被计入不良行为档案,或者在审计、监察、稽查、检查中发现存在严重问题的,一年内不得申请晋升资质等级。法律法规另有规定的,从其规定。

五、水利工程建设监理单位监理业务的实施

水利部《水利工程建设监理规定》(水利部令第28号)对水利工程建设监理单位监理业务的实施作出了明确的规定,叙述如下:

(1)监理单位应当聘用具有相应资格的监理人员从事水利工程建设监理业务。

(2)取得水利工程建设监理工程师资格证书的人员,必须按照《水利工程建设监理工程师注册管理办法》(水利部水建〔2006〕600号)进行注册,并在其注册监理单位从事监理业务;需要临时到其他监理单位从事监理业务的,应当由该监理单位与注册监理单位签订协议,明确监理责任等有关事宜。

(3)监理人员应当保守执(从)业秘密,并不得同时在两个以上水利工程项目从事监理业务,不得与被监理单位以及建筑材料、建筑构配件和设备供应单位发生经济利益关系。

(4)监理单位应当按下列程序实施建设监理:

①按照监理合同,选派满足监理工作要求的总监理工程师、监理工程师和监理员组建项目监理机构,进驻现场;

②编制监理规划,明确项目监理机构的工作范围、内容、目标和依据,确定监理工作制度、程序、方法和措施,并报项目法人备案;

③按照工程建设进度计划,分专业编制监理实施细则;

④按照监理规划和监理实施细则开展监理工作,编制并提交监理报告;

⑤监理业务完成后,按照监理合同向项目法人提交监理工作总结报告、移交有关档案资料。

(5)水利工程建设监理实行总监理工程师负责制。总监理工程师负责全面履行监理合同约定的监理单位职责,发布有关指令,签署监理文件,协调有关各方之间的关系。监理工程师在总监理工程师授权范围内开展监理工作,具体负责所承担的监理工作,并对总监理工程师负责。监理员在监理工程师或者总监理工程师授权范围内从事监理辅助工作。

(6)监理单位应当将项目监理机构及其人员名单、监理工程师和监理员的授权范围

书面通知被监理单位。监理实施期间监理人员有变化的,应当及时通知被监理单位。监理单位更换总监理工程师和其他主要监理人员的,应当符合监理合同的约定。

(7)监理单位应当按照监理合同,组织设计单位等进行现场设计交底,核查并签发施工图。未经总监理工程师签字的施工图不得用于施工。监理单位不得修改工程设计文件。

(8)监理单位应当按照监理规范的要求,采取旁站、巡视、跟踪检测和平行检测等方式实施监理,发现问题应当及时纠正、报告。

(9)监理单位不得与项目法人或者被监理单位串通,弄虚作假、降低工程或者设备质量。监理人员不得将质量检测或者检验不合格的建设工程、建筑材料、建筑构配件和设备按照合格签字。未经监理工程师签字,建筑材料、建筑构配件和设备不得在工程上使用或者安装,不得进行下一道工序的施工。

(10)监理单位应当协助项目法人编制控制性总进度计划,审查被监理单位编制的施工组织设计和进度计划,并督促被监理单位实施。

(11)监理单位应当协助项目法人编制付款计划,审查被监理单位提交的资金流计划,按照合同约定核定工程量,签发付款凭证。未经总监理工程师签字,项目法人不得支付工程款。

(12)监理单位应当审查被监理单位提出的安全技术措施、专项施工方案和环境保护措施是否符合工程建设强制性标准和环境保护要求,并监督实施。监理单位在实施监理过程中,发现存在安全事故隐患的,应当要求被监理单位整改;情况严重的,应当要求被监理单位暂时停止施工,并及时报告项目法人。被监理单位拒不整改或者不停止施工的,监理单位应当及时向有关水行政主管部门或者流域管理机构报告。

六、水利工程建设监理单位违规处罚

《水利工程建设监理规定》(水利部令第 28 号)、《建设工程质量管理条例》(国务院令第 279 号)和《建设工程安全生产管理条例》(国务院令第 393 号)等法规对水利工程建设监理单位违规处罚作出了明确的规定,分述如下:

(1)水利工程建设监理单位超越本单位资质等级许可的业务范围承揽监理业务的,依照《建设工程质量管理条例》第六十条第一款规定给予处罚,即工程监理单位超越本单位资质等级承揽工程的,责令停止违法行为,对工程监理单位处合同约定的监理酬金 1 倍以上 2 倍以下的罚款。

(2)水利工程建设监理单位未取得相应资质等级证书承揽监理业务的,依照《建设工程质量管理条例》第六十条第二款规定给予处罚,即未取得资质证书承揽工程的,予以取缔,对工程监理单位处合同约定的监理酬金 1 倍以上 2 倍以下的罚款;有违法所得的,予以没收。

(3)水利工程建设监理单位以欺骗手段取得的资质等级证书承揽监理业务的,依照《建设工程质量管理条例》第六十条第三款规定给予处罚,即以欺骗手段取得资质证书承揽工程的,吊销资质证书,对工程监理单位处合同约定的监理酬金 1 倍以上 2 倍以下的罚款;有违法所得的,予以没收。

(4)水利工程建设监理单位允许其他单位或者个人以本单位名义承揽监理业务的，依照《建设工程质量管理条例》第六十一条规定给予处罚，即工程监理单位允许其他单位或者个人以本单位名义承揽工程的，责令改正，没收违法所得，对工程监理单位处合同约定的监理酬金1倍以上2倍以下的罚款。

(5)水利工程建设监理单位转让监理业务的，依照《建设工程质量管理条例》第六十二条第二款规定给予处罚，即工程监理单位转让工程监理业务的，责令改正，没收违法所得，处合同约定的监理酬金25%以上50%以下的罚款；可以责令停业整顿，降低资质等级；情节严重的，吊销资质证书。

(6)水利工程建设监理单位与项目法人或者被监理单位串通，弄虚作假、降低工程质量的，依照《建设工程质量管理条例》第六十七条规定给予处罚，即责令改正，处50万元以上100万元以下的罚款，降低资质等级或者吊销资质证书；有违法所得的，予以没收；造成损失的，承担连带赔偿责任。

(7)水利工程建设监理单位将不合格的建设工程、建筑材料、建筑构配件和设备按照合格签字的，依照《建设工程质量管理条例》第六十七条规定给予处罚，即责令改正，处50万元以上100万元以下的罚款，降低资质等级或者吊销资质证书；有违法所得的，予以没收；造成损失的，承担连带赔偿责任。

(8)水利工程建设监理单位与被监理单位以及建筑材料、建筑构配件和设备供应单位有隶属关系或者其他利害关系承担该项工程建设监理业务的，依照《建设工程质量管理条例》第六十八条规定给予处罚，即责令改正，处5万元以上10万元以下的罚款，降低资质等级或者吊销资质证书；有违法所得的，予以没收。

(9)水利工程建设监理单位以串通、欺诈、胁迫、贿赂等不正当竞争手段承揽监理业务的或者利用工作便利与项目法人、被监理单位以及建筑材料、建筑构配件和设备供应单位串通，谋取不正当利益的，依据《水利工程建设监理规定》第二十八条规定给予处罚，即责令改正，给予警告；无违法所得的，处1万元以下罚款，有违法所得的，予以追缴，处违法所得3倍以下且不超过3万元罚款；情节严重的，降低资质等级；构成犯罪的，依法追究有关责任人员的刑事责任。

(10)水利工程建设监理单位有下列行为之一的，依照《建设工程安全生产管理条例》第五十七条处罚，即责令限期改正；逾期未改正的，责令停业整顿，并处10万元以上30万元以下的罚款；情节严重的，降低资质等级，直至吊销资质证书；造成重大安全事故，构成犯罪的，对直接责任人员，依照刑法有关规定追究刑事责任；造成损失的，依法承担赔偿责任。

①未对施工组织设计中的安全技术措施或者专项施工方案进行审查的；

②发现安全事故隐患未及时要求施工单位整改或者暂时停止施工的；

③施工单位拒不整改或者不停止施工，未及时向有关水行政主管部门或者流域管理机构报告的；

④未依照法律、法规和工程建设强制性标准实施监理的。

(11)水利工程建设监理单位聘用无相应监理人员资格的人员从事监理业务的或隐瞒有关情况、拒绝提供材料或者提供虚假材料的，依据《水利工程建设监理规定》第三十条规定给予处罚,即责令改正,给予警告;情节严重的,降低资质等级。

(12)《建设工程质量管理条例》第七十四条规定:工程监理单位违反国家规定,降低工程质量标准,造成重大安全事故,构成犯罪的,对直接责任人员依法追究刑事责任。

任务六 监理组织

一、组织的基本原理

(一)组织的概念

组织是指为了使系统达到特定的目标,使全体参加者经分工与协作以及设置不同层次的权力和责任制度而构成的一种人的组合体。

组织包括以下四层含义:

(1)目标是组织存在的前提;

(2)没有分工与协作就不是组织,没有不同层次的权力和责任制度就不能实现组织活动和组织目标;

(3)组织的功能在于有计划地组织、指挥、调节和控制各种活动,实现组织目标;

(4)组织生存的基本条件是必须具备一定的物质和技术基础,并且不断地进行更新,适应环境的变化。

(二)组织的构成因素

组织的构成受多种因素的制约,最主要的有管理层次、管理跨度、管理部门、管理职能。各因素之间相互联系、相互制约。

1.合理的管理层次

管理层次是指从组织的最高管理者到最基层的实际工作人员的等级层次的数量。管理层次可以分为三个层次,即决策层、协调层和执行层、操作层,三个层次的职能要求不同,表示不同的职责和权限,由上到下权责递减,人数却递增。组织必须形成一定的管理层次,否则其运行将陷于无序状态,管理层次也不能过多,否则会造成资源和人力的巨大浪费。

2.合理的管理跨度

管理跨度是指一个主管直接管理下属人员的数量。在组织中,某级管理人员的管理跨度大小直接取决于这一级管理人员所要协调的工作量,跨度大,处理人与人之间关系的数量随之增大。跨度太大时,领导者和下属接触频率会太高。跨度的大小又和分层多少有关,一般来说,管理层次增多,跨度会小;反之,管理层次少,跨度会大。

3.合理划分管理部门

按照类别对专业化分工的工作进行分组,以便对工作进行协调,即为部门化。部门可以根据职能来划分,可以根据产品类型来划分,可以根据地区来划分,也可以根据顾客类型来划分。组织中各部门的合理划分对发挥组织效能非常重要,如果划分不合理,就会造成控制、协调困难,浪费人力、物力、财力。

4. 合理确定管理职能

组织设计中确定的各部门的职能,在纵向要使指令传递、信息反馈及时,在横向使各部门相互联系、协调一致。

(三)项目监理组织设计的基本原则

1. 集权与分权统一的原则

在任何组织中都不存在绝对的集权和分权,应做到集权与分权相统一。在项目监理机构设计中,所谓集权,就是总监理工程师掌握所有监理大权,各专业监理工程师只是其命令的执行者;所谓分权,是指各专业监理工程师在各自管理的范围内有足够的决策权,总监理工程师主要起协调作用。

2. 专业分工与协作统一的原则

对于项目监理机构来说,分工就是将监理目标,特别是投资控制、进度控制、质量控制三大目标分成各部门以及各监理工作人员的目标、任务,明确干什么、怎么干。

3. 管理跨度与管理层次统一的原则

在组织机构的设计过程中,管理跨度与管理层次成反比例关系。应该在通盘考虑影响管理跨度的各种因素后,在实际运用中根据具体情况确定管理层次。

4. 权责一致的原则

在项目监理机构中应明确划分职责、权力范围,做到责任和权力相一致。权责不一致对组织的效能损害是很大的。权大于责就容易产生瞎指挥、滥用权力的官僚主义;责大于权就会影响管理人员的积极性、主动性、创造性,使组织缺乏活力。

5. 才职相称的原则

使每个人现有的和可能有的才能与其职务上的要求相适应,做到才职相称,人尽其才,才得其用,用得其所。

6. 经济效率原则

应组合成最适宜的结构形式,实行最有效的内部协调,使事情办得简洁而正确,减少重复和扯皮。

7. 弹性原则

组织机构既要有相对的稳定性,不要总是轻易变动,又要随组织内部和外部条件的变化,根据长远目标作出相应的调整与变化,使组织机构具有一定的适应性。

(四)项目监理组织活动的基本原理

1. 要素有用性原理

一个组织机构中的基本要素有人力、物力、财力、信息、时间等。

运用要素有用性原理,首先应看到人力、物力、财力等因素在组织活动中的有用性,充分发挥各要素的作用,还要具体分析各要素的特殊性,以便充分发挥每一要素的作用。

2. 动态相关性原理

整体效应不等于其各局部效应的简单相加,这就是动态相关性原理。组织管理者的重要任务就在于使组织机构活动的整体效应大于其局部效应之和,否则,组织就失去了存在的意义。

3. 主观能动性原理

人是生产力中最活跃的因素,组织管理者的重要任务就是要把人的主观能动性发挥出来。

4. 规律效应性原理

规律与效应的关系非常密切,一个成功的管理者懂得只有努力揭示规律,才有取得效应的可能,而要取得好的效应,就要主动研究规律,坚决按规律办事。

二、工程项目承发包模式和监理模式

承发包是当代工程建设最基本、最主要的形式。投资方把工程的建设任务委托给另一方完成,委托任务的一方称为发包单位(方或人),接受任务的一方称为承包单位(方或人)。根据双方的承包关系、承包范围、建立承发包关系途径等的不同,其承发包模式也不同。

为了有效地开展监理工作,保证工程建设项目总目标的实现,应根据不同的承发包模式安排实施不同的监理模式。

目前,我国的工程项目建设任务发包与承包组织模式主要有四种:平行承发包、设计/施工总承包、工程项目总承包和工程项目总承包管理。在工程项目建设实践中,针对工程项目的实际情况,应选择一种对项目组织、投资控制、进度控制、质量控制和合同管理最有利的模式。

(一)平行承发包模式与监理模式

1. 平行承发包模式

平行承发包,即分标发包,发包方将一个工程建设项目分解为若干个任务,分别发包给多个设计单位和多个施工单位。各设计单位之间的关系是平行的,各施工单位之间的关系也是平行的,如图1-1所示。

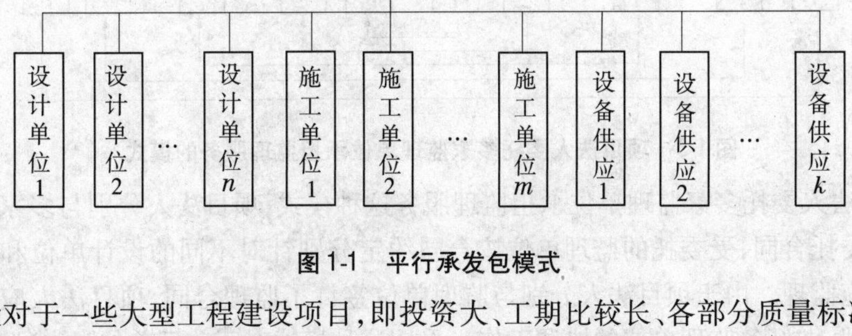

图1-1　平行承发包模式

一般对于一些大型工程建设项目,即投资大、工期比较长、各部分质量标准、专业技术工艺要求不同,又有工期提前的要求,多采用此种分标发包模式,以利用投资、进度、质量的合理安排和控制。

当设计单位、施工单位规模小,且专业性很强,或者发包方愿意分散风险时,也多采用这种模式。

但是,平行承发包的模式,对项目组织管理不利,对进度协调不利。因为发包方要和多个设计单位或多个施工单位签订合同，为控制项目总目标，协调工作量大，不仅要协调设计、施工单位的进度，还要协调它们之间的进度。

2. 监理模式

与平行承发包模式相适应的监理组织模式可以选择以下几种：

(1)项目法人委托一家监理单位承担监理服务，如图1-2所示。

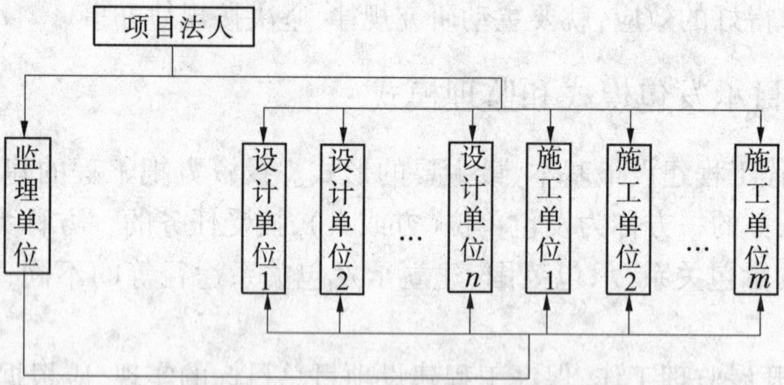

图1-2　项目法人委托一家监理单位承担监理服务的模式

项目法人委托一家监理单位承担监理服务这种模式，一般要求监理单位要有较强的合同管理能力和组织协调能力。监理单位的监理组织机构可以组建多个分支机构，分别对项目法人委托的各设计单位和各施工单位分别实施监理。

(2)项目法人委托多家监理单位承担监理服务，如图1-3所示。

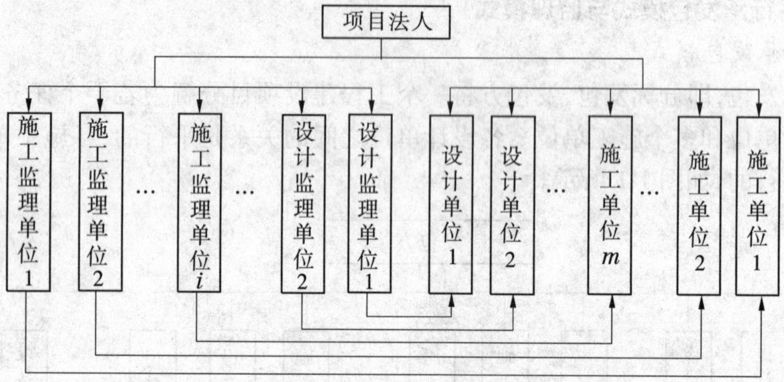

图1-3　项目法人委托多家监理单位承担监理服务的模式

项目法人委托多家监理单位承担监理服务这种模式，项目法人分别与多家监理单位签订监理委托合同，受委托的监理单位按合同约定分别针对不同的设计单位和不同的施工单位实施监理。由于项目法人分别与监理单位签订了监理合同，项目法人应加强监理合同的管理，做好各监理单位的协调工作。采用这种模式对于监理单位来说，监理对象单一，便于管理。

(二)设计/施工总承包模式与监理模式

1. 设计/施工总承包模式

设计/施工总承包，即设计和施工分别总承包，如图1-4所示。

这种模式对项目组织管理有利，发包方只需与一个设计总包单位和一个施工总包单

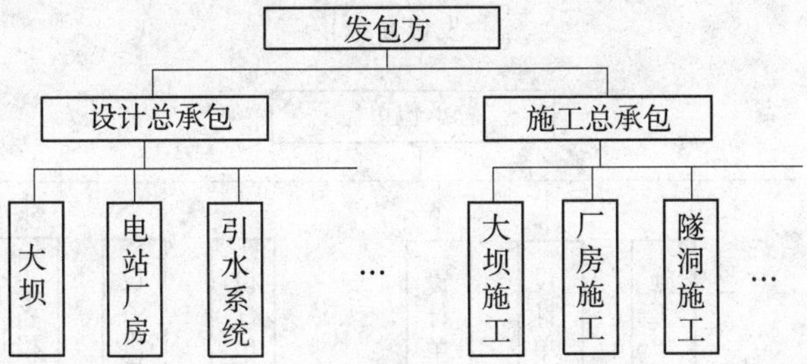

图1-4　设计/施工总承包模式

位签订合同。因此,相对平行承发包模式而言,其协调工作量小,合同管理简单,对投资控制有利。

采用这种模式时,国际惯例一般规定设计总包单位(或施工总包单位)不可把总包合同规定的任务全部转包给其他设计单位(或施工单位),并且还要求总包单位将任何部分任务分包给其他单位时,必须得到发包方的认可,以保证工程项目投资、进度及质量目标的实现。《合同法》第二百七十二条规定:建设工程主体结构的施工必须由承包人自行完成。

2. 监理模式

对设计/施工总承包模式,项目法人可以委托一家监理单位承担全过程监理服务,如图1-5所示。也可以按设计和施工分别委托监理单位承担监理服务,如图1-6所示。

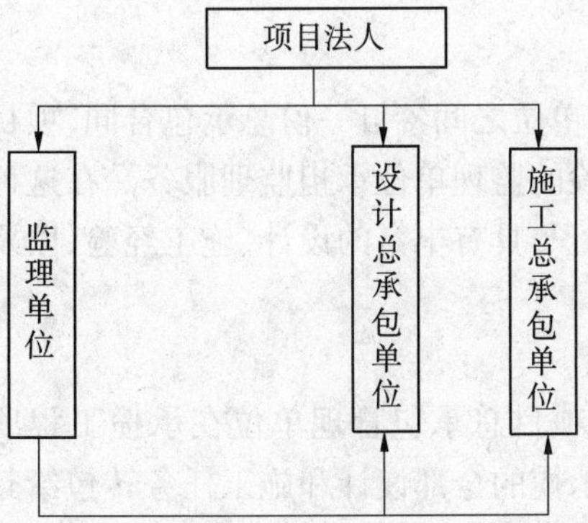

图1-5　委托一家监理单位承担监理服务的模式

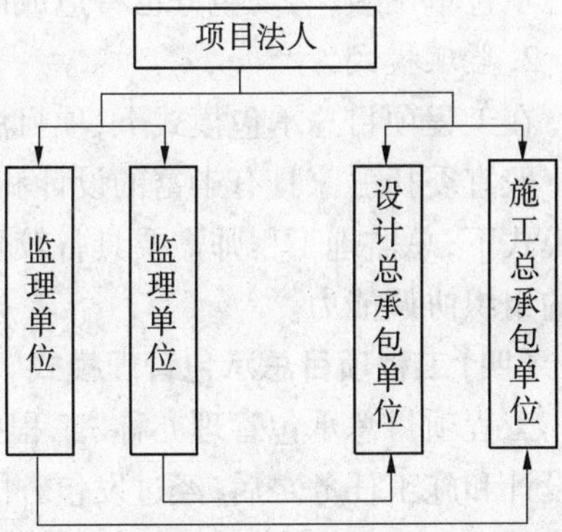

图1-6　设计和施工分别委托监理单位承担监理服务的模式

(三)工程项目总承包模式与监理模式

1. 工程项目总承包模式

工程项目总承包亦称建设全过程承包,也常称为“交钥匙承包”、“一揽子承包”,如图1-7所示。

发包方把一个工程项目的设计、材料采购、施工到试运行全部任务都发包给一个单位,这一单位称总承包单位。总承包单位可以自行完成全部任务,也可以把项目的部分任务在取得发包方认可的前提下,分包给其他设计和施工单位。

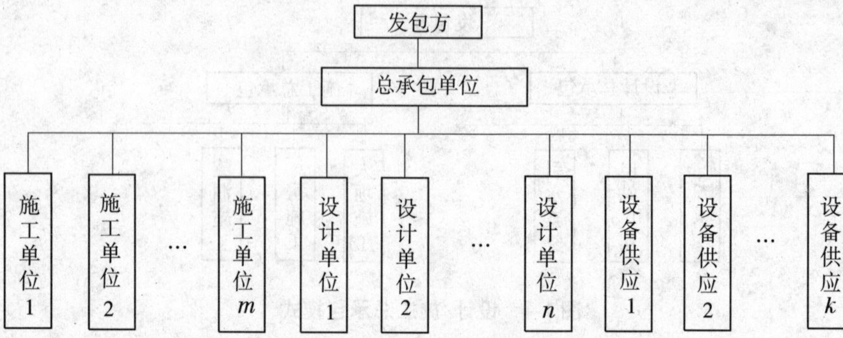

图 1-7　工程项目总承包模式

总承包是在项目全部竣工试运行达到正常生产水平后，再把项目移交发包方。

这种总承包模式工作量最大、工作范围最广，因而合同内容也最复杂，但项目组织、投资控制、合同管理都非常简单。而且这种模式责任明确、合同关系简单明了，易于形成统一的项目管理保证系统，便于按现代化大生产方式组织项目建设，是近年来现代化大生产方式进入建设领域，项目管理不断发展的产物。对发包方来说，总承包单位一般都具有管理大型项目的良好素质和丰富经验，工程项目总承包可以依靠总包的综合管理优势，加上总包合同法律约束，就使项目的实现纳入了统一管理的保证系统。近年来，我国一些大型项目采用了工程项目总承包，一般都取得了工期短、质量高、投资省的良好效果。

但这种模式对发包方、总承包单位来说，承担的风险很大，一旦总承包失败，就可能导致总承包单位破产，发包方也将造成巨大的损失。

2. 监理模式

在工程项目总承包模式下，项目法人与总承包单位之间签订一份总承包合同，项目法人一般宜委托一家具有丰富的设计和施工监理经验的监理单位承担监理服务。在这种委托模式下，总监理工程师需要具备较全面的综合知识，具有丰富的设计、施工经验，以及较强的组织协调能力。

（四）工程项目总承包管理模式

工程项目总承包管理亦称“工程托管”。工程项目总承包管理单位在承揽工程项目的设计和施工任务之后，经过发包方的同意，再把承揽的全部设计和施工任务转包给其他单位，如图 1-8 所示。

工程项目总承包管理模式与工程项目总承包模式不同之处在于：前者没有自己的设计和施工力量，不直接进行设计与施工，而是将承接的设计与施工任务全部分包出去，自己仅致力于工程建设项目管理；后者有自己的设计、施工力量，直接进行设计、施工、材料和设备采购等工作。

工程项目总承包管理模式的特点是对合同管理、组织协调、进度和投资控制有利，工程项目总承包管理单位确定分包单位很重要，并且承担风险较大。

上述四种不同的承发包模式，对投资、进度、质量目标的控制和对合同管理、组织协调的难易程度是不同的，其结构也不同。发包方应该根据实际情况进行选择，监理单位也应相应地调整自己的组织机构和工作职能。

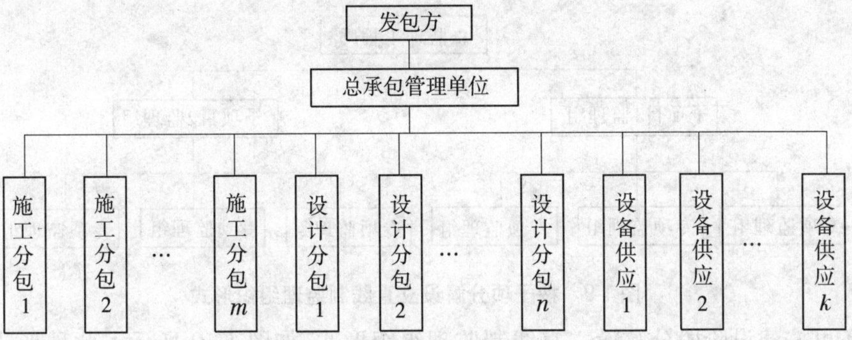

图 1-8　工程项目总承包管理模式

三、项目监理组织形式

监理单位接受发包方委托实施监理之前，首先应建立与工程项目监理活动相适应的监理组织，根据监理工作内容及工程项目特点，选择适宜的监理组织形式。

（一）建立项目监理组织的步骤

（1）确定建设监理目标。建设监理目标是项目监理组织设立的前提，应根据工程建设监理合同中确定的监理目标，明确划分为具体的分目标。

（2）确定监理工作内容。

（3）设计监理组织结构。

①确定监理组织结构形式。监理组织结构形式的选择应考虑有利于项目合同管理，有利于目标控制，有利于决策指挥，有利于信息沟通。

②合理确定管理层次。一般应有决策层、中间控制层（协调层和执行层）、作业层（操作层）三个层次。

③制定岗位职责。

④选派监理人员。

（4）制定监理工作流程与考核标准。

（二）项目监理组织形式

目前，常用的项目监理组织形式有直线制监理组织、职能制监理组织、直线职能制监理组织和矩阵制监理组织四种。

1. 直线制监理组织

直线制是一种线性组织结构，其本质就是使命令线性化。整个组织自上而下实行垂直领导，不设职能机构，可设职能人员协助主管人员工作，主管人员对所属单位的一切问题负责。

这种组织形式是最简单的，它的特点是组织中各种职位是按垂直系统直线排列的，权力系统自上而下形成直线控制，权责分明。它适用于监理项目能划分为若干相对独立子项的大、小型建设项目，如图 1-9 所示。总监理工程师负责整个项目的规划、组织和指导，并着重整个项目范围内各方面的协调工作。子项目监理组分别负责子项目的目标值控制，具体领导现场专业或专项监理组的工作。

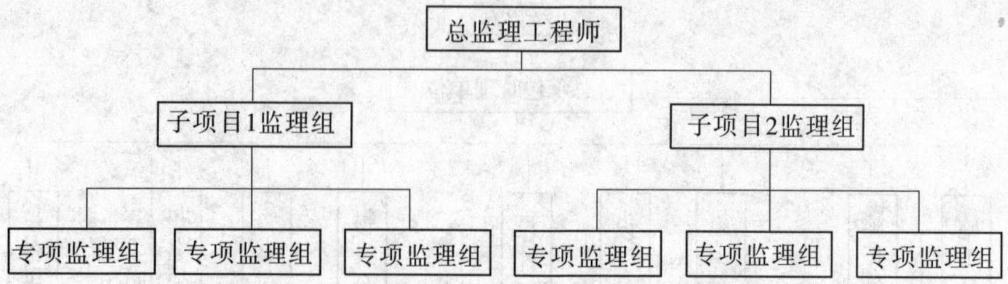

图1-9　按子项分解设立直线制监理组织形式

还可按建设阶段分解设立直线制监理组织形式，如图1-10所示。此种形式适用于大、中型以上项目，且承担包括设计和施工的全过程工程建设监理任务。这种组织形式的主要优点是机构简单、权力集中、命令统一、职责分明、决策迅速、隶属关系明确。缺点是实行没有职能机构的“个人管理”，这就要求总监理工程师通晓各种业务和多种知识技能，成为“全能”式人物。

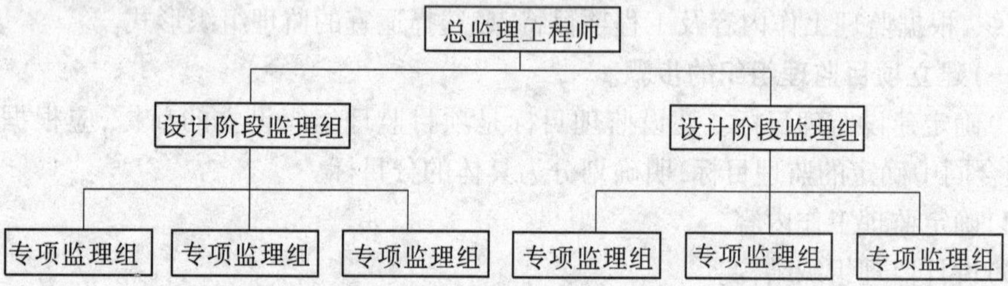

图1-10　按建设阶段分解设立直线制监理组织形式

1)直线制组织的优点

(1)保证单头领导，每个组织单元仅向一个上级负责，一个上级对下级直接行使管理和监督的权力即直线职权，一般不能越级下达指令。项目参加者的工作任务、责任、权力明确，指令唯一，这样可以减少扯皮和纠纷，协调方便。

(2)它具有独立的项目组织的优点。尤其是项目总监能直接控制监理组织资源，向业主负责。

(3)信息流通快，决策迅速，项目容易控制。

(4)项目任务分配明确，责、权、利关系清楚。

2)直线制组织的缺点

(1)当项目比较多、比较大时，每个项目对应一个组织，使监理企业资源可能不能达到合理使用。

(2)项目总监责任较大，一切决策信息都集中于他处，这要求他能力强、知识全面、经验丰富，是一个“全能式”人物；否则，决策较难、较慢，容易出错。

(3)不能保证项目监理参与单位之间信息流通速度和质量。

(4)监理企业的各项目间缺乏信息交流，项目之间的协调、企业的计划和控制比较困难。

2.职能制监理组织

职能制组织形式，是一种传统的组织结构模式，它特别强调职能的专业分工，因此组织系统是以职能为划分部门的基础,把管理的职能授权给不同的管理部门。这种监理组织形式,就是在项目总监之下设立一些职能机构,分别从职能角度对基层监理组织进行业务管理,并在总监授权的范围内,就其主管的业务范围,向下传达命令和指示。这种组织形式强调管理职能的专业化,即把管理职能授权给不同的专业部门。

在职能式的组织结构中,项目的任务分配给相应的职能部门,职能部门经理对分配到本部门的项目任务负责,职能式的组织结构适用于任务相对比较稳定、明确的项目监理工作,如图 1-11 所示。

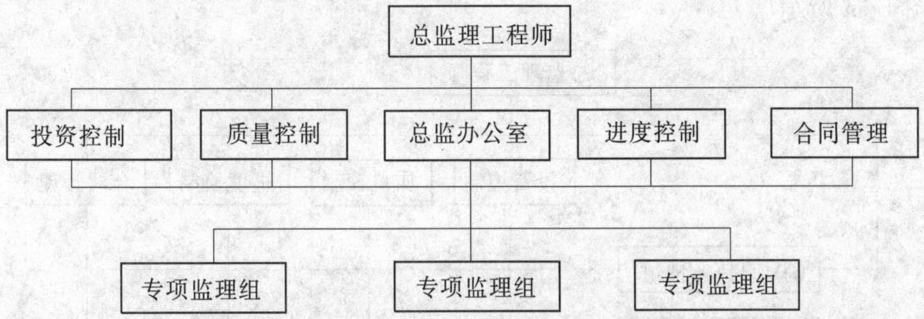

图 1-11　职能制监理组织形式

1)职能制监理组织形式的优点

(1)由于部门是按职能来划分的,因此各职能部门的工作具有很强的针对性,可以最大程度地发挥人员的专业才能,减轻项目总监的负担。

(2)如果各职能部门能做好互相协作的工作,对整个项目的完成会起到事半功倍的效果。

2)职能制组织形式的缺点

(1)项目信息传递途径不畅。

(2)工作部门可能会接到来自不同职能部门的互相矛盾的指令。

(3)不同职能部门之间有意见分歧难以统一时,互相协调存在一定的困难。

(4)职能部门直接对工作部门下达工作指令,项目总监对工程项目的控制能力在一定的程度上被弱化。

3. 直线职能制监理组织

直线职能制的监理组织形式是吸收了直线制组织形式和职能制组织形式的优点而构成的一种组织形式,如图 1-12 所示。

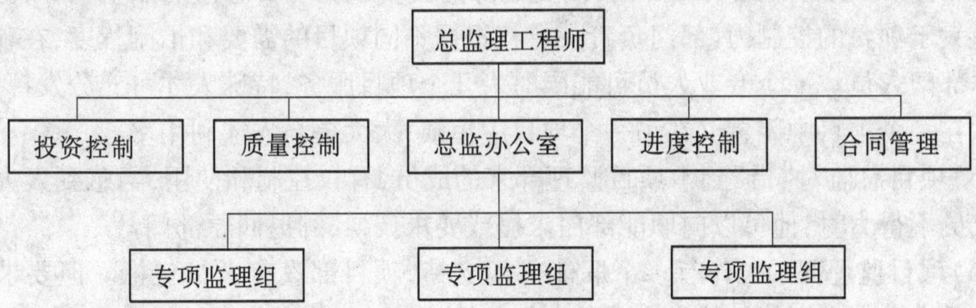

图 1-12　直线职能制监理组织形式

这种形式的主要优点是集中领导、职责清楚，有利于提高办事效率。缺点是职能部门与指挥部门易产生矛盾，信息传递路线长，不利于互通情报。

4. 矩阵制项目监理组织

矩阵制是现代大型工程管理中广泛采用的一种组织形式，它把职能原则和项目对象原则结合起来建立工程项目管理组织机构，使其既发挥职能部门的横向优势，又能发挥项目组织纵向优势。从系统论的观点来看，解决问题不能只靠某一部门的力量，一定要各方面专业人员共同协作。矩阵式的监理组织由横向职能部门系统和纵向子项目组织系统组成，如图 1-13 所示。

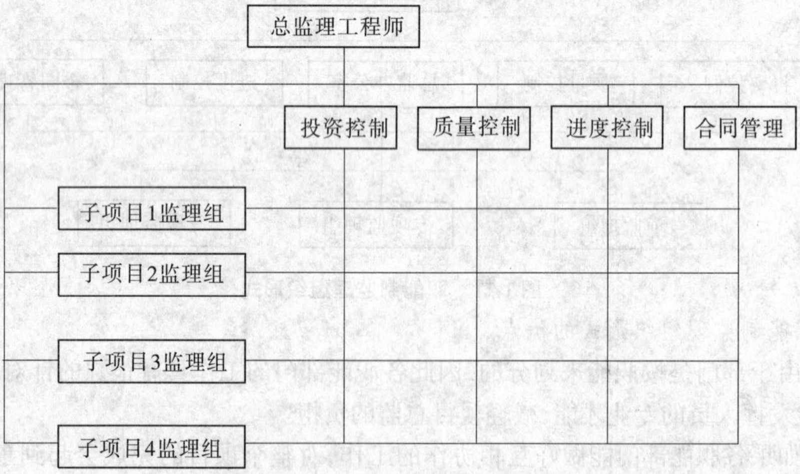

图 1-13　矩阵制监理组织形式

1) 矩阵制项目监理组织的特征

(1) 项目监理组织机构与职能部门的结合部同职能部门数量相同，多个项目与职能部门的结合部呈矩阵状。

(2) 把职能原则和对象原则结合起来，既发挥职能部门的横向优势，又发挥项目组织的纵向优势。

(3) 专业职能部门是永久性的，项目组织是临时性的。职能部门负责人对参与项目组织的人员有组织调配、业务指导和管理考察权，项目总监将参与项目组织的职能人员在横向上有效地组织在一起，为实现项目目标协同工作。

(4) 矩阵中的每个成员或部门，接受原部门负责人和项目总监的双重领导，但部门的控制力大于项目的控制力，部门负责人有权根据不同项目的需要和忙闲程度，在项目之间调配本部门人员。一个专业人员可能同时为几个项目服务，特殊人才可充分发挥作用，免得人才在一个项目中闲置又在另一个项目中短缺，大大提高人才利用率。

(5) 项目总监对“借”到本项目监理部来的成员，有权控制和使用，当感到人力不足或某些成员不得力时，他可以向职能部门求援或要求调换，辞退回原部门。

(6) 项目监理部的工作有多个职能部门支持，项目部没有人员包袱。但要求在水平方向和垂直方向有良好的信息沟通及良好的协调配合，对整个企业组织和项目组织的管理水平和组织渠道畅通提出了较高的要求。

2)矩阵制项目监理组织的适用范围

(1)适用于平时承担多个需要进行项目监理工程的企业。在这种情况下,各项目对专业技术人才和管理人员都有需求,加在一起数量较大。采用矩阵制组织可以充分利用有限的人才对多个项目进行监理,特别有利于发挥稀有人才的作用。

(2)适用于大型、复杂的监理工程项目。因大型复杂的工程项目要求多部门、多技术、多工种配合实施,在不同阶段,对不同人员,有不同数量和搭配各异的需求。显然,矩阵式项目监理组织形式可以很好地满足其要求。

3)矩阵制监理组织的优点

(1)能以尽可能少的人力,实现多个项目监理的高效率。理由是通过职能部门的协调,一些项目上的闲置人才可以及时转移到需要这些人才的项目上去,防止人才短缺,项目组织因此具有弹性和应变力。

(2)有利于人才的全面培养。可以使不同知识背景的人在合作中相互取长补短,在实践中拓宽知识面;发挥了纵向的专业优势,使人才成长建立在深厚的专业训练基础之上。

4)矩阵式项目监理组织的缺点

(1)由于人员来自监理企业职能部门,且仍受职能部门控制,故凝聚在项目上的力量减弱,往往使项目组织的作用发挥受到影响。

(2)管理人员或专业人员如果身兼多职地监理多个项目,往往难以确定监理项目的优先顺序,有时难免顾此失彼。

(3)双重领导。项目组织中的成员既要接受项目总监的领导,又要接受监理企业中原职能部门的领导,在这种情况下,如果领导双方意见和目标不一致乃至有矛盾,当事人便无所适从。

(4)矩阵制组织对监理企业管理水平、项目管理水平、领导者的素质、组织机构的办事效率、信息沟通渠道的畅通,均有较高要求。

(三)项目监理机构的基本职责与权限

项目监理机构应在监理合同授权范围内行使职权。根据《水利工程建设项目施工监理规范》(SL 288—2003),项目监理机构的基本职责与权限包括下列各项:

(1)协助发包人选择承包人、设备和材料供货人。

(2)审核承包人拟选择的分包项目和分包人。

(3)核查并签发施工图纸。

(4)审批承包人提交的各类文件。

(5)签发指令、指示、通知、批复等监理文件。

(6)监督、检查施工过程及现场施工安全和环境保护情况。

(7)监督、检查工程施工进度。

(8)检验施工项目的材料、构配件、工程设备的质量和工程施工质量。

(9)处置施工中影响或造成工程质量、安全事故的紧急情况。

(10)审核工程计量,签发各类付款证书。

(11)处理合同违约、变更和索赔等合同实施中的问题。

(12)参与或协助发包人组织工程验收,签发工程移交证书;监督、检查工程保修情况,签发保修责任终止证书。

(13)主持施工合同各方之间关系的协调工作。

(14)解释施工合同文件。

(15)监理合同约定的其他职责与权限。

四、项目监理机构监理人员的配备

(一)项目监理机构监理人员结构

项目监理机构要有合理的监理人员结构才能适应监理工作的要求。合理的监理人员结构包括以下两方面的内容。

1. 具有合理的专业结构

项目监理机构应具有与监理项目性质以及业主对项目监理的要求相适应的各专业人员组成,也就是各专业人员要配套。如水利工程施工监理,应配备水工建筑、测量、地质、金属结构等专业人员。

2. 具有合理的技术职务、职称结构

监理人员根据其技术职称分为高、中、低级三个层次,合理的人员层次结构是指监理机构中各专业的监理人员应有的与监理工作要求相适应的高、中、初级职称比例。这样有利于管理和分工。如在决策、设计阶段,就应以高、中级职称人员为主,基本不用初级职称人员;在施工阶段,监理专业人员就应以中级职称人员为主,高、初级职称人员为辅。

(二)项目监理机构监理人员数量的确定

监理机构监理人员的配置标准应按照工程类别、工程复杂程度、工程规模等分类确定,并考虑工程的点状和线状分布特征、施工过程是否需要旁站要求等不同情况。

1. 工程建设强度

工程建设强度是指单位时间内投入的工程建设资金数量,用公式表示为:

$$工程建设强度 = 投资/工期$$

显然,工程建设强度越大,所需要投入的监理人员就越多。

2. 工程复杂程度

根据不同情况,可将工程的复杂程度等级划分为简单、一般、一般复杂、复杂、很复杂五级。工程项目由简单到很复杂,所需要的监理人员相应地由少到多。

3. 工程监理单位的业务水平及监理人员的业务素质

每个监理单位的业务水平和对某类工程的熟悉程度不完全相同,每个监理人员的专业能力、管理水平、工作经验等方面都有差异,所以在监理人员素质和监理的设备手段等方面也存在差异,这都会直接影响到监理效率的高低。高水平的监理单位和高素质的监理人员可以投入较少的监理人力完成一个建设工程的监理工作,而一个经验不多或管理水平不高的监理单位则需投入较多的监理人力。因此,各监理单位应当根据自己的实际情况确定监理人员需要量。

4. 项目监理机构的组织结构形式和任务职能分工

项目监理机构的组织结构形式关系到具体的监理人员的需求量,人员配备必须能满足项目监理机构任务职能分工的要求。必要时，可对人员进行调配。如果监理工作需要委托专业咨询机构或专业监测、检验机构进行，则项目监理机构的监理人员数量可以考虑适当减少。

项目案例

某水利工程项目监理机构组织

根据本水利工程的具体情况，本着“满足监理工作需求，精干、高效”的原则，我们确定本项目监理机构组织框图如图1-14所示。

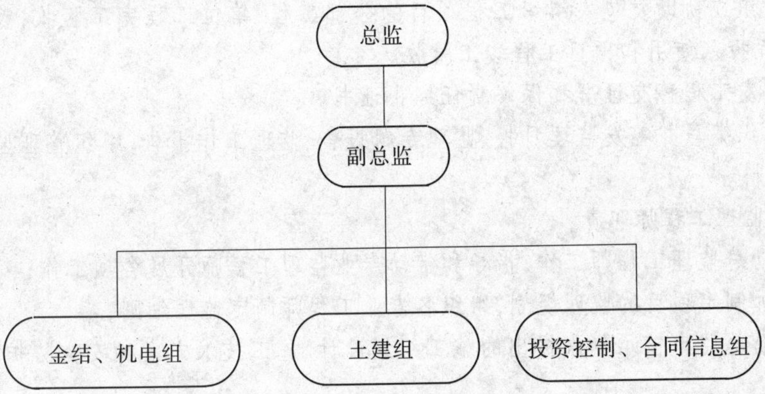

图1-14 项目监理组织框图

一、项目监理机构人员结构及基本职责

监理机构主要人员组成：

总　监：×××

副总监：×××

投资控制、信息管理：××× ×××

土 建 组：××× ××× ××× ××× ××× ×××

1. 总监理工程师职责

(1)主持编制监理规划，制定监理机构规章制度，审批监理实施细则，签发监理机构的文件和指令。

(2)确定监理机构各部门职责分工及各级监理人员职责权限，协调监理机构内部工作。

(3)负责本监理机构中监理人员的工作考核，调换不称职的监理人员。根据工程建设进展情况，调整监理人员。

(4)审核承包人提出的分包项目和选择的分包人。

(5)组织审批承包人提交的施工组织设计、施工措施计划、施工进度计划和资金流计划。

(6)组织或授权监理工程师组织设计交底,核查、签发施工图纸。

(7)主持第一次工地会议,主持或授权监理工程师主持监理例会和监理专题会议。

(8)签发项目工程开工令、停工通知、返工通知和复工通知。

(9)审核付款申请,签发各类付款证书。

(10)处理合同违约、工程变更和合同索赔等事宜。

(11)协调施工合同实施过程中出现的问题,调解合同争议,必要时对施工合同条款作出解释。

(12)要求承包人撤换不称职或不宜在本工程工作的现场施工人员或管理人员。

(13)审批工程质量缺陷的处理方案,组织或参与处理工程质量及安全事故。

(14)检查监理日志,组织编写监理工作大事记。

(15)组织或协助发包人组织工程项目的分部工程、单位工程完工验收,参加阶段工程、单位工程投入使用和项目工程竣工验收。

(16)签发工程移交证书和保修责任终止证书。

(17)组织编写并签发监理月报、监理专题报告、监理工作报告,组织整理监理合同文件和档案资料。

2. 副总监理工程师职责

(1)协助总监理工程师工作,指导和带动专业监理工程师开展各项工作;

(2)参加制定项目的监理规划,组织各专业工程师制定监理细则;

(3)协助总监审核承包人提出的施工组织设计、施工技术方案和安全防护措施,提出改进意见;

(4)负责工程进度的检查与监督;

(5)参与有关索赔事务的处理;

(6)负责工程质量的检查、监督与验收;

(7)审核工程款支付凭证,审核工程决算;

(8)协助总监提交项目实施报告。

3. 专业监理工程师职责

(1)结合工程具体情况,制定质量监理细则;

(2)参与设计交底和图纸会审,审查设计变更;

(3)审查承包人提出的施工技术方案;

(4)审查承包人的材料供应、资金计划;

(5)检查进场原材料、半成品、设备质量;

(6)核定建筑物在定线、标高和布局等方面是否符合设计图纸要求;

(7)监督工程施工进度和各道工序的施工质量,实施跟踪旁站、巡查和抽查,记好日记,检查安全防护措施,定期向总监报告;

(8)参与发包人或承包人材料、设备采购调研等事项。

4. 管理专业工程师职责

(1)结合工程具体实际情况,制定进度、投资控制的实施细则;

(2)审核承包人提交的施工总进度计划和月施工进度计划;

(3)协助组织现场协调会；

(4)核实工程量，编制投资动态计划，审查承包人提出的资金流动计划并向发包人预报下月支付金额，审核月进度支付证书，经总监签发后报发包人支付工程进度款；

(5)参与审查承包人选择的分包(供货)单位的资质，并经总监同意后报发包人批准；

(6)监督现场安全、防火检查。

5. 监理员职责

(1)核实进场原材料质量检验报告和施工测量成果报告等原始资料。

(2)检查承包人用于工程建设的材料、构配件、工程设备使用情况，并做好现场记录。

(3)检查并记录现场施工程序、施工方法等实施过程情况。

(4)检查和统计计日工情况，核实工程计量结果。

(5)核查关键岗位施工人员的上岗资格；检查、监督工程现场的施工安全和环境保护措施的落实情况，发现异常情况及时向监理工程师报告。

(6)检查承包人的施工日志和试验室记录。

(7)核实承包人质量评定的相关原始记录。

二、项目监理机构工作制度

借鉴以往经验，结合本工程的特点，我们将对本工程的监理工作建立以下工作制度。

1. 技术文件审核、审批制度

根据施工合同约定由双方提交的施工图纸以及由承包人提交的施工组织设计、施工措施计划、施工进度计划、开工申请等文件均应通过项目监理机构核查、审核或审批，方可实施。

2. 施工图会审及设计交底制度

由总监主持，召集设计、施工、发包人对施工图进行审查，要求承包人的项目经理、专业技术负责人、工种队长参加。由设计单位介绍设计意图并解释疑问，使承包人对工程的设计特点、工程结构、施工技术要求和施工工艺方面有比较详细的了解，做到心中有数，以便科学地组织施工和合理地安排工序，避免发生错误。

3. 原材料检验制度

进场的原材料经承包人自检合格后，方可报项目监理机构检验。不合格的材料应按监理指示在规定时限内运离工地或进行相应处理。

4. 工程质量检验制度

承包人每完成一道工序或一个单元工程，都应经过自检，合格后方可报项目监理机构进行复核检验。上道工序或上一单元工程未经复核检验或复核检验不合格，不得进行下一道工序或下一单元工程施工。

5. 工程计量付款签证制度

所有申请付款的工程量均应进行计量并经项目监理机构确认。未经项目监理机构签证的付款申请，发包人不应支付。

6. 会议制度

项目监理机构建立各项会议制度，包括第一次工地会议、监理例会和监理专题会议。

会议由总监理工程师或由其授权的监理工程师主持,工程建设有关各方派员参加。各次会议符合下列要求:

(1)第一次工地会议。在合同项目开工令下达前举行,会议内容应包括开工准备情况,介绍各方负责人及其授权代理人和授权内容,沟通相关信息,进行监理工作交底。会议的具体内容可由有关各方会前约定。会议可由总监理工程师主持或由总监理工程师与发包人的负责人联合主持。

(2)监理例会。项目监理机构定期主持召开由参建各方负责人参加的会议,会上应通报工程进展情况,检查上次监理例会中有关决定的执行情况,分析当前存在的问题,提出问题的解决方案或建议,明确会后应完成的任务。会议应形成会议纪要。

(3)监理专题会议。项目监理机构根据需要,主持召开监理专题会议,研究解决施工中出现的涉及施工质量、施工方案、施工进度、工程变更、索赔、争议等方面的专门问题。

(4)总监理工程师组织编写由项目监理机构主持召开的会议纪要,并分发与会各方。

7. 施工现场紧急情况报告制度

项目监理机构针对施工现场可能出现的紧急情况编制处理程序、处理措施等文件。当发生紧急情况时,应立即向发包人报告,并指示承包人立即采取有效紧急措施进行处理。

8. 监理工作报告制度

项目监理机构及时向发包人提交监理月报或监理专题报告;在工程验收时,提交监理工作报告;在监理工作结束后,提交监理工作总结报告。

9. 工程验收制度

在承包人提交验收申请后,项目监理机构及时对其是否具备验收条件进行审核,并根据有关水利工程验收规程或合同约定,参与、组织或协助发包人组织工程验收。

10. 监理内部管理制度

为了更好地实施本工程的监理工作,履行工程建设监理合同中监理方的职责、权利和义务,制定监理内部工作制度如下。

1)监理工作会议制度

监理组内部坚持每晚的碰头会,由各监理专业工程师汇报当天的工作情况,及时商讨解决施工过程中发生的问题,并安排好第二天的工作。

2)对外行文审批制度

项目监理组对承包人、发包人的各种发文如工程师通知、监理报表等,根据内容由承担相应职责的专业工程师起草行文,经总监审定后签发。

3)建立监理工作日记制度

项目监理组内部建立工作日记制度,总监、副总监以及各专业工程师、监理员都必须做好监理日记,内容包括每天的环境状况、施工简况、出现问题及其处理结果、上级领导视察、批示以及有关会议的纪要等,由专人汇总书面形成当日的监理日志,经总监、副总监审核后存档。

4)监理月报制度

项目监理组每月或每半月按时出一期监理工作简报,主要报道工程的各方面进展情况，报送发包人及公司总部，并抄送承包人。

5)监理考勤制度

项目监理组建立考勤制度，请假、加班须由总监审批，考勤表由副总监负责统计，须总监审批后报公司总部。总监理工程师请假离开工地须经发包人批准，其月驻工地时间不少于22天，且满足工程建设的需要；其他监理人员请假需经总监批准后方可离开工地，但应满足月驻工地时间不少于22天，且满足工程建设的需要。

6)技术、经济资料及档案管理制度

根据我公司的档案管理制度结合本工程特点，项目监理组设两名兼职资料管理员，负责建立文函往来手续，收、发、保管日常工作中的往来文件及图纸等技术资料。

资料管理员同时负责竣工资料的收集，各专业工程师协助做好竣工资料的整理与归档工作。

三、项目监理机构与发包人的关系

项目监理机构是监理单位受发包人的委托，派驻现场从事工程建设监理工作的组织，与发包人是委托合同关系。双方的权利和义务通过监理委托合同详细确定。

四、项目监理机构与承包人的关系

项目监理机构受发包人委托和授权，对承包人在项目建设中的行为具有监控的权利，监理机构行使权力不超越监理委托合同及设计、施工承包合同所确认的权限，除非得到发包人的特别授权。

职业能力实训

实训一　基本知识训练

一、单项选择题

1. 职能部门与指挥部门易产生矛盾，这是(　　)监理组织形式的特点。

A. 直线制　　B. 职能制

C. 直线职能制　　D. 矩阵制

2. “人尽其才，才得其用，用得其所”，这是组织机构活动中(　　)原则的表现。

A. 权责一致　　B. 集权与分权统一

C. 才职相称　　D. 专业分工与协作统一

3. 注册证书和执业印章是注册监理工程师的执业凭证，由(　　)保管。

A. 注册监理机构　　B. 发证机关

C. 注册监理工程师本人　　D. 国务院人事主管部门

4. 根据项目监理机构中管理层次的确定，监理员一般执行(　　)的工作。

A. 协调层　　B. 执行层

C. 决策层　　　　D. 操作层

5. 在组织系统内，应充分利用(　　)原理的作用机制，力求使整体效应大于各局部效应之和。

A. 要素有用性　　　　B. 动态相关性

C. 主观能动性　　　　D. 规律效应性

6. 甲、乙、丙级监理单位的资质标准中，对(　　)方面的要求是相同的。

A. 管理水平　　　　B. 注册资金

C. 负责人资格　　　　D. 工程技术和管理人员

7. 我国监理工程师职业道德守则中包括(　　)。

A. 未经注册不得以监理工程师名义开展监理工作

B. 不得在报刊上刊登广告

C. 维护国家荣誉和利益

D. 不在设计单位兼职

8. 在处理组织结构中管理跨度与管理层次的关系时，应当(　　)。

A. 前者优先　　　　B. 后者优先

C. 分别考虑　　　　D. 综合考虑

9. 工程监理单位与承包单位串通，为承包单位牟取非法利益，给建设单位造成损失的，应当(　　)。

A. 由监理单位承担赔偿责任　　　　B. 由承包单位承担赔偿责任

C. 由监理单位和承包单位承担赔偿责任　　　　D. 与承包单位承担连带赔偿责任

10. 监理单位应公正、(　　)地开展监理工作，维护建设单位和承包单位的合法权益。

A. 公平、独立　　　　B. 独立、自主

C、公平、自由　　　　D. 认真、负责

11. 组建一个完善的监理组织机构的步骤是(　　)。

A. 确定监理机构目标、确定监理工作内容、确定监理机构的组织结构设计、制定监理工作流程和信息流程

B. 选择组织结构形式、确定管理层次和管理跨度、划分监理机构部门、制定岗位职责和考核标准、选派监理人员

C. 确定监理机构目标、选择组织结构形式、制定工作流程和信息流程、确定监理工作内容

D. 选择组织结构形式、分解监理机构目标、配备监理人员、制定工作制度、编制工作计划

12. 建设工程监理目标是项目监理机构建立的前提，应根据(　　)确定的监理目标建立项目监理机构。

A. 监理实施细则　　　　B. 委托监理合同

C. 监理大纲　　　　D. 监理规划

13. 在建立项目监理机构的工作步骤中，最后需要完成的工作是(　　)。

A. 制定工作流程和信息流程　　　　　　B. 制定岗位职责和考核标准

C. 确定组织结构和组织形式　　　　　　D. 安排监理人员和辅助人员

14. 业主与承包商的关系是(　　)。

A. 购销合同关系　　　　　　B. 经济委托关系

C. 法律上的平等关系　　　　　　D. 委托与被委托的关系

15. 按照《建设工程委托监理合同》规定,执行监理业务过程中(　　)不违反监理人员应遵守的职业道德。

A. 向其他人泄露委托人申明的秘密　　　　　　B. 从承包方获取提前工期奖金

C. 帮助承包人完善施工组织设计　　　　　　D. 鼓动承包人就发包人的违约行为索赔

二、多项选择题

1. 监理工程师要具有(　　)等素质。

A. 丰富的建设工程实践经验　　　　　　B. 较强的领导和组织协调能力

C. 良好的品质　　　　　　D. 较高的学历和多学科专业知识

E. 健康的体魄和充沛的精力

2. (　　)职责必须由总监理工程师亲自履行。

A. 主持编写项目监理规划　　　　　　B. 审批项目监理实施细则

C. 审查和处理工程变更　　　　　　D. 整理工程项目监理资料

E. 审核签署承包单位的申请、支付证书和竣工结算

3. 组织活动基本原理有(　　)。

A. 主动能动性原理　　　　　　B. 动态相关性原理

C. 规律效应性原理　　　　　　D. 协同一致性原理

E. 要素有用性原理

4. 总监理工程师不得将(　　)等工作委托总监理工程师代表。

A. 主持编写项目监理规划

B. 审批工程延期

C. 确认工程监理机构人员的分工和岗位职责

D. 签发工程暂停令

E. 审查分包单位资质

5. 下列内容中,监理工程师应严格遵守的职业道德包括(　　)。

A. 不同时在两个或两个以上监理单位注册和从事监理活动

B. 坚持独立自主地开展工作

C. 不出借监理工程师执业资格证书

D. 不泄露所监理工程各方认为需要保密的事项

E. 通知建设单位在监理工作过程中可能发生的任何潜在的利益冲突

6. 监理单位在组建项目监理机构时,所选择的组织结构形式应有利于(　　)。

A. 确定监理目标　　　　　　B. 控制监理目标

C. 工程合同管理　　D. 信息沟通

E. 确定监理工作内容

7. 项目监理机构的组织结构设计步骤有(　　)。

A. 确定监理工作内容　　B. 选择组织结构形式

C. 确定管理层次和管理跨度　　D. 划分项目监理机构部门

E. 制定岗位职责和考核标准

8. 监理单位的义务包括(　　)。

A. 选择承担工程项目建设的实施单位　　B. 与承包商签订施工合同

C. 公正地维护有关各方的合法权益　　D. 不得泄露与本工程有关的保密资料

E. 不得参与可能与业主利益相冲突的承包商组织的活动

实训二　案例分析

1. 某水利工程包括水库工程和供水渠系工程两大部分，投资概算分别为 13 亿元和 19 亿元。水库工程包括大坝、电站厂房、溢洪道等工程，其布置相对集中，采用了施工总承包的模式；供水渠系工程沿线 60 km 分布，包括隧洞、明渠、混凝土渡槽等工程，采用了分段发包的模式。业主选择了建华和宏达两家监理公司分别对水库工程和渠系工程实行监理。

问题：

(1) 项目监理机构建立的步骤如何？监理机构的基本组织形式有哪些？

(2) 请分别为两个监理机构设计组织形式，画出框图，并简要说明理由。

2. 某工程监理合同签订后，监理单位负责人对该项目监理工作提出以下 5 点要求：

(1) 监理合同签订后的 30 天内应将项目监理机构的组织形式、人员构成及总监理工程师的任命书面通知建设单位；

(2) 监理规划的编制要依据：建设工程的相关法律、法规，项目审批文件、有关建设工程项目的标准、设计文件、技术资料，监理大纲、委托监理合同文件和施工组织设计；

(3) 监理规划中不需编制有关安全生产监理的内容，但需针对危险性较大的分部分项工程编制监理实施细则；

(4) 总监理工程师代表应在第一次工地会议上介绍监理规划的主要内容，如建设单位未提出意见，该监理规划经总监理工程师批准后可直接报送建设单位；

(5) 如建设单位设计方案有重大修改，施工组织设计、方案等发生变化，总监理工程师代表应及时主持修订监理规划的内容，并组织修订相应的监理实施细则。

总监理工程师提出了建立项目监理组织机构的步骤(见图 1-15)，并委托给总监理工程师代表以下工作：

(1) 确定项目监理机构人员岗位职责，主持编制监理规划；

(2) 签发工程款支付证书，调解建设单位与承包单位的合同争议。

问题：

(1) 指出监理单位负责人所提要求中的不妥之处，写出正确做法。

(2) 写出图 1-15 中①～④项工作的正确步骤。

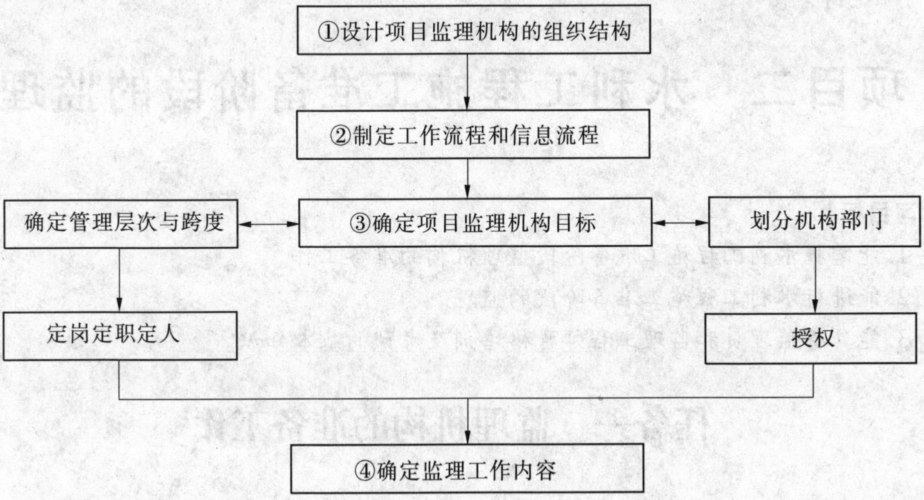

图 1-15　建立项目监理组织机构步骤框图

(3)指出总监理工程师委托总监理工程师代表工作的不妥之处,写出正确做法。

项目二 水利工程施工准备阶段的监理

【学习目标】

1. 能掌握水利工程施工准备阶段监理机构的准备工作。
2. 能进行水利工程施工准备阶段的监理。
3. 能具备监理员和监理工程师资格培训及考试的基本知识。

任务一 监理机构的准备工作

一、施工准备阶段概述

施工准备阶段是指初步设计完成后至工程开工前的建设阶段。施工准备阶段是一个极为重要的工作阶段,它的工作质量对整个项目建设的工期、质量、安全、经济都起着举足轻重的作用。从技术经济的角度来讲,施工准备是一个施工方法、人力、机械、物资投入、工期、质量、成本的设计和比选的优化过程;而从项目实施角度来讲,施工准备则是为项目按期开工创造必要的技术物质条件。因此,参与工程建设的有关单位,都必须对该阶段的工作予以足够的投入和重视。

项目法人在施工准备阶段的主要工作包括施工现场的征地、拆迁;完成施工用水、用电、通信、道路和场地平整等工程;必须的生产、生活、临时建筑工程;组织招标设计、咨询、设备和物资采购等服务;组织工程监理和施工招标投标,并择优选定工程监理单位和施工单位。

施工单位在施工准备阶段应做好人力、材料、机具、经济、技术、设施等的组织调配工作。

监理单位在施工准备阶段的主要工作包括监理单位自身的准备工作,确认项目法人的准备工作,检查承包商的准备工作等。

二、监理机构的准备工作

监理单位与项目法人签订委托监理合同后,在工程项目开工前,应依据监理合同约定,适时设立现场监理机构,配置监理人员,并进行必要的岗前培训;建立监理工作规章制度;接收、收集并熟悉有关工程建设资料,包括工程建设法律、法规、规章和技术标准,工程建设项目设计文件及其他相关文件,合同文件及相关资料等;接收由发包人提供的交通、通信、试验及办公设施和食宿等生活条件,完善工作和生活环境;组织编制监理规划和监理实施细则,在约定的期限内报送发包人。

(一)熟悉工程建设合同文件

合同文件是开展监理工作的依据,监理人员应全面熟悉工程建设合同文件,通过对监理合同、施工合同、施工图纸及相关技术标准的学习，确定监理目标及范围，明确监理职责及权利，了解工程内容及要求，同时对合同文件中存在的问题进行记载与查证，作出合理的解释，提出合理的处理方案，这样，在今后的监理工作中才能做到有的放矢。

（二）施工环境调查

施工环境是影响工程施工的一项重要因素，监理机构应对工程所在地的自然环境（如地质、水文、气象、地形、地貌、自然灾害情况等）和社会环境（如当地政治局势、社会治安、建筑市场状况、相关单位、基础设施、金融市场情况等）做必要的调查研究。重点对可能造成工程延期和费用索赔的施工环境进行实际调查和掌握，例如：

（1）设计阶段尚未发现并在图纸上尚未明示的地下障碍。

（2）施工场地范围内尚未拆迁的建筑物及其他障碍物。

（3）施工中可能危及安全的建筑物及设施。

（4）可能危及工程安全的自然灾害及地质病害。

（5）工程所在地建材价格、质量情况及地方资源条件等。

上述调查都要以实际数据为基础，调查结果以图表的形式分类存档。

（三）编制监理规划

监理规划是在项目监理机构充分分析和研究建设工程的目标、技术、管理、环境及承建单位、协作单位等方面的情况后，由项目总监理工程师主持编写的，是指导项目监理机构开展监理工作的指导性文件。监理规划应在开工之前编写完成，并经监理单位技术负责人批准后报送项目法人。

（四）编制监理实施细则及表式文件

监理实施细则是在监理规划的基础上，由项目监理机构的专业监理工程师针对建设工程某一专业或某一方面的监理工作编写的，并经总监理工程师批准实施的操作性文件。在相应专业工作实施前，专业监理工程师应完成分项工程监理实施细则、监理报表等文件的编制工作。

（五）制定监理工作程序

为使监理工作科学、有序地进行，监理机构应按监理工作的客观规律及监理规范要求制定工作流程，以便规范化地开展监理工作。

（1）制定监理工作总程序应根据专业工程特点，并按工作内容分别制定具体的监理工作程序。

（2）制定监理工作程序应体现事前控制和主动控制的要求。

（3）制定监理工作程序应结合工程项目的特点，注重监理工作的效果中应明确工作内容、行为主体、考核标准、工作时限。

（4）当涉及项目法人和承包单位的工作时，监理工作程序应符合委托监理合同和施工合同的规定。

（5）在监理工作实施过程中，应根据实际情况的变化对监理工作程序进行调整和完善。

（六）编制综合控制进度计划

监理单位受项目法人委托，对某一工程项目建设进行监理，力求实现项目法人期望的工程质量、工期及投资目标。为了使项目法人制定的合理工期目标得以实现,监理机构应当编制一个较为详细而又科学可行的综合进度控制计划。一个工程项目的建设周期一般都较长,涉及许多方面,又受环境、交通、气候、水电等因素影响,故对各分包、各工种插入的先后次序及相互间的搭接配合,各种成品、半成品、机电设备的定货到货时间等,都需要予以统筹安排,不然就会因为某个方面考虑不周,动作迟缓,而影响到整个项目。综合进度计划就是把各个个体的活动统配在一个盘子里。它依据项目法人的工期要求,结合国家工期定额、施工程序和有关合同条件,综合各种有利和不利因素,确定各有关工作的最佳起始时间和最终必须完成时间,合理分配使用空间和时间,以个体保证整体。所以,它对项目法人、设计单位、承包商、供应商均具有约束力。各方都必须严格按照计划的要求开展工作,不得有半点随意性。监理工程师应该负责编制并监督、协调执行这个计划。

(七)编制投资控制规划与资金投入计划

为了更好地控制投资,监理机构应于施工前作出投资控制规划,其目标就是使实际投资值不大于施工合同价款。这一投资控制规划,实际上就是将合同造价按建筑工程分部分项切片分解,或称合同造价肢解。即把一个笼统的货币数字变成一个个具体的有数量、有单价、有合价的分块,便于掌握、分析与控制。然后再对每一块造价进行预测分析,析解出其固定不变造价和可变造价,再对可变造价制定控制措施,对各类可变因素综合分析研究之后,对投资可能增加的比率事先就能估测出一个概数。如果在控制过程中重点对预先已分析出的可变部分加强控制预防的话,这种可变因素也可以减弱或消失。于是投资增大的幅度就可减少,最多也不会超过最初规划时分析估计的那一概数。如此,这一控制规划及该监理单位的投资控制就算是成功的。为此,监理单位应将分解后的投资控制份额分配落实到部门人头,人人负责,层层把关,从设计变更、技术措施、现场签证、价格审批到增加造价的新技术、新工艺、新材料的使用,都要从严控制,真正从技术、经济、管理各个方面把投资控制好。

在投资控制规划作出之后,监理机构就可以根据综合进度计划与有关合同来编制资金投入计划。各期的资金投资数额除按照合同价分解的数值考虑外,还应加一个该期可能发生的增加系数,以便实际上发生超增时有备无患。如该期超增数因控制得当而未发生,可通知项目法人减调下期的筹措资金。同时在编排资金投入计划时要注意可能发生的工期提前现象。所以,项目法人在控制资金投入计划筹措资金时,最好能较计划投入期提前2~3个月。

(八)编制质量预控措施和分项监理流程图

质量控制目标在施工合同中均已予以明确,质量标准在国家施工验收规范和有关设计文件中也已确定。为了按标准要求实现合同确定的质量目标,监理机构应将质量目标具体化,即予以细化分解。为此,在开工前应组织专业监理人员按分项或工序编制质量预控措施和分项监理流程图,并将该图下发给施工单位,以便在今后施工中配合工作。

(九)准备监理设备

在项目开工前,监理机构要做好各项物质准备,包括办公设施、办公生活用房、交通工具、通信工具、实验测量仪器等。以上装备根据监理合同约定,部分由监理单位自备,部分由项目法人提供。

(十)协助项目法人做好施工准备工作

在工期目标确定之后,项目法人、承包商、监理机构都要认真准备,为项目按时开工积极创造条件,而项目法人的施工准备工作更不容忽视。许多项目法人往往有一种错误的认识,认为一旦合同签订,似乎所有问题就都由承包商负责了,这种认识往往导致准备不周而贻误工程,甚至还会引起承包商索赔。对此监理机构在施工准备阶段要特别予以注意,要认真检查项目法人负责的准备工作是否办妥和符合要求,如有不妥应尽早采取措施,督促或帮助项目法人尽快予以完善,以满足开工的需要。

1. 检查核对施工图纸

一般情况下,施工图纸已在招标前完成。监理机构在进场后,应对施工图纸检查核对,如果与标准不符,则应尽快报告项目法人与设计单位联系,查明原因,落实补图时间。这个时间应与承包商的施工准备及开工时间相协调。

2. 检查开工前需要办理的各种手续

由于各地区对于报建手续要求不尽统一,监理机构新到一个地方开展监理工作时,首先要了解当地政府建设主管部门对项目开工前需要办理的手续种类。依此来检查项目法人完成的情况。未完部分督促、协助项目法人尽快办妥,争取在合同规定的开工日期之前办妥施工许可证。

3. 检查施工现场及"三通一平"工作

查看规划部门的放线资料是否齐全,指定施工使用的坐标点、高程控制点有无变动,若有变动,应请原给点单位进行复测确认,并对这些点进行特别的加固保护。

检查项目法人应提供的道路、供电、供水、通信等条件是否具备。

4. 了解资金到位情况并根据施工合同及施工组织设计编制资金使用计划

向项目法人了解资金到位情况及资金筹集渠道,对项目法人提出资金运行方面的咨询意见,确保对工程价款的支付。防止项目法人对此认识估计不足造成支付上的困难,拖欠施工单位进度款,从而处于违约被动的地位。

5. 了解大型设备定货情况

目前许多项目的大型机电设备订货,都由项目法人负责。由于机电设备从订货到供货进场周期较长,规模型号及其有关的技术参数差别较大,而这些技术参数还可能涉及设计修改和施工变更,故应尽早落实。监理机构在施工准备阶段,就应该了解项目法人在这个方面的安排,并依据项目法人的意图,对原有设备订货计划进行审查和调整,对有关技术问题提出建议,以满足工程建设的需要。

6. 了解工程保险情况

随着建筑市场的开放、发展与完善,风险管理在国内正逐步被认识并渐渐引起重视。风险管理是监理单位的一项重要服务内容,在接受项目法人委托之后,监理单位应对工程所有的风险因素进行分析预测,并在此基础上制定有效措施,对风险进行预控,在充分分析论证的基础上,确定风险保留部分和风险转移部分;而解决风险转移的最有效办法是向保险公司投保。目前我国对建筑工程的保险种类有三种:建筑工程险、人身保险、第三者责任保险。监理工程师应于开工前,向项目法人了解投保情况,并根据工程特点,对投保方式向项目法人提出咨询。

任务二　施工准备阶段的监理

一、施工准备工作的基本任务

施工准备工作的基本任务是为拟建工程的施工建立必要的技术、物质条件，统筹安排施工力量和施工现场，是工程施工顺利进行的根本保证。施工准备工作的主体是施工单位。在施工准备阶段监理机构应该积极参与，热情帮助，多出主意，当好参谋，为项目的尽早开工创造条件，与施工单位共同创建一个良好的施工环境。

二、施工准备阶段监理工作内容

（一）尽快向施工单位办理有关交接工作

为了帮助施工单位尽快进入角色，加快施工准备工作，监理机构应会同项目法人尽早将施工现场向施工单位办理交接，主要包括以下内容：

（1）场地界线及自然地貌情况，四邻各类原有建筑物的详细情况。

（2）水源、电源接驳点及其管径、流量、容量等，如已装有水表、电表的，双方应办理水表、电表读数认证手续。

（3）水准点、坐标点交接。

（4）占道及开路口的批准文件，具体位置及注意事项。

（5）地下工程管线情况。

（6）交代指定排污点及市政对施工排水的要求。

（7）如果施工现场处于古代历史文化区域，应提醒施工单位注意对可能碰到的地下文物的保护。

（8）按合同规定份数向施工单位移交施工图纸、地质勘察报告及有关技术资料。

（9）其他施工单位需要了解的情况。

（二）组织好图纸会审与技术交底

施工图纸是施工的依据，施工单位必须严格按图施工；施工图纸同样也是监理的依据，因此熟悉施工图纸、理解设计意图、搞清结构布局是监理机构和施工单位的首要任务。同时由于施工图纸数量大，涉及多个专业，加之各种其他影响因素，设计图纸中难免存在不便施工、难以保证质量以及错漏等问题，故应于施工前进行施工图纸会审，尽可能早地发现图纸中的问题，以减少不必要的浪费与损失。

图纸会审与技术交底是一项重要的技术准备工作，监理机构必须特别重视，应由总监理工程师负责专门抓好这项工作。首先在征求施工单位意见的基础上，尽早商定图纸会审的日期，或安排一个日程表，通知设计单位等有关方面，以便做好充分准备，提高图纸会审的质量。这个时间不宜太短，应给施工单位以足够的阅图时间，以便把图纸吃透、问题看准。监理工程师也要花大量的精力研究熟悉图纸，弄清设计要求、结构体系及关键环节，准备会审意见，期间要与施工单位保持经常的联系，收集阅图中发现的问题，随时与设计单位进行信息交流，早做准备。

图纸会审与技术交底是两项工作。正常的做法应是按先交底后会审的次序进行，技术交底是设计单位在向施工单位全面介绍设计思想的基础上，对新结构、新材料、重要结构部位和易被施工单位忽视的技术问题进行技术交底，并提出在确保施工质量方面具体的技术要求。在此基础上进行阅图和会审，将会有利于施工单位对图纸的理解。

图纸会审在技术交底之后。施工单位在认真、仔细地阅读、核对图纸的基础上，主要抓以下几个关键环节：

(1)核对设计图纸是否符合国家有关技术政策、标准、规范和批准的设计文件精神。

(2)图纸及设计说明是否完整、清楚、明确、齐全，图中尺寸、坐标、标高是否正确，相互间有无矛盾。

(3)总平面与施工图的几何尺寸、平面位置、标高等是否一致。

(4)地基处理方法是否合理，主体与细部是否存在不能施工、不便于施工的技术问题，或容易导致质量、安全、工程费用增加等方面的问题。

(5)各专业图纸本身是否有差错或矛盾，各专业之间在平面与空间上有无矛盾，表示方法是否清楚，是否符合制图标准，预埋件是否表示清楚。

(6)建筑物内部工艺管道、电气线路、设备装置、运输道路与建筑物之间或相互间有无矛盾，布置是否合理。

(7)防火措施的设计是否符合防火规范的要求。

(8)有无特殊结构，如有，其设计深度是否足够，施工单位的技术装备条件能否完成。

(9)图中涉及的特殊材料及配件本地能否供应，要求的品种、规格、数量是否满足需要。

(10)施工安全、环境卫生有无保证。

(11)施工图中所列各种标准图册施工单位是否具备。

(12)施工图中有无含糊不清之处。

(13)有无修改方面的建议与要求。

技术交底与图纸会审应由监理机构或与项目法人联合主持，各方都要做好图纸会审记录并由监理机构整理编写成图纸会审纪要，交由参加图纸会审各方会签，设计单位审定盖章后，下发施工单位实施。经项目法人、施工单位、设计单位及监理单位确认的图纸会审纪要，与施工图具有同等效力。

(三)督促编制施工图预算

编制施工图预算是施工准备工作的一个重要部分，只有通过施工图预算才能提供准确的工程量和施工材料数量，为编制施工组织设计提供数据，故监理单位应督促施工单位尽早编制，并于编制完成后抓紧予以审查。

(四)审查施工组织设计

施工组织设计是指导施工现场全部生产活动的技术经济文件，是施工单位组织施工的纲领性文件，编制施工组织设计是施工单位最主要、最关键的施工准备工作，审查施工组织设计同样也是监理机构的一项非常重要的工作。

1.监理单位审查施工组织设计的指导思想

监理单位审查施工组织设计的指导思想是：通过对方案的经济技术分析比较、综合、评估，优选一个经济、实用、安全、可行的最佳方案，达到投入少、工期快、质量好的目的。

2. 审查施工组织设计的原则

(1)施工组织设计应符合当前国家基本建设方针与政策，突出“质量第一，安全第一”的原则。

(2)施工组织设计应与施工合同条件相一致。

(3)施工组织设计中的施工程序和顺序，应符合施工工艺原则和本工程的特点，对冬季、雨季施工应制定有效措施，且在工序上有所考虑。

(4)施工组织设计应优先选用当前先进成熟的施工技术。

(5)施工组织设计应采用流水施工方法和网络计划技术，做到连续均衡施工。

(6)施工机械的选用配备应经济合理，满足工期与质量的要求。

(7)施工平面图的布置与地貌环境、建筑平面协调一致，并符合紧凑合理、文明安全、节约方便的原则。

(8)降低成本、确保质量和安全的措施科学合理。

3. 施工组织设计审查的重点

施工组织设计审查的重点是：施工方案(施工方法)、施工进度计划及施工总平面布置。

1)施工方案(施工方法)的审查

对施工方案(施工方法)审查，首先从以下几个方面入手，再在此基础上作综合评述。

(1)在通阅方案的基础上，审视该方案与本工程所处的地貌环境、结构特点及合同要求是否一致，如果相互矛盾，应要求施工单位修改。

(2)审查施工程序与顺序有无不妥。施工程序就是根据施工生产的固有特点和规律，合理安排施工的起点、流向和顺序，这种程序一般是遵循“先准备后施工，先地下后地上，先土建后安装，先主体后围护，先结构后装修”的原则，它受施工条件、工程性质、使用要求的影响。这种程序能满足缩短工期、保证质量的要求，一般是不能违背的。而每一个施工过程的施工顺序则更为严格，它一般情况是不允许更改的。它是由施工工艺、施工组织、施工方法和质量要求来确定的。对于施工程序和顺序的审查要依据设计要求、国家技术规范和合同条件，结合同类工程施工经验仔细进行。对选用个别非常规程序的施工方法，如地下建筑物施工中的逆作法，它又有自身的工艺程序，在应用时也必须严格遵守。

(3)审查施工流水段的划分。一个先进的施工组织设计必须采取流水施工交叉作业的施工方法，而流水段的划分影响着施工方案的结构和人力、物力、设备的投入，也影响着工期和成本。因此，在审查时，应突出以下四个重点：①流水段的分界必须是结构上允许停歇的地方；②流水段的工程量应大致相等，施工生产做到连续均衡；③流水段的数量与主要施工过程数量间的关系符合常规要求；④每段工程量与劳力、设备投入及计划工日间应满足：

$$T = Q/(RS)$$

式中：T 为该段计划持续时间；Q 为该段工程量；R 为计划投入的人力、设备数量；S 为产量定额。

(4)审查选用的施工机械。施工机械化程度是现代化施工生产的标志，但绝不是越多越好,应本着工程需要、实际可能、经济合理的原则去配置,而所配置设备的型号、数量,应与工程规模、工期、成本相适应。故在审查这一部分时,可根据设备的技术性能、效率及运行成本进行定量的分析比较,以确定机械配置的合理程度。

(5)主要施工方法的审查。主要施工方法是施工方案的核心,也是监理工程师审查的重点。先进的施工方法应满足以下三个条件:①有利于提高工效,改善劳动环境和降低工程成本;②有利于提高工程质量又不打乱原方案的流水走向及流水段;③有利于施工生产的标准化、工程化、机械化,而又满足工艺技术上的要求。

某些施工方法涉及重要工程部位和复杂的施工要求,或采用新技术、新结构、新工艺的施工过程,故对于这些主要施工方法的审查,一定要以认真、慎重、负责的态度,了解施工单位对这些方法的熟练程度、管理水平以及当地的施工水平和市场条件,然后再决定取舍,没有把握的施工方法是不能同意使用的。

某些施工方法又常常涉及额度较大的费用。如深基坑施工中的支护方法和降水方法,不同方法间的差额有时能达数十万元至上百万元,对成本影响较大。在审查这些方法时,就要结合埋深、地貌、地质、水文、季节、气候等条件进行综合分析,在确保施工质量和安全的前提下,审定最佳施工方法。

(6)审查技术组织措施。技术组织措施是在技术、组织方面为保证质量安全和降低成本所采取的方法,它与施工企业技术管理水平和施工经验有着密切的关系。对于这部分的审查重点,应放在质量保证措施及安全生产措施上,而降低成本措施,对固定总价合同项目审查可以从简。

①质量保证措施。

组织措施。审查施工单位的质量保证体系是否健全,各级质检人员资质及素质是否符合要求;是否建立了分级质量责任制,工序间自检、互检、交接检查制度是否执行;全员质量意识如何,有无培训措施;质量有无奖罚办法措施。

技术措施。是否按工法组织施工,有无事前技术交底制度和备有工序施工技术工艺卡;质量监控手段和使用检测工具,中心试验室设备及人员配置情况如何,计量管理水平如何;审查使用新材料、新技术、新工艺的具体技术措施。

某些技术措施常常会引起成本费用的变化,如新材料、新技术、新工艺的使用,对这种情况,除进行技术可靠性的审查论证外,还应对成本的影响进行比较。凡引起建筑成本上升的新材料、新工艺、新技术,都要从严控制。

②安全生产措施。

安全生产人命关天,频繁的安全事故会严重影响工人的心理情绪,影响施工质量,故施工生产必须树立“安全第一,预防为主”的思想。为此,在施工组织设计中应有安全生产的组织与技术措施,严格贯彻执行《建设工程安全生产管理条例》。

按照“谁管生产谁管安全”的原则,建立安全生产保证体系、安全生产教育制度和安全生产责任制。项目要按规定设专职安全员,施工班组要设兼职安全员。

此外,监理机构应当重视对安全生产措施的审查和实施监督。

2)施工进度计划的审查

施工进度计划是用线条和网络形象表达的施工组织设计的缩影,是指导实际施工生

产和控制工期的纲领。监理单位对施工进度计划的审查应突出以下几个重点:

(1)施工进度计划的开工、竣工时间,即工期应与合同要求相一致,应与监理单位编制的综合进度控制计划相吻合,计划安排上要留有一定的调节余地。

(2)检查施工进度计划图中所描述的施工程序、顺序、流水段和流水走向与施工组织设计以及相应的技术、工艺、组织要求是否一致。

(3)用定额法审查每一个施工过程的持续时间有无不当,这个时间应与机械设备、劳力调配及材料半成品供应计划相一致。

(4)对该进度计划均衡特征及工期费用特征作出评价。

3)施工总平面布置的审查

施工总平面布置的审查应掌握三个原则,即布局科学合理、满足使用要求和费用低。

(1)所谓布局是指施工机械、施工道路、材料堆场、生产生活临时设施、水电管线等在平面上的位置安排,这种安排从以下六个方面考虑:①布局紧凑、占地少,方便施工,保证安全;②水平运距短,二次搬运少,装、卸、吊方便;③生产设施要在道路两侧布置,便于运输;④生产设施与生活设施要分设,避免互相干扰,⑤不占用拟建永久建筑物位置,不破坏地下管线,不影响市容;⑥注意防火安全,易燃易爆仓库要远离施工区并有安全防护措施。

(2)满足施工使用要求:①审查各种临时设施的面积、容量、质量与施工方案和进度要求是否适应,材料储备和成品、半成品的加工能力能否满足连续施工需要,审查各类仓库、加工棚(厂)和生活设施的面积;②核算用水量;③照明用电量。

为简化计算,一般选用动力机械用电量的10%为照明用电量,于是总用电量为

$$S_{总} = S_{动} + S_{照} = 1.1S_{动}$$

施工现场所选变压器要满足$S_{变} \geqslant S_{总}$。

某些临建工程质量与施工生产有密切关系,在方案审查中也需引起重视。临时道路路基质量若不与汽车载重量及使用频率相适应,就可能会出现道路路基下陷,受到浸水软化不能使用,而致使运输中断或道路返修,使材料运输不能正常进行,以致影响到施工生产。对临时排水系统也存有类似问题,特别在南方多雨地区,暴雨成灾,排泄不畅,积水成灾,淹没库房及道路,致使施工中断。这些方面在审查中都应作重点核算审查,免除后患。

(3)临建费用。需要审查:①各类临建设施的数量统计;②利用原有建筑物或正式新建建筑物(道路)的比率;③单方造价、临建总价与工程成本的比率。

监理机构通过以上分部分项的审查核算,运用类似工程经验或自编评价系统,即可对该方案的优劣作出定性的评价。需要强调的是,在评价一个施工组织设计时,要把它当成一个系统工程来考虑,在突出质量、工期、费用的前提下,体现系统整体优化。一般施工单位只申报一个施工组织设计,此时用上述的评判方法已能满足要求。若是报送多个方案,可采用多目标线性模糊综合评判模型进行定量分析。另外,监理单位虽然代表项目法人利益,更多注意的是合同造价外增加的费用控制,但对于方案中涉及施工成本部分的审查也应关注。

(五)审查施工组织机构

对于施工组织机构的审查,可分为三部分。

1. 工程负责人(项目经理)的资格审查

监理机构主要审查项目经理的资格是否符合工程等级要求,大型工程的项目经理需要具备一级项目经理资格,中型工程的项目经理需要具备二级以上项目经理资格,小型工程的项目经理需要具备三级以上项目经理资格。对于招标的项目,还要求项目经理必须是施工单位投标文件中所列的项目经理,如所报项目经理与投标文件不一致,需经项目法人书面认可。

2. 施工组织机构的审查

施工组织机构,即项目经理部,是由施工项目经理在企业的支持下组建并领导、进行项目管理的组织机构,是项目实施的组织管理班子,它的任务是按照施工合同确定的承包范围和工期、质量、造价目标,合理调配人、材、物、技术等生产要素,组织好项目施工,达到投资少、工期快、质量好的最佳效果。

施工组织机构应该人员配备齐全、结构设置合理、管理制度健全。审查时要看其组织系统是否是一个线性系统,指令源是否只有一个,信息流程是否灵活畅通,避免一个组织“政出多门”;岗位责任制是否明确,横向联系间有无矛盾。这个组织是否符合“精干、高效、实用”原则,系统覆盖面够不够,有无遗漏;每个部门的负责人和成员的资历经验与所承担的责任是否相适应。如果上述这些问题都令人满意,那么这个组织机构就可以信赖,应批准同意。但书面提供的东西,还不等于现实,监理工程师还需对投入实际运转的组织机构进行观察,个别不能胜任的工作人员,总监理工程师有权要求承包人予以撤换。

3. 对劳动组织机构的审查

一个施工组织机构应该包括管理机构和劳动组织两方面。对操作工人的审查主要有以下三个方面:

(1)劳动组织机构中的工种配置是否符合本工程特点。

(2)各工种工人的级别等级比例是否得当,特种作业工人有无上岗证书,持证上岗率有多大。

(3)工人的培训教育情况。

审查可通过施工单位填表的方法进行。

(六)审查分包队伍

《建设工程质量管理条例》和《水利工程建设项目施工分包管理暂行规定》中规定施工单位不得转包或者违法分包工程。要求项目的主体部分必须由施工单位自行完成,而一些专业性较强的项目,允许分包给专业施工队伍施工,现行法规还允许劳务作业分包。但所选定的分包单位必须经项目法人审查同意,监理机构则应本着对项目法人和工程负责的态度,负责对总包单位提供的分包单位进行资质审查。审查分以下两步:

(1)审查分包单位的营业执照、注册资本、资质证书和承包范围、经济和技术人员构成、机械设备情况、公司概况,以及近几年的主要施工业绩。

(2)做社会调查和实地考察。

向行业主管部门、有关项目法人了解分包单位的履约、信誉、管理水平。进行实地考察,了解该公司目前的任务情况、综合加工能力、机械装备等,最好能考察 1 ~ 2 个正由该单位施建的工程项目。

根据上述两项审查,综合本工程特点,权衡该分包承担本工程的能力来决定取舍。若同意,则应尽快对承包人提交的分包申请进行批复。

(七)审查材料及混凝土配合比

工程建设需要大量的建筑材料。这些材料的质量又需要经过科学的检验手段才能确认。加之又要选择运输距离短、货源充足、运输有保障的厂家,就需要花费更多的时间。而混凝土、砂浆配合比,由于技术上的要求,需要的时间更长一些。特殊的混凝土,如高强度等级混凝土、抗渗混凝土、特种混凝土、预应力混凝土等,对材料的质量又有特殊要求,试配工作更加复杂,若一次试配不成功,所需的时间就会更长,而这些工作又必须在施工准备阶段完成,才能满足开工后的需要。所以,监理工程师首先要做的一件工作,就是督促施工单位尽早、尽快开始原材料的调查选点和混凝土配合比的试配工作,并配合施工单位及时做好原材料材质的认证工作和混凝土配合比的审批工作。

为了控制好工程质量,监理机构要把好原材料审查这一关。确保工程使用的所有材料,都必须符合设计及国家技术规范的要求。为此,应要求施工单位于订货前,将材料样品及有关技术参数报送监理工程师审批,未获批准前不得订货。监理工程师对施工单位所报材料样品在直观目测、审查保证资料和技术参数的基础上决定是否批准。监理工程师对批准的材料样品负责(该样品分成两份,作出标记,一份交施工单位,一份存监理工程师处)。申报获准后,施工单位可按样品订货。施工单位在组织材料进场时,应持获准样品及批准使用通知书,邀请监理工程师验货进场,并按有关规定进行进场前的批量抽检。施工单位不得随便更改已获准使用的工程材料,需要变更时,应按上述程序重新申报,待监理工程师批准后执行。

监理工程师发现施工单位使用了与样品不符的材料时,应予以制止,并责成施工单位申报使用部位。该部位工程量,监理工程师有权不予验方支付。

外购的成品、半成品、构配件的质量审查原则同上。

对于施工单位报审的混凝土及砂浆配合比,监理工程师可分不同的情况采取不同的审查方法。对于大型建筑公司,在审查了配合比的组分及试验强度无甚异常,选用水泥品种、坍落度与结构要求及输送振捣方法相符之后,即可批准该配合比的使用。而对技术力量比较薄弱的小型建筑公司,除非是外委有资格单位出具的配合比外,一般应按国家规范要求给予复算审查。

混凝土及砂浆配合比必须通过试验确定,试验前承包人应向监理机构报送试验计划。承包人按施工图纸要求完成配合比试验后,须报监理机构审批。施工单位应按批准的配合比,严格计量、投料和搅拌,不得随意变更,需要变更时应重新申报。

对于现场材料的抽样检验,监理工程师应进行见证取样。

目前建材市场比较混乱,假冒伪劣商品屡禁不绝,已成为工程质量的一大灾害。对此,监理工程师在做原材料审查时,要给以特别关注。

(八)施工准备阶段的协调工作

在目前的施工合同中,留给施工单位做准备工作的时间,远远小于正常需要的时间,而且还有逐渐缩短的趋势。为此,监理单位在协助项目法人签订施工合同时,要做好解释工作,给出一个科学、紧凑、合理的施工准备时间,否则就要出现适得其反的结果。而一旦合同签订之后，监理单位就应当全力以赴地抓好施工准备，力保项目按合同要求的时间开工。

施工准备工作千头万绪，涉及勘察、设计、项目法人、监理和承包商。有些准备工作是各自独立进行的，有些又是互相穿插、相互影响的，需要监理机构认真做好组织协调和监督检查，才能有条不紊地达到既定目标。为此，监理机构首先要做好以下工作。

1. 编制施工准备计划书

施工准备计划书应指明什么时间至什么时间做什么工作，由谁做、有何要求，谁检查、谁验收，与谁联系等，这份计划书要在征求各家意见的基础上排定下发。要求各家严格遵守，谁不能按计划完成影响了整个目标的实现，谁就要承担经济责任；若在准备过程中出现异常情况，要及时通知监理工程师，以便采取相应的补救措施。这也可以称为施工准备阶段的责任制。

2. 建立必要的会议检查制度

由于施工准备工作的特点是任务重、时间紧、干扰多，因此监理工程师在一周内至少要召开一次由设计、项目法人、施工单位参加的碰头会，通报各家准备工作进展情况，下一步打算和需要解决的问题。监理工程师根据实际进展与计划的偏离情况，提出调整意见。碰头会要做好记录，遇有特殊情况时，监理工程师可召开临时会议解决。

3. 建立申报制度

不论哪一家，每完成一项准备工作，都要立即向监理工程师书面报告，申请组织验收或报告转入下一项准备工作。当最后一项准备工作报告完成的时候，项目开工的时间也就到来了。

监理工程师在施工准备阶段的责任是将项目法人、设计、施工单位的工作纳入到确保项目如期开工这一控制目标上来。除协调监督工作外，更多的应是积极热情地帮助各家做好工作。

4. 建立信息收集整理制度

监理工程师要主动做好信息的收集整理与反馈工作，掌握第一手材料，这样才能在组织协调上处于主动地位。

（九）开工前对施工准备工作进行总检查再确认

当项目有关方的施工准备工作即将结束时，监理工程师应会同施工单位与项目法人对整个施工准备工作进行一次全面的检查确认，以保证项目开工后能够顺利进行。需要检查确认的工作分五个部分。

1. 技术准备工作

(1)施工图纸及有关标准图已齐全，能满足施工需要，且已进行技术交底与图纸会审，影响施工的各类技术问题业已解决，会审纪要已签字下发各单位。

(2)施工组织设计已经审查批准，各种计划已下发部门执行。

(3)永久性、半永久性坐标点已埋设固定，施测成果也经监理工程师复查认可。

(4)监理工作程序、本项目工作关系图、项目综合控制计划、质量预控措施及分项工作监理流程图已发至施工单位。

(5)原材料、半成品、构配件及混凝土配合比已获监理工程师审查批准。

(6)施工组织机构组建完成并到位。

(7)已向当地建设行政主管部门办妥相关手续。

2. 劳力、物资的准备工作

(1)按劳力需要计划,基础施工所需要的各种劳动力,已陆续进场或正在接受入场前的质量安全教育。

(2)基础部分所需要的钢筋、模板,制作加工已基本完成,能满足进度需要。

(3)基础工程需要的原材料已按计划足量进场储好,后续货源及运输均已落实。

(4)各仓库内需要的储存物资,油料、配件、工具、劳保用品已备足。

3. 临时设施

(1)施工道路建成,已与市政道路接轨,质量符合使用及安全要求。

(2)给水、供电线路已按方案布置,并已与市水、市电碰头,符合安全要求。

(3)消防设施及安全警标已安装悬挂完毕。

(4)围墙、宿舍、门卫、厕所、办公室、仓库、车间、工棚、堆场已建成并通过验收。职工食堂、开水间、浴室、卫生所已运营。

(5)降水工程已运作,每日抽水量符合原设计要求。

4. 机械设备及计量器具

(1)垂直运输设备已按方案就位,并通过了技术与动力部门的联合验收,已做了负荷运转试验,符合有关规程要求,水平运输设备已全部进场。

(2)混凝土搅拌机、输送泵、钢筋、模板加工设备、电焊机与计量器具已全部安装完毕并进行了试转,动力机械部门已验收,同意使用。

(3)中心试验室的设备、仪器已安装就位,并具备有效的检定证书。

5. 资金情况

(1)工程预付款已进入施工单位的账户。

(2)投资计划已送达项目法人,项目法人有一定的资金储备,融资渠道畅通。

(3)施工图预算已编审完毕,施工预算已编妥下发。

(4)已做了工程投保。

上列五项工作经监理工程师、项目法人、承包商联合检查确认符合要求后,即可向地方政府施工管理部门报告,申请开工。

(十)签发开工令

接到有关主管部门下发的通知,工程开工报审表所列内容全部落实到位,总监理工程师征得项目法人同意后签发开工令,施工开始。

三、开工条件的控制

开工条件的控制是监理工程师实现其目标控制的基础。开工条件控制的好坏直接关系到建设工程能否按计划顺利完成,是关系到今后主体工程施工正常进行和保证工程目标实现的重要环节。为了使施工承包商能够在合理、可能的情况下尽快开工,监理工程师应严格审查工程开工应具备的各项条件,做好开工条件的控制工作。

（一）审查开工条件

监理机构应在施工合同约定的期限内，经项目法人同意后向承包人发出进场通知，进场通知中应明确合同工期起算日期。承包人在接到进场通知后，应按约定及时调遣人员和施工设备、材料进场，按施工总进度要求完成施工准备工作。同时，监理机构应协助项目法人按施工合同约定向承包人移交施工设施或提供施工条件，包括施工用地、道路、测量基准点以及供水、供电、通信设施等。

承包人完成开工准备后，应向监理机构提交开工申请。监理机构应严格审查工程开工应具备的各项条件，并审批承包人提交的开工申请。对于开工条件，如组织机构与人员，材料与施工设备，水、电、风、燃油、场内交通及其附属设施等准备不足，施工技术方案、施工进度计划未经审批，质量保证体系和安全保证体系不健全等，开工申请均不予批准。监理机构经检查确认项目法人和承包人的施工准备满足开工条件后，签发开工令。开工令一般是指由总监理工程师签发的合同项目的第一次开工指令，其后的其他内容的开工，可用开工通知、开仓证或批准开工申请的形式指示开工。

对于分部工程开工，监理机构应审批承包人报送的每一分部工程开工申请，审核承包人递交的施工措施计划，检查该分部工程的开工条件，确认后签发分部工程开工通知；对于单元工程开工，第一个单元工程在分部工程开工申请获批准后自行开工，后续单元工程凭监理机构签发的上一单元工程施工质量核验合格意见方可开工；对于混凝土浇筑开仓，监理机构应对承包人报送的混凝土浇筑开仓报审表进行审核，符合开仓条件后方可签发同意开仓的意见。

（二）延误开工的处理

1. 由于承包人的原因延误开工

由于承包人原因使工程未能按施工合同约定时间开工的，监理机构应通知承包人在约定时间内提交赶工措施报告并说明延误开工原因。赶工措施报告应详细说明不能及时进点的原因和赶工办法，由此增加的费用和工期延误责任，由承包人承担。

2. 由于项目法人的原因延误开工

由于项目法人原因使工程未能按施工合同约定时间开工的，监理机构在收到承包人提出的顺延工期的要求后，立即与项目法人和承包人共同协商补救方法。由此增加的费用和工期延误造成的损失，由项目法人承担。

职业能力实训

实训一 基本知识训练

一、单项选择题

1. 决定建设工程价值与使用价值的主要阶段是（ ）阶段。

A. 设计 B. 施工

C. 竣工验收 D. 工程保修

2. 下列关于设计阶段特点的表述中,正确的是(　　)。

A. 设计劳动投入量越大,设计产品越好

B. 设计阶段不是影响建设工程投资的关键阶段

C. 设计劳动投入量与设计产品质量之间没有必然的联系

D. 设计质量对建设工程总体质量影响不大

3. 签订监理合同后,监理单位实施建设工程监理的首要工作是(　　)。

A. 编制监理大纲　　B. 编制监理规划

C. 编制监理实施细则　　D. 组建项目监理机构

二、多项选择题

1. 施工准备阶段建设监理工作的主要内容(　　)。

A. 审查施工单位选择的分包单位的资质

B. 协助做好优化设计和改善设计工作

C. 参加设计单位向施工单位的技术交底

D. 对重点工程部位的中线、水平控制进行复查

E. 拟定并商签材料、设备的订货合同

2. 工程开工前,总监理工程师应审查承包单位现场项目管理机构的(　　)。

A. 合同管理体系　　B. 质量管理体系

C. 技术管理体系　　D. 组织管理体系

E. 检查验收体系

实训二　案例分析

某实行监理的工程,实施过程中发生下列事件:

事件1:建设单位于2005年11月底向中标的监理单位发出监理中标通知书,监理中标价为280万元;建设单位与监理单位协商后,于2006年1月10日签订了委托监理合同。监理合同约定:合同价为260万元;因非监理单位原因导致监理服务期延长,每延长1个月增加监理费8万元;监理服务自合同签订之日起开始,服务期26个月。

建设单位通过招标确定了施工单位,并与施工单位签订了施工承包合同,合同约定:开工日期为2006年2月10日,施工总工期为24个月。

事件2:由于吊装作业危险性较大,施工项目部编制了专项施工方案,并送现场监理员签收。吊装作业前,吊车司机使用风速仪检测到风力过大,拒绝进行吊装作业。

施工项目经理便安排另一名吊车司机进行吊装作业,监理员发现后立即向专业监理工程师汇报,该专业监理工程师回答说:这是施工单位内部的事情。

事件3:监理员将施工项目部编制的专项施工方案交给总监理工程师后,发现现场吊装作业吊车发生故障。为了不影响进度,施工项目经理调来另一台吊车,该吊车比施工方案确定的吊车吨位稍小,但经安全检测可以使用。监理员立即将此事向总监理工程师汇报,总监理工程师以专项施工方案未经审查批准就实施为由,签发了停止吊装作业的指令。施工项目经理签收暂停令后,仍要求施工人员继续进行吊装。总监理工程师报告了

建设单位,建设单位负责人称工期紧迫,要求总监理工程师收回吊装作业暂停令。

事件4:由于施工单位的原因,施工总工期延误5个月,监理服务期达30个月。

监理单位要求建设单位增加监理费32万元,而建设单位认为监理服务期延长是施工单位造成的,监理单位对此负有责任,不同意增加监理费。

问题:

(1)指出事件1中建设单位做法的不妥之处,写出正确做法。

(2)指出事件2中专业监理工程师的不妥之处,写出正确做法。

(3)指出事件2和事件3中施工项目经理在吊装作业中的不妥之处,写出正确做法。

(4)分别指出事件3中建设单位、总监理工程师工作中的不妥之处,写出正确做法。

(5)事件4中,监理单位要求建设单位增加监理费是否合理?说明理由。

项目三　水利工程施工实施阶段的监理

【学习目标】

1. 能进行水利工程施工实施阶段的质量控制、进度控制和投资控制。

2. 能进行水利工程施工实施阶段的合同管理、信息管理、施工安全与环境保护管理。

3. 能进行水利工程施工实施阶段的组织协调工作。

4. 能具备监理员和监理工程师资格培训及考试的基本知识。

任务一　质量控制

工程质量是基本建设效益得以实现的基本保证。没有质量,就没有投资效益和工程进度。建设项目的投资、进度控制必须以一定的质量水平为前提,确保建设项目能全面满足各项要求。为此,国务院 2000 年颁布了《建设工程质量管理条例》(国务院令第 279 号),水利部 1997 年颁布了《水利工程质量管理规定》(水利部令第 7 号),而质量控制是保证工程质量的一种有效方法。

一、工程质量管理体系

水利部《水利工程质量管理规定》第六条规定:水利工程质量实行项目法人(建设单位)负责、监理单位控制、施工单位保证和政府监督相结合的质量管理体制。水利工程质量由项目法人(建设单位)负全面责任。监理、施工、设计单位按照合同及有关规定对各自承担的工作负责。质量监督机构履行政府部门监督职能,不代替项目法人(建设单位)、监理、设计、施工单位的质量管理工作。水利工程建设各方均有责任和权利向有关部门和质量监督机构反映工程质量问题。由此可见,水利工程质量管理的三个体系分别为:政府部门的质量监督体系、项目法人/监理单位的质量控制体系和设计单位/施工单位的质量保证体系。

(一)政府部门的质量监督体系

水利工程质量监督机构为专职机构,按总站、中心站、站三级设置。

1. 水利部设置全国水利工程质量监督总站

水利工程质量监督总站负责对流域机构、省级水利工程质量监督机构和水利工程质量检测单位进行统一规划、管理和资质审查。

2. 各省、自治区、直辖市设置水利工程质量监督中心站

各省、自治区、直辖市的水利工程质量监督中心站负责本行政区域内省级以下水利工程质量监督机构和水利工程质量检测单位的统一规划、管理和资质审查。

3. 地区(市)设置水利工程质量监督站

各级工程质量监督机构对工程质量进行监督,是政府部门的职能,代表政府行使工程

质量监督权，对工程建设实施强制性的监督。

水利工程质量监督机构的任务是监督设计、监理、施工等单位在其资质等级允许范围内从事水利工程建设的质量工作，检查和督促建设、设计、监理、施工单位建立健全质量体系，并按照国家和水利行业有关工程建设法规、技术标准和设计文件，来实施工程质量监督，对施工现场影响工程质量的行为进行监督检查。

政府部门的质量监督是以抽查为主的监督方式，运用法律和行政手段，做好监督抽查后的处理工作。工程竣工验收时，质量监督机构对工程质量等级进行核定。未经质量核定或核定不合格的工程，承包人不得交验，工程主管部门不能验收，工程不得投入使用。

(二)项目法人/监理单位的质量控制体系

项目法人为维护自己的利益，保证工程质量，充分发挥投资效益，需要建立质量检查控制体系，成立质量检查机构，对各道工序、各个阶段的工程质量进行检查、认证。目前，在实行建设监理制的工程中，项目法人已把这部分工作委托给监理单位。

项目法人/监理单位的质量控制体系是依据国家的有关法律、技术规范、标准和承包合同，对承包人在施工全过程中的每一工序、每一环节进行检查认证，及时发现其中的质量问题，分析原因，采取正确的措施加以纠正，防患于未然。但是，它并不能代替承包人内部的质量保证体系，它只能通过合同双方履行承包合同的约定，运用质量认证和否决权，对承包人进行检查和管理，并帮助、促进承包人建立健全质量保证体系并使之正常运转，从而保证工程质量。

项目法人/监理单位对工程质量的控制认证，有一套完整的、严密的组织机构、工作制度、程序和方法，构成了项目建设的质量检查控制体系，成为我国工程建设管理体系中不可缺少的另一层次的组成部分，并对强化工程质量管理发挥着越来越重要的作用。

(三)设计单位/施工单位的质量保证体系

设计单位/施工单位的质量保证体系是指设计单位/施工单位运用系统工程的观点和方法，以保证工程质量为目的，将单位内各部门、各环节的经营、管理活动严密协调地组织起来，明确他们在保证工程质量方面的任务、责任、权限、工作程序和方法，从而形成一个有机的质量保证整体。

设计单位/施工单位的质量保证体系，是我国工程质量管理三个体系中最基础的部分，对于确保工程质量是至关重要的。只有使质量保证体系正常实施和运行，才能使建设单位和设计单位、施工单位在风险、成本及利润三个方面，达到最佳状态。

设计单位/施工单位对工程项目质量负有首要的责任。这就要求设计单位和施工单位积极推行全面质量管理，保证全员、全过程、全企业的工作质量，逐步实现企业经营管理和生产技术的标准化、规范化、系列化，以保证设计质量、工程施工质量，创造优质工程，缩短建设工期，降低物质消耗，改善服务质量，提高社会经济效益。

二、监理机构工程质量控制的目标与原则

(一)工程质量控制的目标

监理机构通过有效的质量控制工作和具体的质量控制措施，使建设工程项目施工质量满足设计要求和规范规定，施工质量等级达到合格或者优良。

(二)工程质量控制的原则

(1)坚持质量第一。

(2)坚持以人为控制核心。

(3)坚持以预防为主。

(4)坚持质量标准。

(5)坚持"守法、诚信、公正、科学"的执业准则。

三、监理单位的质量责任及质量控制的依据

(一)监理单位的质量责任

《建设工程质量管理条例》(国务院令第279号)明确规定了工程监理单位的质量责任和义务,叙述如下:

(1)工程监理单位应当依法取得相应等级的资质证书,并在其资质等级许可的范围内承担工程监理业务。

禁止工程监理单位超越本单位资质等级许可的范围或者以其他工程监理单位的名义承担工程监理业务。禁止工程监理单位允许其他单位或者个人以本单位的名义承担工程监理业务。

工程监理单位不得转让工程监理业务。

(2)工程监理单位与被监理工程的施工承包单位以及建筑材料、建筑构配件和设备供应单位有隶属关系或者其他利害关系的,不得承担该项建设工程的监理业务。

(3)工程监理单位应当依照法律、法规以及有关技术标准、设计文件和建设工程承包合同,代表建设单位对施工质量实施监理,并对施工质量承担监理责任。

(4)工程监理单位应当选派具备相应资格的总监理工程师和监理工程师进驻施工现场。

未经监理工程师签字,建筑材料、建筑构配件和设备不得在工程上使用或者安装,施工单位不得进行下一道工序的施工。未经总监理工程师签字,建设单位不拨付工程款,不进行竣工验收。

(5)监理工程师应当按照工程监理规范的要求,采取旁站、巡视和平行检验等形式,对建设工程实施监理。

(二)质量控制的依据

施工阶段质量控制的依据,据其适用范围及性质,可分为共同性依据和有关质量检验与控制的专门技术法规性依据。

1. 质量控制的共同性依据

(1)工程合同文件。如工程施工承包合同、设备材料供应合同、监理合同等。

(2)设计文件。经过批准的设计图纸和技术说明书,由监理单位组织设计单位、施工单位参加的设计交底及图纸会审形成的纪要文件等。

(3)国家及政府有关部门颁布的质量管理方面的法律、法规文件。

2. 有关质量检验与控制的专门技术法规性依据

这类依据包括各种有关的技术标准、规范、规程或规定。技术标准可分为国际标准

（如 ISO 系列）、国家标准、行业标准和企业标准，如质量检验及评定标准、材料半成品技术检验和验收标准等；技术规范、规程是为有关人员制定的行动准则，通常与质量形成有密切关系，如施工技术规程、施工及验收规范等；有关质量方面的规定，是有关主管部门发布的带有方针目标性的文件，它对于保证标准和规范、规程实施，改善实际问题，具有指令性和及时性的特点。

四、影响工程质量控制的因素

影响工程质量控制的因素多种多样，但归结起来可分为五个方面，即人（Man）、材料（Material）、机械（Machine）、方法（Method）、环境（Environment），简称为 4M1E。

（一）人的控制

人是生产经营活动的主体，在水利工程建设中，项目建设的决策、管理、操作均是通过人来完成的。其中既包括了施工承包人的操作、指挥及组织者，也包括了监理人员。“人”作为控制的对象，要避免产生失误，要充分调动人的积极性。因此，建设工程质量控制中人的因素是质量控制的重点。

在工程监理质量控制中，应从领导者的素质、人的理论和技术水平、人的生理缺陷、人的心理行为、人的错误行为和人的违纪违章行为等方面考虑对质量的影响。

总之，在对人的控制上，应从人的思想素质、业务素质和身体素质等方面综合考虑，全面控制。

（二）材料质量控制

工程材料包括工程实体所用的原材料、成品、半成品、构配件等，是工程质量的物质基础。材料不符合要求，就不可能有符合要求的工程质量。

1. 材料质量控制的要点

材料质量控制的要点包括订货前的控制、进货后的控制、现场配制材料的控制、现场使用材料的控制等。

2. 材料质量控制的内容

（1）掌握材料质量标准。

（2）材料质量检验。

材料质量检验的方法分为书面检验、外观检验、理化检验和无损检验等四种。

①书面检验。它是通过对提供的材料质量保证资料、试验报告等进行审核，取得认可方能使用。

②外观检验。它是对材料从品种、规格、标志、外形尺寸等进行直观检验，看其有无质量问题。

③理化检验。它是指在物理、化学等方法的辅助下的量度。它借助于试验设备和仪器对材料样品的化学成分、机械性能等进行科学的鉴定。

④无损检验。它是在不破坏材料样品的前提下，利用超声波、X 射线、表面探伤仪等进行检测。

（3）材料质量检验程度。

①免检：如足够质量保证的一般材料、实践证明质量长期稳定且保证资料齐全的材料

等。

②抽检:如性能不清楚的材料、质量保证资料有怀疑的材料、成批生产的构配件等。

③全检:如进口材料、重要工程部位的材料、贵重材料等。

(4)材料质量检验项目。

材料质量检验项目通常分为一般试验项目和其他试验项目。一般试验项目即常规进行的试验项目,其他试验项目即根据实际需要进行的试验项目。

(三)机械设备控制

机械设备包括组成工程实体和配套的工程设备及施工机械设备两大类。

1.机械设备控制的要点

监理工程师应从保证项目施工质量角度出发,着重对机械设备的选型、机械设备的主要性能参数和机械设备的使用操作要求等三方面予以控制。

1)机械设备的选型

机械设备选型的原则:技术上先进、经济上合理、生产上适用、性能上可靠、使用上安全、操作上方便、维修上简便。机械设备选型的方针:贯彻执行机械化、半机械化与改良工具相结合的方针,突出机械与施工相结合的特色,使其具有适用性、可靠性、方便性、安全性。

2)机械设备的主要性能参数

机械设备的主要性能参数必须满足施工需要和保证工程质量。

3)机械设备的使用操作要求

机械设备的使用操作贯彻"人机固定"的原则,实行定机、定人、定岗的"三定"制。操作人员认真执行各项规章制度,严格遵守操作规程。

2.施工机械设备控制的内容

监理工程师应按照质量控制的要求进行审核,以确保为施工提供性能好、效率高、操作方便、安全可靠、经济合理并数量足够的施工机械设备。督促承包人做好施工机械设备的使用管理工作。督促承包人对施工机械设备特别是关键性的施工机械设备的性能和状况定期进行维护和鉴定。

对施工设备的主要控制内容如下:

(1)审核承包人在其施工组织设计和施工技术方案中所选择的施工机械设备的型式、性能和数量。

(2)按照施工合同约定保证施工设备按计划及时进场,并对进场的施工设备进行评定和认可。禁止不符合要求的设备投入使用并应要求承包人及时撤换。检查操作人员的合格性。

(3)督促承包人对施工机械设备,特别是关键性的施工机械设备的及时进场和对其性能、状况定期进行维护和鉴定。

(4)督促承包人建立和健全机械设备维修、保养、使用管理的各种规章制度与措施,严格执行各项技术规定。

(5)旧施工设备进入工地前,承包人应提供该设备的使用和检修记录,以及具有设备鉴定资格的机构出具的检修合格证。经监理机构认可方可进场。

(6)设备专用于本工程管理。

(7)监理机构若发现承包人使用的施工设备影响施工质量和进度,应及时要求承包人增加或撤换。

(四)施工方法控制

施工方法即工艺方法,包括施工组织设计、施工方案、施工计划及工艺技术等。控制方法的主要方法如下:

(1)制订正确的施工方案。

(2)加强技术业务培训和工艺管理。

(3)严格工艺操作规程。

(4)合理配合和使用机械机具。

监理工程师在制订和审核施工方案与施工工艺时,必须结合工程实际,从技术、管理、经济、组织等方面进行全面分析,综合考虑,确保施工方案、施工工艺在技术上可行,经济上合理,且有利于提高施工质量。

(五)环境因素控制

通常影响工程质量的环境因素有以下几个方面:

(1)自然环境。如工程地质、水文、气象、温度等。

(2)管理环境。如质量保证体系、三检制、质量管理制度、质量签证制度、质量奖惩制度等。

(3)技术环境。如施工所用的规程、规范、设计图纸、质量评定标准等。

(4)作业环境。如作业面大小、防护设施、通风照明和通信条件等。

(5)周边环境。如工程邻近的建筑物、高空设施、地下管线等。

(6)社会环境。如社会秩序、社会治安等。

对环境因素控制的措施主要是创造良好的工序环境,排除环境的干扰等。

五、施工阶段工程质量控制的内容及程序

(一)开工条件的控制

1. 监理机构应严格审查工程开工应具备的各项条件,并审批开工申请

合同项目开工应遵守下列规定:

(1)监理机构应在施工合同约定的期限内,经发包人同意后向承包人发出进场通知,要求承包人按约定及时调遣人员和施工设备、材料进场进行施工准备。进场通知中应明确合同工期起算日期。

(2)监理机构应协助发包人按施工合同约定向承包人移交施工设施或施工条件,包括施工用地、道路、测量基准点以及供水、供电、通信设施等。

(3)承包人完成开工准备后,应向监理机构提交开工申请。监理机构经检查确认发包人和承包人的施工准备满足开工条件后,签发开工令。

(4)由于承包人原因使工程未能按施工合同约定时间开工的,监理机构应通知承包人在约定时间内提交赶工措施报告并说明延误开工原因。由此增加的费用和工期延误造成的损失由承包人承担。

(5)由于发包人原因使工程未能按施工合同约定时间开工的,监理机构在收到承包人提出的顺延工期的要求后,应立即与发包人和承包人共同协商补救办法。由此增加的费用和工期延误造成的损失由发包人承担。

2. 分部工程开工

监理机构应审批承包人报送的每一分部工程开工申请,审核承包人递交的施工措施计划,检查该分部工程的开工条件,确认后签发分部工程开工通知。

3. 单元工程开工

第一个单元工程在分部工程开工申请获批准后自行开工,后续单元工程凭监理机构签发的上一单元工程施工质量核验合格意见方可开工。

4. 混凝土浇筑开仓

监理机构应对承包人报送的混凝土浇筑开仓报审表进行审核。符合开仓条件后方可签发开仓意见。

(二)工程质量控制的内容及要求

水利部《水利工程建设项目施工监理规范》(SL 288—2003)规定了工程质量控制的内容及要求,分述如下:

(1)监理机构应建立和健全质量控制体系,并在监理工作过程中不断改进和完善。

(2)监理机构应监督承包人建立和健全质量保证体系,并监督其贯彻执行。

(3)监理机构应按照有关工程建设标准和强制性条文及施工合同约定,对所有施工质量活动及与质量活动相关的人员、材料、工程设备和施工设备、施工工法和施工环境进行监督和控制,按照事前审批、事中监督和事后检验等监理工作环节控制工程质量。

(4)监理机构应按有关规定或施工合同约定,核查承包人现场检验设施、人员、技术条件等情况。

(5)监理机构应对承包人从事施工、安全、质检、材料等岗位和施工设备操作等需要持证上岗的人员的资格进行验证和认可。对不称职或违章、违规人员,可要求承包人暂停或禁止其在本工程中工作。

(6)材料和工程设备的检验应符合下列规定:

①对于工程中使用的材料、构配件,监理机构应监督承包人按有关规定和施工合同约定进行检验,并应查验材质证明和产品合格证。

②对于承包人采购的工程设备,监理机构应参加工程设备的交货验收;对于发包人提供的工程设备,监理机构应会同承包人参加交货验收。

③材料、构配件和工程设备未经检验,不得使用;经检验不合格的材料、构配件和工程设备,应督促承包人及时运离工地或作出相应处理。

④监理机构如对进场材料、构配件和工程设备的质量有异议,可指示承包人进行重新检验;必要时,监理机构应进行平行检测。

⑤监理机构发现承包人未按有关规定和施工合同约定对材料、构配件和工程设备进行检验,应及时指示承包人补做检验;若承包人未按监理机构的指示进行补验,监理机构可按施工合同约定自行或委托其他有资质的检验机构进行检验,承包人应为此提供一切方便并承担相应费用。

⑥监理机构在工程质量控制过程中发现承包人使用了不合格的材料、构配件和工程设备时,应指示承包人立即整改。

(7)施工机械设备的检查应符合下列规定:

①监理机构应督促承包人按照施工合同约定保证施工设备按计划及时进场,并对进场的施工设备进行评定和认可。禁止不符合要求的设备投入使用,并应要求承包人及时撤换。在施工过程中,监理机构应督促承包人对施工设备及时进行补充、维修、维护,满足施工需要。

②旧施工设备进入工地前,承包人应提供该设备的使用和检修记录,以及具有设备鉴定资格的机构出具的检修合格证,经监理机构认可,方可进场。

③监理机构若发现承包人使用的施工设备影响施工质量和进度,应及时要求承包人增加或撤换。

(8)监理机构应审批承包人制订的施工控制网和原始地形图的施测方案,并对承包人施测过程进行监督,对测量成果进行签认,或参加联合测量,共同签认测量结果。

监理机构应对承包人在工程开工前实施的施工放线测量进行抽样复测或与承包人进行联合测量。

(9)监理机构应审批承包人提交的工艺参数试验方案,对现场试验实施监督,审核试验结果和结论,并监督承包人严格按照批准的工法进行施工。

(10)施工过程质量控制应符合下列规定:

①监理机构应督促承包人按施工合同约定对工程所有部位和工程使用的材料、构配件和工程设备的质量进行自检,并按规定向监理机构提交相关资料。

②监理机构应采用现场察看、查阅施工记录以及对材料、构配件、试样等进行抽检的方式对施工质量进行严格控制;应及时对承包人可能影响工程质量的施工工法以及各种违章作业行为发出调整、制止、整顿直至暂停施工的指示。

③监理机构应严格旁站监理工作,特别注重对易引起渗漏、冻融、冲刷、汽蚀等部位的质量控制。

④单元工程(或工序)未经监理机构检验或检验不合格,承包人不得开始下一单元工程(或工序)的施工。

⑤监理机构发现由于承包人使用的材料、构配件、工程设备以及施工设备或其他原因可能导致工程质量不合格或造成质量事故时,应及时发出指示,要求承包人立即采取措施纠正。必要时,责令其停工整改。

⑥监理机构发现施工环境可能影响工程质量时,应指示承包人采取有效的防范措施。必要时,应停工整改。

⑦监理机构应对施工过程中出现的质量问题及其处理措施或遗留问题进行详细记录和拍照,保存好照片或音像片等相关资料。

⑧监理机构应参加工程设备供货人组织的技术交底会议,监督承包人按照工程设备供货人提供的安装指导书进行工程设备的安装。

⑨监理机构应审核承包人提交的设备启动程序并监督承包人进行设备启动与调试工作。

(11)工程质量检验应符合下列规定：

①承包人应首先对工程施工质量进行自检。未经承包人自检或自检不合格、自检资料不完善的单元工程（或工序），监理机构有权拒绝检验。

②监理机构对承包人经自检合格后报验的单元工程（或工序）质量，应按有关技术标准和施工合同约定的要求进行检验。检验合格后方予签认。

③监理机构可采用跟踪检测、平行检测方法对承包人的检验结果进行复核。平行检测的检测数量，混凝土试样不应少于承包人检测数量的3%，重要部位每种强度等级的混凝土最少取样1组；土方试样不应少于承包人检测数量的5%，重要部位至少取样3组。跟踪检测的检测数量，混凝土试样不应少于承包人检测数量的7%；土方试样不应少于承包人检测数量的10%。平行检测和跟踪检测工作都应由具有国家规定的资质条件的检测机构承担。平行检测的费用由发包人承担。

④工程完工后需覆盖的隐蔽工程、工程的隐蔽部位，应经监理机构验收合格后方可覆盖。

⑤在工程设备安装完成后，监理机构应督促承包人按规定进行设备性能试验，其后应提交设备操作和维修手册。

(12)工程质量评定。监理机构应监督承包人真实、齐全、完善、规范地填写质量评定表。承包人应按规定对工序、单元工程、分部工程、单位工程质量等级进行自评。监理机构应对承包人的工程质量等级自评结果进行复核。监理机构应按规定参与工程项目外观质量评定和工程项目施工质量评定工作。

（三）质量控制、评定监理工作程序

1. 工程质量控制监理工作程序

工程质量控制监理工作程序如图3-1所示。

2. 工程质量评定监理工作程序

工程质量评定监理工作程序如附录二图3所示。

六、单元（工序）质量控制

（一）单元（工序）质量控制的含义

工序是指人、机械、材料、方法、环境等因素对工程综合起作用的过程，它是组成工程施工过程的最基本单位。

工序质量控制是指对施工过程的每一道工序质量进行控制，使每一道工序质量符合要求。工序质量控制是生产活动效果的质量控制，根据单元工序质量检验及对反馈来的工程产品性能特征的各方面的质量数据的分析，针对存在的差异问题采取措施，消除这些差异因素，使质量达到合同规定的要求，并保持稳定的调节管理过程。

（二）单元（工序）分析的步骤

工序质量控制应以工序分析为基础，工序分析为工序质量控制提供了信息和方法。

工序分析一般按下述三个步骤进行：

(1)采用排列图、直方图、控制图、因果分析图、分层法、相关图法、调查表等方法进行分析，找出工序支配性要素。

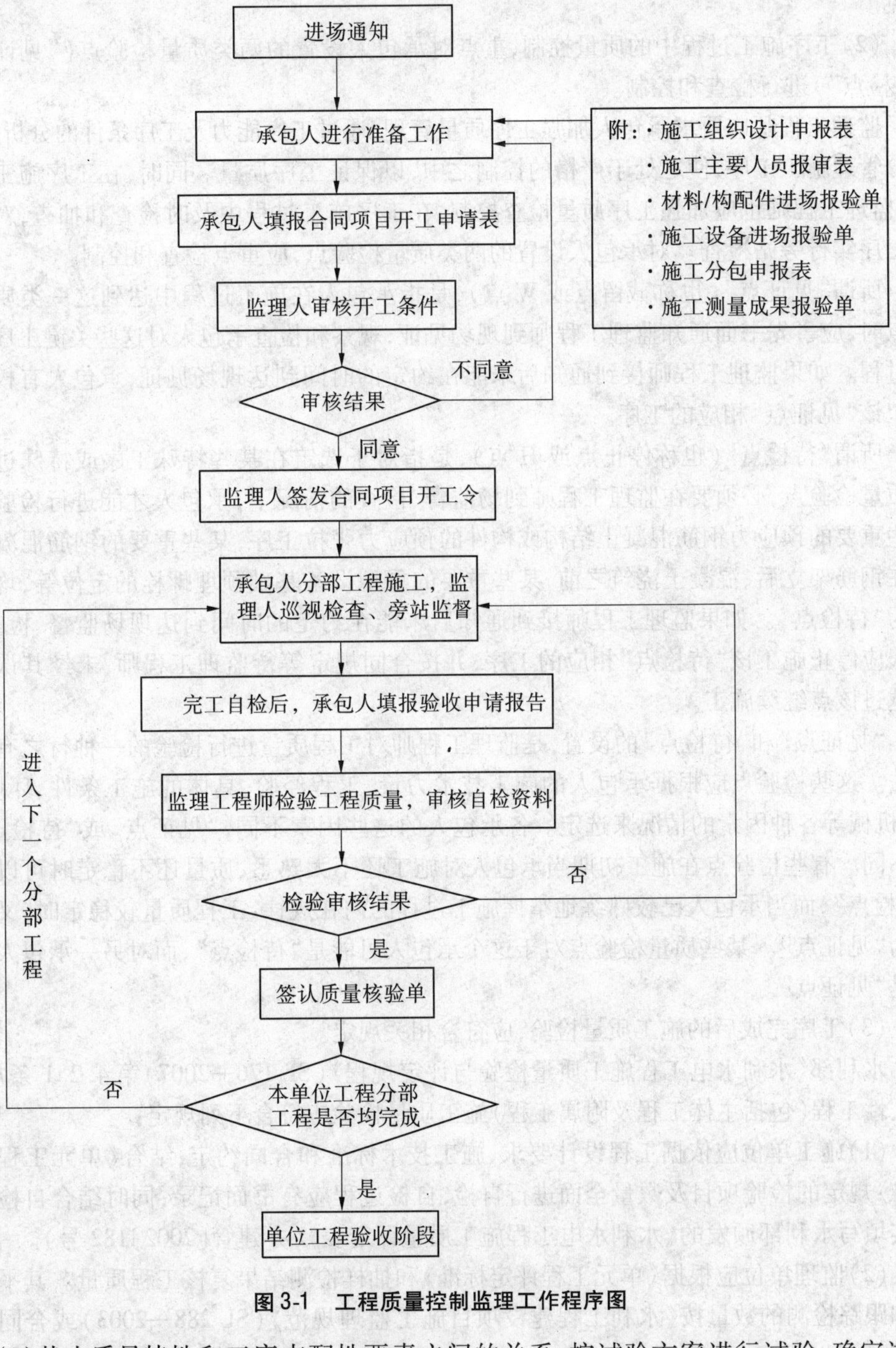

图 3-1　工程质量控制监理工作程序图

(2)找出质量特性和工序支配性要素之间的关系，按试验方案进行试验，确定试验结果。

(3)制定质量标准，控制工序支配性要素。

(三)单元(工序)质量控制的内容

(1)工序施工前的控制，首先要检查一下上一道工序有无监理机构签发的核验合格意见。

(2)工序施工过程中的质量控制,重点对承包人设置的两类质量检验点("见证点"、"待检点")进行检查和控制。

监理工程师应要求承包人加强工序质量管理,通过工序能力及工序条件的分析研究,充分管理施工工序,使之处于严格的控制之中,以保证工序质量。同时,在工序施工过程中,监理工程师也应加强工序质量检查控制,在工序施工过程中及时检查和抽查,对重要的工序实行旁站检查。对承包人设置的两类质量检验点,应重点检查和控制。

所谓"见证点"(也称截留点或 W 点),是指承包人在施工过程中达到这一类质量检验点时,应事先书面通知监理工程师到现场见证,观察和检查承包人对这些关键工序的实施过程。如果监理工程师接到通知后未能在约定的时间到达现场见证,承包人有权继续施工该"见证点"相应的工序。

所谓"待检点"(也称停止点或 H 点),是指对于选定在某些特殊工序或特殊过程上的质量检验点,必须要在监理工程师到场监督、检查的情况下,承包人才能进行检验。如某些重要的预应力钢筋混凝土结构或构件的预应力张拉工序,某些重要的钢筋混凝土结构在钢筋架立后、混凝土浇筑之前,某些重要的重型设备基础预埋螺栓的定位等,均可设置为"待检点"。如果监理工程师接到通知后未能在约定的时间到达现场监督、检查,承包人应停止施工该"待检点"相应的工序,并按合同规定等待监理工程师,未经其认可不能越过该点继续施工。

"见证点"和"待检点"的设置,是监理工程师对工程质量进行检验的一种行之有效的方法。这些检验点应根据承包人的施工技术力量、工程经验、具体的施工条件、环境、材料、机械等各种因素的情况来选定。各承包人的这些因素不同,"见证点"或"待检点"也就不同。有些检验点在施工初期当承包人对施工还不太熟悉、质量还不稳定时可以定为"待检点",而当承包人已较熟练地掌握施工过程的内在规律、工程质量较稳定时,又可以改为"见证点"。某些质量检验点对于这个承包人可能是"待检点",而对另一承包人则可能是"见证点"。

(3)工序完成后的施工质量检验,应符合相关规定。

水利部《水利水电工程施工质量检验与评定规程》(SL 176—2007)第 4.2.1 条规定:永久性工程(包括主体工程及附属工程)施工质量检验应符合下列规定:

(1)施工单位应依据工程设计要求、施工技术标准和合同约定,结合《单元工程评定标准》规定的检验项目及数量全面进行自检,自检过程应有书面记录,同时结合自检情况如实填写水利部颁发的《水利水电工程施工质量评定表》(办建管〔2002〕182 号)。

(2)监理单位应根据《单元工程评定标准》和抽样检测结果复核工程质量。其平行检测和跟踪检测的数量按《水利工程建设项目施工监理规范》(SL 288—2003)或合同约定执行。

(3)项目法人应对施工单位自检和监理单位抽检过程进行督促检查,对报工程质量监督机构核备、核定的工程质量等级进行认定。

(4)工程质量监督机构应对项目法人、监理、勘测、设计、施工单位以及工程其他参建单位的质量行为和工程实物质量进行监督检查。检查结果应按有关规定及时公布,并书面通知有关单位。

（四）单元（工序）工程质量控制监理工作程序

单元（工序）工程质量控制监理工作程序如附录二图 2 所示。

七、工程质量事故的分析与处理

（一）工程质量事故的概念与分类

1. 工程质量事故的概念

在水利水电工程建设过程中，由于建设管理、监理、勘测、设计、咨询、施工、材料、设备等原因造成工程质量不符合国家和行业相关标准以及合同约定的质量标准，影响使用寿命和对工程安全运行造成隐患及危害的事件，称为工程质量事故。它具有复杂性、严重性、可变性和多发性等特点。

2. 水利工程质量事故的分类

水利工程质量事故按照直接经济损失大小、处理事故对工期影响时间的长短以及事故处理后对工程功能和寿命的影响，分为一般质量事故、较大质量事故、重大质量事故和特大质量事故，其分类标准如表 3-1 所示。

表 3-1　水利工程质量事故分类标准

损失情况		事故类别			
		特大质量事故	重大质量事故	较大质量事故	一般质量事故
事故处理所需的物质、器材和设备、人工等直接损失费用（人民币万元）	大体积混凝土、金属结构制作和机电安装工程	>3 000	500～3 000	100～500	20～100
	土石方工程、混凝土薄壁工程	>1 000	100～1 000	30～100	10～30
事故处理所需合理工期（月）		>6	3～6	1～3	≤1
事故处理后对工程功能和寿命影响		影响工程正常使用，需限制条件运行	不影响正常使用，但对工程寿命有较大影响	不影响正常使用，但对工程寿命有一定影响	不影响正常使用和工程寿命

注：1. 直接经济损失费用为必需条件，其余两项主要适用于大中型工程。

2. 小于一般质量事故的质量问题称为质量缺陷。

3. 表中的数值范围内，上限值为应小于或等于的数值，下限值为应大于的数值。

（二）工程质量事故原因分析

常见工程质量事故的表现形式有结构倒塌、倾斜、错位、不均匀或超量沉陷、变形、开裂、渗漏、破坏、强度不足、尺寸偏差大等。分析工程质量事故产生的原因一般可分为以下几个方面。

1. 违背基本建设法规

(1)违背基本建设程序。如边设计边施工、未搞清地质情况就仓促开工、未经竣工验收就交付使用等。

(2)违反有关法规和工程合同的规定。如无证设计、无证施工、越级设计、越级施工;工程招投标中的不公平竞争,超常的低价中标;擅自转包或分包,多次转包;擅自修改设计等。

2. 地质勘察原因

如地质勘察、勘探钻孔深、间距不符合要求,地质勘察报告不详细、不准确,不能全面反映实际地基情况等。

3. 对不均匀地基处理不当

如对软弱土、杂填土、冲填土、大孔性土、湿陷性黄土、膨胀土、红黏土、溶岩、土洞、岩层出露等不均匀地基未处理或处理不当。

4. 设计计算问题

如盲目套用图纸,采用不合理的结构方案,计算简图与实际受力不符,荷载取值过小,内力分析有误,沉陷缝或变形缝设置不当,悬挑结构未进行抗倾覆演算等。

5. 建筑材料及制品不合格

如建筑材料及制品的规格、种类、性能、尺寸、数量或质量等达不到要求。

6. 施工与管理问题

如未经设计部门同意擅自修改图纸,或不按图纸施工;图纸未经会审即仓促施工,或不熟悉图纸,盲目施工;不按有关的施工规范和操作规程施工;管理混乱,施工方案考虑不周,施工工序错误,技术交底不清,违章作业,疏于检查、验收等。

7. 自然条件影响

如空气温度、湿度、暴雨、风、浪、洪水、雷电、日晒等。

8. 建筑结构或设施使用不当

如未经核验任意加层,任意拆除承重结构,结构物上任意开槽、打洞等。

(三)工程质量事故的处理程序

工程质量事故处理的一般程序为发现质量事故、下达施工暂停令、质量事故调查、质量事故原因分析、质量事故处理设计、质量事故处理、检查鉴定验收、结论、下达复工令。工程质量事故的具体处理程序如下。

(1)当发现工程出现质量事故后,现场监理人员应及时上报项目总监理工程师。

首先,监理机构应以"监理通知"的形式通知施工单位,要求其停止有质量缺陷部位和与其有关联部位及下道工序施工,需要时,还应要求施工单位采取防护措施。同时,要视情况而定是否上报主管部门。

(2)施工单位接到监理通知单后,在总监理工程师的组织与参与下,尽快进行工程质量事故的调查,写出"调查报告"。

调查报告的内容主要包括以下几个方面:

①与事故有关的工程情况。

②质量事故的详细情况,如质量事故发生的时间、地点、部位、性质、现状及发展变化

情况等。

③事故调查中有关的数据、资料。

④质量事故原因分析与判断。

⑤是否需要采取临时防护措施。

⑥事故处理及缺陷补救的建议方案与措施。

⑦事故涉及的有关人员和责任者的情况。

事故情况调查是事故原因分析的基础,有些质量事故原因复杂,常常涉及勘察、设计、施工、材料、维护管理、工程环境条件等方面,因此调查必须全面、详细、客观、准确。

(3)在质量事故调查的基础上进行质量事故原因全面分析,正确判断质量事故原因。

质量事故原因分析是确定质量事故处理措施方案的基础。正确的质量事故处理源于对质量事故原因的正确判断,项目总监应当组织设计、施工、建设单位等各方参加质量事故原因分析。

(4)在质量事故原因分析的基础上,集中研究,由施工单位制订质量事故处理方案,并报项目总监理工程师批准。

制订的质量事故处理方案,应体现安全可靠,不留隐患,满足建筑物的功能和使用要求,技术可行,经济合理等原则。如果一致认为质量缺陷不需专门的处理,必须经过充分的分析、论证。

(5)确定质量事故处理方案后,由项目总监理工程师指令施工单位按既定的质量事故处理方案实施对质量事故的处理。

如果发生的质量事故不是由于施工单位方面的责任原因造成的,则处理质量事故所需的费用或延误的工期,应给予施工单位补偿。

(6)在质量事故处理完毕后,总监理工程师应组织有关人员对处理的结果进行严格的检查、鉴定和验收,写出“质量事故处理报告”,提交建设单位,并视情况而定是否上报有关主管部门。

“质量事故处理报告”的内容主要包括以下几个方面:

①工程质量事故的情况;

②质量事故的调查与检查情况,包括调查的有关数据、资料;

③质量事故原因分析;

④质量事故处理的依据;

⑤质量缺陷处理方案及技术措施;

⑥实施质量处理中的有关原始数据、记录、资料;

⑦对处理结果的检查、鉴定和验收;

⑧结论意见。

(四)工程质量事故的处理原则和方法

1. 工程质量事故的处理原则

1)“四不放过”原则

即“事故原因没有查清不放过、事故责任者没有严肃处理不放过、广大职工没有受到教育不放过、防范措施没有落实不放过”。

2)经济损失负担原则

由质量事故而造成的损失费用,坚持“谁承担事故责任,谁负担”的原则。

2. 工程质量事故的处理方法

监理机构对质量事故的处理,常用的方法有三种。

1)不需进行处理

监理工程师一般在不影响结构安全、生产工艺和使用要求,或某些轻微的质量缺陷,通过后续工序可以弥补等情况下,可作出不需要进行处理的决定;或检验中的质量问题,经论证后可不作处理;或对出现的事故,经复核验算,仍能满足设计要求者,也可不作处理。

2)修补处理

监理工程师对某些虽然未达到规范规定的标准,存在一定的缺陷,但经过修补后还可以达到规范要求的标准,同时又不影响使用功能和外观的质量问题,可以作出进行修补处理的决定。

3)返工处理

凡是工程质量未达到合同规定的标准,有明显而又严重的质量问题,又无法通过修补来纠正所产生的缺陷,监理工程师应对其作出返工处理的决定。

工程质量事故处理后,应由项目法人委托具有相应资质等级的工程质量检测单位检测后,按照处理方案的质量标准,重新进行工程质量评定。

工程质量事故处理的结论可能有以下几种:

(1)事故已排除,可继续施工。

(2)隐患已消除,结构安全有保证。

(3)经修补处理后,完全能够满足使用要求。

(4)基本上满足使用要求,但使用时应有附加的限制条件,例如限制荷载等。

(5)对耐久性的结论。

(6)对建筑物外观影响的结论。

(7)对短期难以作出结论者,可提出进一步观测检验的意见。

(五)工程质量缺陷的处理

1. 工程质量缺陷的概念

工程质量缺陷是指对工程质量有影响,但小于一般质量事故的质量问题。工程建设中发生的以下质量问题属于质量缺陷:

(1)发生在大体积混凝土、金属结构制作安装及机电设备安装工程中,处理所需物资、器材及设备、人工等直接损失费用不超过20万元人民币。

(2)发生在土石方工程或混凝土薄壁工程中,处理所需物资、器材及设备、人工等直接损失费用不超过10万元人民币。

(3)处理后不影响工程正常使用和寿命。

2. 工程质量缺陷备案

在施工过程中,工程个别部位或局部发生达不到技术标准和设计要求(但不影响使用),且未能及时进行处理的工程质量缺陷问题(质量评定仍为合格),应以工程质量缺陷备案形式进行记录备案。

质量缺陷备案表由监理机构组织填写,内容应真实、准确、完整。各参建单位代表应在质量缺陷备案表上签字,有不同意见应明确记载。质量缺陷备案表应及时报工程质量监督机构备案。质量缺陷备案资料按竣工验收的标准制备。工程竣工验收时,项目法人应向竣工验收委员会提交历次质量缺陷备案资料。

任务二 进度控制

一、监理机构工程进度控制的目标与原则

(一)工程进度控制的目标

建设工程进度控制的总目标是建设工期。即监理机构以施工合同工期为基准,采取有力的动态控制手段和措施,通过资源调配,加强施工协调,力争使建设工程项目在合同工期前完成。

(二)工程进度控制的原则

(1)工程进度控制的依据是施工合同约定的工期目标。

(2)在确保工程质量和安全的原则下,控制工程进度。

(3)采用动态的控制方法,对工程进度进行主动控制。

二、监理人施工进度控制的合同权限

(一)监理人施工进度控制的权限

在发包人与监理人签订的监理委托合同中,明确规定了发包人授予监理人进行施工合同管理的权限,并在发包人与承包人签订的施工合同中予以明确,作为监理人进行施工合同管理的依据。根据《水利水电工程标准施工招标文件》(2009 年版)和《水利工程建设项目施工监理规范》(SL 288—2003)规定,监理人施工进度控制的权限如下。

1. 签发开工通知(或称进场通知)

监理人应在专用合同条款规定的期限内,向承包人发出开工通知。承包人应在接到开工通知后及时调遣人员和调配施工设备、材料进入工地。开工通知具有十分重要的合同效力,对合同项目开工日期的确定、开始施工具有重要作用。

2. 审批施工进度计划

承包人应按技术条款规定的内容和期限以及监理人的指示,编制施工总进度计划报送监理人审批。监理人应在技术条款规定的期限内批复承包人。经监理人批准的施工总进度计划(或称合同进度计划),作为控制本合同工程进度的依据,并据此编制年、季和月进度计划报送监理人审批。监理人认为有必要时,承包人应按监理人指示的内容和期限,并根据合同进度计划的进度控制要求,编制单位工程进度计划报送监理人审批。

3. 审批施工组织设计和施工措施计划

承包人应按合同规定的内容和时间要求,编制施工组织设计、施工措施计划和由承包人负责的施工图纸,报送监理人审批,并对现场作业和施工方法的完备与可靠负全部责任。

4. 审核劳动力、材料、设备使用监督权和分包单位

监理人有权深入施工现场监督检查承包人的劳动力、施工机械及材料等使用情况，并要求承包人做好施工日志，并在进度报告中反映劳动力、施工机械及材料等使用情况。

对承包人提出的分包项目和分包人，监理人应严格审核，提出建议，报发包人批准。

5. 监督检查施工进度

不论何种原因发生工程的实际进度与合同进度计划不符时，承包人应按监理人的指示在28天内提交一份修订的进度计划报送监理人审批，监理人应在收到该进度计划后的28天内批复承包人。批准后的修订进度计划作为合同进度计划的补充文件。

不论何种原因造成施工进度计划拖后，承包人均应按监理人的指示，采取有效措施赶上进度。承包人应在向监理人报送修订进度计划的同时，编制一份赶工措施报告报送监理人审批，赶工措施应以保证工程按期完工为前提调整和修改进度计划。

6. 下达施工暂停指示和复工通知

监理人下达施工暂停指示或复工通知，应事先征得发包人同意。监理人向承包人发布暂停工程或部分工程施工的指示，承包人应按指示的要求立即暂停施工。不论由于何种原因引起的暂停施工，承包人应在暂停施工期间负责妥善保护工程和提供安全保障。工程暂停施工后，监理人应与发包人和承包人协商采取有效措施积极消除停工因素的影响。当工程具备复工条件时，监理人应立即向承包人发出复工通知，承包人收到复工通知后，应在监理人指定的期限内复工。

7. 协调施工进度

监理人在认为必要时，有权发出命令协调施工进度，这些情况一般包括：各承包人之间的作业干扰、场地与设施交叉、资源供给与现场施工进度不一致，进度拖延等。但是，这种进度的协调在影响工期改变的情况下，应事先得到发包人同意。

8. 建议工程变更与签署变更指示

监理人在其认为有必要时，可以对工程或其任何部分的形式、质量或数量作出变更，指示承包人执行。但是，对涉及工期较长、提高造价、影响工程质量等的变更，在发出指示前，应事先得到发包人批准。

9. 核定工期索赔

对于承包人提出的工期索赔，监理人有权组织核定，如核实索赔事件、审定索赔依据、审查索赔计算与证据材料等。监理人在从事上述工作时，是作为公正的、独立的第三方开展工作，而不是仲裁人。

10. 建议撤换承包人工作人员或更换施工设备

承包人应对其在工地的人员进行有效的管理，使其能做到尽职尽责。监理人有权要求撤换那些不能胜任本职工作或行为不端或玩忽职守的任何人员，承包人应及时予以撤换。

监理人一旦发现承包人使用的施工设备影响工程进度或质量时，有权要求承包人增加或更换施工设备，承包人应予及时增加或更换，由此增加的费用和工期延误责任由承包人承担。

11. 确定完工日期

监理人收到承包人提交的完工验收申请报告后,应审核其报告的各项内容。在签署移交证书前,应由监理人与发包人和承包人协商核定工程项目的实际完工日期,并在移交证书中写明。

(二)监理人施工进度控制的任务

(1)编制工程项目建设监理工作进度控制计划。

(2)审查承包单位提交的施工进度计划。

(3)检查并掌握工程实际进度情况。

(4)比较实际进度与计划进度目标,分析计划提前或拖后的主要原因。

(5)决定应该采取的相应措施和补救方法。

(6)及时调整计划,使总目标得以实现。

三、影响工程进度的因素

工程项目的进度,受多种因素的影响,监理人员需事先对影响进度的各种因素进行调查,预测它们对进度可能产生的影响,编制科学合理的进度控制计划,指导建设工作按计划进行。然后根据动态控制原理,不断进行检查,将实际情况与计划安排进行对比,找出偏离计划的原因,特别是找出主要原因,采取相应的措施,对进度进行调整或修正,再按新的计划实施,这样形成不断地计划、执行、检查、分析、调整计划的动态循环过程。

在工程项目建设过程中,常见的影响进度的因素有业主因素、勘测设计因素、施工技术因素、组织管理因素、材料因素、设备因素、资金因素、环境因素等。归纳起来,主要影响因素有以下几方面。

(一)人的干扰因素

如建设单位因使用要求改变而提出的设计变更;建设单位应提供的场地条件不及时或不能满足工程需要;勘察资料不准确,特别是地质资料错误或遗漏而引起的不能预料的技术障碍;设计、施工中采用不成熟的工艺或技术方案失当;图纸供应不及时、不配套或出现差错;计划不周,导致停工待料和相关作业脱节,工程无法正常进行;建设单位越过监理职权进行干涉,造成指挥混乱等。

(二)材料、机具、设备干扰因素

如材料、构配件、机具、设备供应环节的差错,品种、规格、数量、时间不能满足工程的需要等。

(三)地基干扰因素

如受地下埋藏文物的保护、处理的影响。

(四)资金干扰因素

如建设单位资金短缺的问题,未及时向承包单位或供应商拨款等。

(五)环境干扰因素

如交通运输受阻,水、电供应不具备,外单位临近工程施工干扰,节假日交通、市容整顿的限制;向有关部门提出各种申请审批手续的延误;安全、质量事故的调查、分析、处理及争端的调解、仲裁;恶劣天气、地震、临时停水停电、交通中断、社会动乱等。

受以上因素的影响,工程会产生进度拖延。工程进度拖延归纳为两大类,一类是指由于承包单位自身的原因而造成工程进度拖延,称为工程延误,其一切损失由承包单位自己承担,同时建设单位还有权对承包单位施行违约误期罚款;另一类是指由于承包单位以外的原因而造成工程进度拖延,称为工程延期,经监理工程师批准的工程延期,所延长的时间属于合同工期的一部分,承包单位不仅有权要求延长工期,而且还有向建设单位提出赔偿的要求以弥补由此造成的额外损失。

监理工程师应对上述各种因素进行全面的预测和分析,公正地区分工程进度拖延的两大类原因,合理地批准工程延长的时间,以便有效地进行进度控制。

四、施工阶段工程进度控制的内容及程序

(一)施工进度控制的内容及要求

水利部《水利工程建设项目施工监理规范》(SL 288—2003)规定了工程进度控制的内容及要求,分述如下:

(1)控制性总进度计划的编制应符合下列规定:

①监理机构应在工程项目开工前依据施工合同约定的工期总目标、阶段性目标等,协助发包人编制控制性总进度计划。

②随着工程进展和施工条件的变化,监理机构应及时提请发包人对控制性总进度计划进行必要的调整。

(2)施工进度计划的审批应符合下列规定:

①监理机构应在工程项目开工前依据控制性总进度计划审批承包人提交的施工进度计划。在施工过程中,依据施工合同约定审批各单位工程进度计划,逐阶段审批年、季、月施工进度计划。

②施工进度计划审批的程序:

A. 承包人应在施工合同约定的时间内向监理机构提交施工进度计划。

B. 监理机构应在收到施工进度计划后及时进行审查,提出明确审批意见。必要时召集由发包人、设计单位参加的施工进度计划审查专题会议,听取承包人的汇报,并对有关问题进行分析研究。

C. 如施工进度计划中存在问题,监理机构应提出审查意见,交承包人进行修改或调整。

D. 审批承包人提交的施工进度计划或修改、调整后的施工进度计划。

③施工进度计划审查的主要内容:

A. 在施工进度计划中有无项目内容漏项或重复的情况。

B. 施工进度计划与合同工期和阶段性目标的响应性与符合性。

C. 施工进度计划中各项目之间逻辑关系的正确性与施工方案的可行性。

D. 关键路线安排和施工进度计划实施过程的正确性与可行性。

E. 人力、材料、施工设备等资源配置计划和施工强度的合理性。

F. 材料、构配件、工程设备供应计划与施工进度计划的衔接关系。

G. 本施工项目与其他各标段施工项目之间的协调性。

H. 施工进度计划的详细程度和表达形式的适宜性。

I. 对发包人提供施工条件要求的合理性。

J. 其他应审查的内容。

(3)实际施工进度的检查与协调应符合下列规定:

①监理机构应编制描述实际施工进度状况和用于进度控制的各类图表。

②监理机构应督促承包人做好施工组织管理,确保施工资源的投入,并按批准的施工进度计划实施。

③监理机构应做好实际工程进度记录以及承包人每日的施工设备、人员、原材料的进场记录,并审核承包人的同期记录。

④监理机构应对施工进度计划的实施全过程,包括施工准备、施工条件和进度计划的实施情况,进行定期检查,对实际施工进度进行分析和评价,对关键路线的进度实施重点跟踪检查。

⑤监理机构应根据施工进度计划,协调有关参建各方之间的关系,定期召开生产协调会议,及时发现、解决影响工程进度的干扰因素,促进施工项目的顺利进展。

(4)施工进度计划的调整应符合下列规定:

①监理机构在检查中发现实际工程进度与施工进度计划发生了实质性偏离时,应要求承包人及时调整施工进度计划。

②监理机构应根据工程变更情况,公正、公平处理工程变更所引起的工期变化事宜。当工程变更影响施工进度计划时,监理机构应指示承包人编制变更后的施工进度计划。

③监理机构应依据施工合同和施工进度计划及实际工程进度记录,审查承包人提交的工期索赔申请,提出索赔处理意见报发包人。

④施工进度计划的调整使总工期目标、阶段目标、资金使用等发生较大的变化时,监理机构应提出处理意见报发包人批准。

(5)停工与复工应符合下列规定:

①发生下列情况之一,监理机构可视情况决定是否下达暂停施工通知:

A. 发包人要求暂停施工时。

B. 承包人未经许可即进行主体工程施工时。

C. 承包人未按照批准的施工组织设计或工法施工,并且可能会出现工程质量问题或造成安全事故隐患时。

D. 承包人有违反施工合同的行为时。

②发生下列情况之一,监理机构应下达暂停施工通知:

A. 工程继续施工将会对第三者或社会公共利益造成损害时。

B. 为了保证工程质量、安全所必要时。

C. 发生了须暂时停止施工的紧急事件时。

D. 承包人拒绝服从监理机构的管理,不执行监理机构的指示,从而将对工程质量、进度、投资控制产生严重影响时。

E. 其他应下达暂停施工通知的情况时。

③监理机构下达暂停施工通知,应征得发包人同意。发包人应在收到监理机构暂停

施工通知报告后，在约定时间内予以答复；若发包人逾期未答复，则视为其已同意，监理机构可据此下达暂停施工通知，并根据停工的影响范围和程度，明确停工范围。

④若由于发包人的责任需要暂停施工，监理机构未及时下达暂停施工通知，在承包人提出暂停施工的申请后，监理机构应在施工合同约定的时间内予以答复。

⑤下达暂停施工通知后，监理机构应指示承包人妥善照管工程，并督促有关方及时采取有效措施，排除影响因素，为尽早复工创造条件。

⑥在具备复工条件后，监理机构应及时签发复工通知，明确复工范围，并督促承包人执行。

⑦监理机构应及时按施工合同约定处理因工程停工引起的与工期、费用等有关的问题。

(6)由于承包人的原因造成施工进度拖延，可能致使工程不能按合同工期完工，或发包人要求提前完工，监理机构应指示承包人调整施工进度计划，编制赶工措施报告，在审批后发布赶工指示，并督促承包人执行。

监理机构应按照施工合同约定处理因赶工引起的费用事宜。

(7)监理机构应督促承包人按施工合同约定按时提交月、年施工进度报告。

(二)施工进度控制监理工作程序

施工进度控制监理工作程序如附录二图4所示。

五、工程进度控制、分析的方法

监理人监督现场施工进度，是一项经常性的工作。在施工进度检查、监督中，监理人如果发现实际进度较计划进度拖延，一方面应分析这种偏差对工程后续进度及工程工期的影响；另一方面应分析造成进度拖延的原因。

(一)施工进度的监督、检查

1. 施工进度监督、检查的主要内容

(1)检查工程形象进度。

(2)检查设计图纸及技术报告的编制工作进展情况。

(3)检查设备采购的进展情况。

(4)检查材料的加工供应情况。

2. 施工进度监督、检查的方式

(1)监督、检查和分析承包人的日进度报表与作业状况表。

(2)检查工程进度执行情况。

(3)定期召开施工进度监理例会。结合现场监理例会(如周例会、月例会)，要求承包人对上次例会以来的施工进度计划完成情况进行汇报，对进度延误说明原因；依据承包人的汇报和监理人掌握的现场情况，对存在的问题进行分析，并要求承包人提出合理、可行的赶工措施方案，经监理人同意后落实到后续阶段的进度计划中。

(二)施工关键线路的进度控制

在进度计划实施过程中，控制关键线路的进度，是保证工程按期完成的关键。因此，监理人应从施工方案、作业程序、资源投入、外部条件、工作效率等全方位，督促承包人加强关键线路的进度控制。

1. 加强监督、检查、预控管理

对每一标段的关键线路作业，监理人应逐日、逐周、逐月检查施工准备、施工条件和工程进度计划的实施情况，及时发现问题，研究赶工措施，抓住有利赶工时机，及时纠正进度偏差。

2. 研究、建议采用新技术

当工程工期延误较严重时，采用新技术、新工艺，是加快施工进度的有效措施。对这一问题，监理人应抓住时机，深入开展调查研究，仔细分析问题的严重性与对策。对于承包人原因造成的进度延误，应督促承包人及时提出相应措施方案；对于发包人原因造成的进度延误，监理人应协助发包人研究、比较相应的措施方案，对由于采用新技术引起的承包人的成本增加，应尽快与发包人、承包人协商解决，避免这一问题长期悬而未决，影响承包人的工作积极性，造成工程进度的进一步延误。

（三）逐月、逐季施工进度计划的审批及其资源核查

根据合同规定，承包人应按照监理人要求的格式、详细程度、方式、时间，向监理人逐月、逐季递交施工进度计划，以得到监理人的同意。监理人审批月、季施工进度计划的目的，是看其是否满足合同工期和总进度计划的要求。如果承包人计划完成的工程量或工程面貌满足不了合同工期和总进度计划的要求，则应要求承包人采取措施，如增加计划完成工程量，加大施工强度，加强管理，改变施工工艺、增加设备等。同时，监理人还应审批施工进度计划对施工质量和施工安全的保证程度。

一般来说，监理人在审批月、季进度计划中应注意以下几点：

（1）首先应了解承包人上个计划期完成的工程量和形象面貌情况。

（2）分析承包人所提供的施工进度计划（包括季、月）是否能满足合同工期和施工总进度计划的要求。

（3）为完成计划所采取的措施是否得当，施工设备、人力能否满足要求，施工管理上有无问题。

（4）核实承包人的材料供应计划与库存材料数量，分析是否满足施工进度计划的要求。

（5）施工进度计划中所需的施工场地、通道是否能够保证。

（6）施工图供应计划是否与进度计划协调。

（7）工程设备供应计划是否与进度计划协调。

（8）该承包人的施工进度计划与其他承包人的施工进度计划有无相互干扰。

（9）为完成施工进度计划所采取的方案对施工质量、施工安全和环保有无影响。

（10）计划内容、计划中采用的数据有无错漏之处。

（四）实际进度与计划进度的对比、分析

监理人员将定期检查并将整理的实际进度信息与项目计划进度信息进行比较，得出实际进度比计划进度拖后、超前还是一致的结论。常用的比较方法有：横道图比较法、S形曲线比较法、前锋线比较法、香蕉曲线比较法和列表比较法等。通过比较得出实际进度与计划进度的对比结果。对比结果有三种情况：相一致、超前、拖后。下面重点介绍常用的横道图比较法、S 形曲线比较法和前锋线比较法。

1. 横道图比较法

横道图比较法是指将在工程项目实施中检查实际进度收集的信息，经整理统计后直接用横道线并列标于原计划的横道线处，进行直观比较的方法。一般用粗实线表示计划进度，阴影线表示工程施工的实际进度，如图 3-2 所示。

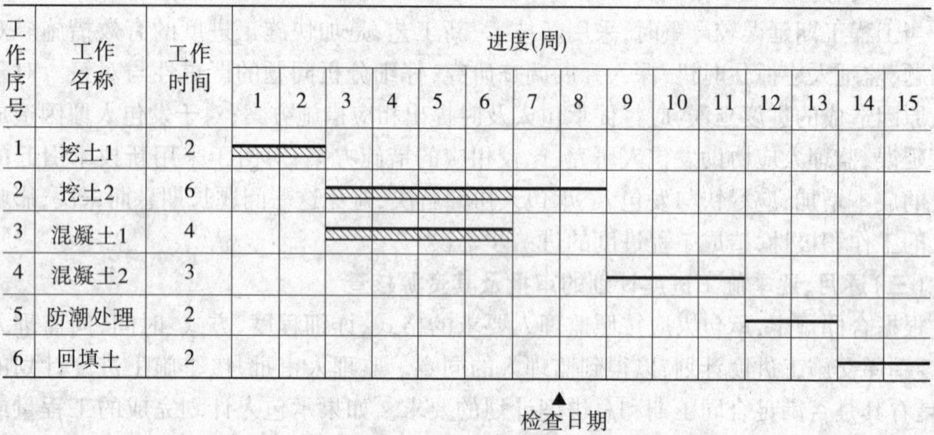

图 3-2　某基础工程实际进度与计划进度比较图

（粗实线表示计划进度，阴影线表示工程施工的实际进度）

该方法只适用于工作从开始到完成的整个过程中其进展速度是不变的，累计完成的任务量与时间成正比。该方法具有如下特点。

1）优点

（1）能明确地表示出各项工作的开始时间、结束时间和持续时间。

（2）直观、形象、一目了然，易于理解、掌握和运用。

2）缺点

（1）不能明确地反映出各项工作之间的相互关系，在计划执行过程中，某些工作的进度提前或拖延时，不便于分析其对其他工作及总工期的影响程度。

（2）不能明确地反映出影响工期的关键工作和关键线路，不便于进度控制人员抓住主要矛盾。

（3）不能反映出各项工作所具有的机动时间，因而不便于施工进度管理和资源调配。

2. S 形曲线比较法

S 形曲线比较法是以横坐标表示时间，纵坐标表示累计完成任务量，首先绘制一条按计划时间累计完成任务量的 S 形曲线（即计划进度 S 曲线），然后将工程项目实施过程中各检查时间实际累计完成任务量的 S 形曲线（即实际进度 S 曲线）也绘制在同一坐标系中，进行实际进度与计划进度的比较，如图 3-3 所示。

通过比较实际进度 S 曲线和计划进度 S 曲线，可以获得如下信息。

1）工程项目整体实际进展状况

如果工程实际进展点落在计划 S 曲线左侧，表明此时实际进度比计划进度超前，如

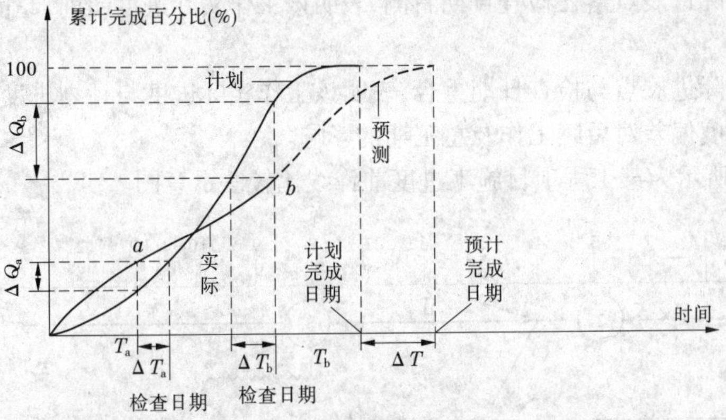

图 3-3 S 形曲线比较法

图中的 a 点；如果工程实际进展点落在计划S 曲线右侧，表明此时实际进度拖后，如图中的 b 点；如果工程实际进展点正好落在计划 S 曲线上，则表示此时实际进度与计划进度一致。

2）工程项目实际进度超前或拖后的时间

在 S 曲线比较图中可以直接读出实际进度比计划进度超前或拖后的时间。如图中 ΔT_a 表示 T_a 时刻实际进度超前的时间；ΔT_b 表示 T_b 时刻实际进度拖后的时间。

3）工程项目实际超额或拖欠的任务量

在 S 曲线比较图中可以直接读出实际进度比计划进度超额或拖欠的任务量。如图中 ΔQ_a 表示 T_a 时刻超额完成的任务量；ΔQ_b 表示 T_b 时刻拖欠的任务量。

4）后期工程进度预测

如果后期工程按原计划速度进行，则可做出后期工程计划 S 曲线。如图中 b 点后的虚曲线所示，从而可以确定工期拖延预测值 ΔT。

3. 前锋线比较法

前锋线比较法主要适用于时标网络计划。前锋线比较法是从检查时刻的时标点出发，将检查时刻正在进行工作的点都依次连接起来，组成一条一般为折线的前锋线，根据前锋线与箭线交点的位置判定工程实际进度与计划进度的偏差。前锋线是指在原时标网络计划图上，从检查时刻的时标点出发，用点画线依次将各项工作实际进度位置点连接而成的折线。

前锋线比较法的步骤如下：

（1）绘制时标网络计划图。

（2）绘制实际进度前锋线。

一般从时标网络计划图上方时间坐标的检查日期开始绘制，依次连接相邻工作的实际进展位置点，最后与时标网络计划图下方时间坐标的检查日期相连接。

（3）比较实际进度与计划进度。

对某项工作来说，其实际进度与计划进度之间的关系可能存在以下三种情况：

①工作实际进展点落在检查日期左侧，表明该工作实际进度拖后，拖后的时间为二者之差；

②工作实际进展点落在检查日期右侧，表明该工作实际进度超前，超前的时间为二者之差；

③工作实际进展点与检查日期重合，表明该工作实际进度与计划进度一致；

④预测进度偏差对后续工作及总工期的影响。

如图3-4所示为某工程项目施工进度前锋线比较法示意图。

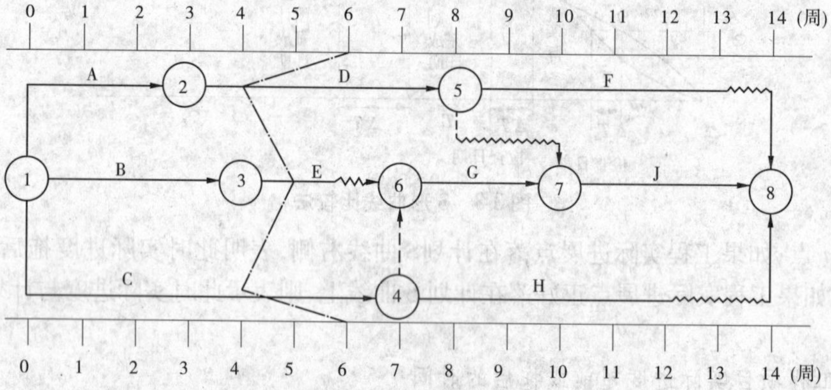

图3-4 某工程项目施工进度前锋线比较法示意图

由图3-4可见，该计划执行到第6周末检查实际进度时，发现工作A和B已经全部完成；工作D、E分别完成计划任务量的20%（1/5，拖后2周）和50%（1/2，拖后1周）；工作C完成计划任务量的57%（4/7，拖后2周）。图中点画线（前锋线）表示第6周末实际进度检查结果。

任务三 投资控制

一、监理机构工程投资控制的目标与原则

（一）工程项目投资构成

工程项目投资是指工程项目达到设计效益时所需的全部建设资金，包括规划、勘测、设计、科研、施工等阶段费用。建设项目投资具体由以下费用组成：

（1）建筑安装工程费。

（2）设备工器具购置费。

（3）工程建设其他费用。

（4）预备费（基本预备费、价差预备费）。

（5）建设期利息。

（6）固定资产投资方向调节税。

其中建筑安装工程费、设备工器具购置费、工程建设其他费用、基本预备费为静态投资部分；价差预备费、建设期利息、固定资产投资方向调节税为动态投资部分。

我国现行水利工程项目投资构成包括工程部分费用（建筑工程费、机电设备及安装工程费、金属结构设备及安装工程费、施工临时工程费、独立费）、预备费（基本预备费、价

差预备费)、移民和环境费用、建设期融资利息和流动资金。

(二)工程投资控制的目标

通过发挥监理人员的工程建设监理经验和技术优势,以工程施工承包合同为依据,在建设单位授权范围内,以预防控制为主,采取有效的动态控制措施和工程计量控制手段,努力促使工程造价控制在合同价范围内。

建设项目投资控制的目标应分阶段进行。投资估算是进行初步设计的建设项目投资控制目标,它是建设项目投资的最高限额,不得随意突破;设计概算是技术设计和施工图设计的投资控制目标;设计预算或工程合同价是工程实施阶段投资控制的目标。它们相互制约,相互补充,前者控制后者,后者补充前者,共同组成项目投资控制的系统。

(三)工程投资控制的原则

(1)严格执行建设工程施工合同中所约定的合同价、单价、工程量计算规范和工程款支付方法。

(2)监理工程师应认真记录所监理工程应予计量的工程量,必要时进行测量核实。坚持对报验资料齐全、而与合同文件的约定不符、未经监理工程师验收合格或违约的工程量,不予计量和审核,拒绝该部分工程款的支付。

(3)处理由于工程变更和违约索赔引起的费用增减应以施工合同为基础,坚持合理、公正。

二、影响工程投资控制的因素

施工阶段影响投资的主要影响因素是:工程材料成本、人工成本、机械使用成本,施工管理费,总工期,施工索赔,工程变更等。

总工期是指破土动工到竣工交付使用的全部日历天数。它直接影响工程总额、投资回收期和建设项目效益的发挥,无论是工期延长还是加速施工,都会带来投资的变化。工程建设项目周期长,还可能因物价上涨,导致工程投资增大。

三、施工阶段工程投资控制的内容及程序

(一)工程投资控制的主要监理工作

(1)审批承包人提交的资金流计划。

(2)协助发包人编制合同项目的付款计划。

(3)根据工程实际进展情况,对合同付款情况进行分析,提出资金流调整意见。

(4)审核工程付款申请,签发付款证书。

(5)根据施工合同约定进行价格调整。

(6)根据授权处理工程变更所引起的工程费用变化事宜。

(7)根据授权处理合同索赔中的费用问题。

(8)审核完工付款申请,签发完工付款证书。

(9)审核最终付款申请,签发最终付款证书。

(二)工程投资控制的内容及要求

水利部《水利工程建设项目施工监理规范》(SL 288—2003)规定了工程投资控制的

内容及要求,分述如下。

1. 工程计量

(1)可支付的工程量应同时符合以下条件:

①经监理机构签认,并符合施工合同约定或发包人同意的工程变更项目的工程量以及计日工。

②经质量检验合格的工程量。

③承包人实际完成的并按施工合同有关计量规定计量的工程量。

(2)在监理机构签发的施工图纸(包括设计变更通知)所确定的建筑物设计轮廓线和施工合同文件约定应扣除或增加计量的范围内,应按有关规定及施工合同文件约定的计量方法和计量单位进行计量。

(3)工程计量应符合以下程序:

①工程项目开工前,监理机构应监督承包人按有关规定或施工合同约定完成原始地面地形的测绘以及计量起始位置地形图的测绘,并审核测绘成果。

②工程计量前,监理机构应审查承包人计量人员的资格和计量仪器设备的精度及率定情况,审定计量的程序和方法。

③在接到承包人计量申请后,监理机构应审查计量项目、范围、方式,审核承包人提交的计量所需的资料、工程计量已具备的条件,若发现问题,或不具备计量条件,应督促承包人进行修改和调整,直至符合计量条件要求,方可同意进行计量。

④监理机构应会同承包人共同进行工程计量;或监督承包人的计量过程,确认计量结果;或依据施工合同约定进行抽样复核。

⑤在付款申请签认前,监理机构应对支付工程量汇总成果进行审查。

⑥若监理机构发现计量有误,可重新进行审核、计量,进行必要的修正与调整。

(4)当承包人完成了每个计价项目的全部工程量后,监理机构应要求承包人与其共同对每个项目的历次计量报表进行汇总和总体量测,核实该项目的最终计量工程量。

2. 付款申请和审查应符合的规定

(1)只有计量结果被认可,监理机构方可受理承包人提交的付款申请。

(2)承包人应按照规定的表格式样,在施工合同约定的期限内填报付款申请报表。

(3)监理机构在接到承包人付款申请后,应在施工合同约定时间内完成审核。付款申请应符合以下要求:

①付款申请表填写符合规定,证明材料齐全。

②申请付款项目、范围、内容、方式符合施工合同约定。

③质量检验签证齐备。

④工程计量有效、准确。

⑤付款单价及合价无误。

(4)因承包人申请资料不全或不符合要求,造成付款证书签证延误,由承包人承担责任。未经监理机构签字确认,发包人不应支付任何工程款项。

3. 预付款支付应符合的规定

(1)监理机构在收到承包人的工程预付款申请后,应审核承包人获得工程预付款已具备的条件。条件具备、额度准确时,可签发工程预付款付款证书。

监理机构应在审核工程价款月支付申请的同时审核工程预付款应扣回的额度,并汇总已扣回的工程预付款总额。

(2)监理机构在收到承包人的工程材料预付款申请后,应审核承包人提供的单据和有关证明资料,并按合同约定随工程价款月付款一起支付。

4. 工程价款月支付应符合的规定

(1)工程价款月支付每月一次。在施工过程中,监理机构应审核承包人提出的月付款申请,同意后签发工程价款月付款证书。

(2)工程价款月支付申请包括以下内容:

①本月已完成并经监理机构签认的工程项目应付金额。

②经监理机构签认的当月计日工的应付金额。

③工程材料预付款金额。

④价格调整金额。

⑤承包人应有权得到的其他金额。

⑥工程预付款和工程材料预付款扣回金额。

⑦保留金扣留金额。

⑧合同双方争议解决后的相关支付金额。

(3)工程价款月支付属工程施工合同的中间支付,监理机构可按照施工合同的约定,对中间支付的金额进行修正和调整,并签发付款证书。

5. 工程变更支付

监理机构应依照施工合同约定或工程变更指示所确定的工程款支付程序、办法及工程变更项目施工进展情况,在工程价款月支付的同时进行工程变更支付。

6. 计日工支付应符合的规定

(1)监理机构可指示承包人以计日工方式完成一些未包括在施工合同中的特殊的、零星的、漏项的或紧急的工作内容。在指示下达后,监理机构应检查和督促承包人按指示的要求实施,完成后确认其计日工作量,并签发有关付款证明。

(2)监理机构在下达指示前应取得发包人批准。承包人可将计日工支付随工程价款月支付一同申请。

7. 保留金支付应符合的规定

(1)合同项目完工并签发工程移交证书之后,监理机构应按施工合同约定的程序和数额签发保留金付款证书。

(2)当工程保修期满之后,监理机构应签发剩余的保留金付款证书。如果监理机构认为还有部分剩余缺陷工程需要处理,报发包人同意后,可在剩余的保留金付款证书中扣留与处理工作所需费用相应的保留金余款,直到工作全部完成后再支付剩余的保留金。

8. 完工支付应符合的规定

(1)监理机构应及时审核承包人在收到工程移交证书后提交的完工付款申请及支持性资料,签发完工付款证书,报发包人批准。

(2)审核内容包括以下几个方面:

①到移交证书上注明的完工日期止,承包人按施工合同约定累计完成的工程金额。

②承包人认为还应得到的其他金额。

③发包人认为还应支付或扣除的其他金额。

9. 最终支付应符合的规定

(1)监理机构应及时审核承包人在收到保修责任终止证书后提交的最终付款申请及结清单,签发最终付款证书,报发包人批准。

(2)审核内容包括以下几个方面:

①承包人按施工合同约定和经监理机构批准已完成的全部工程金额。

②承包人认为还应得到的其他金额。

③发包人认为还应支付或扣除的其他金额。

10. 施工合同解除后的支付应符合的规定

(1)因承包人违约造成施工合同解除的支付。监理机构应就合同解除前承包人应得到但未支付的下列工程价款和费用签发付款证书,但应扣除根据施工合同约定应由承包人承担的违约费用:

①已实施的永久工程合同金额。

②工程量清单中列有的、已实施的临时工程合同金额和计日工金额。

③为合同项目施工合理采购、制备的材料、构配件、工程设备的费用。

④承包人依据有关规定、约定应得到的其他费用。

(2)因发包人违约造成施工合同解除的支付。监理机构应就合同解除前承包人所应得到但未支付的下列工程价款和费用签发付款证书:

①已实施的永久工程合同金额。

②工程量清单中列有的、已实施的临时工程合同金额和计日工金额。

③为合同项目施工合理采购、制备的材料、构配件、工程设备的费用。

④承包人退场费用。

⑤由于解除施工合同给承包人造成的直接损失。

⑥承包人依据有关规定、约定应得到的其他费用。

(3)因不可抗力致使施工合同解除的支付。监理机构应根据施工合同约定,就承包人应得到但未支付的下列工程价款和费用签发付款证书:

①已实施的永久工程合同金额。

②工程量清单中列有的、已实施的临时工程合同金额和计日工金额。

③为合同项目施工合理采购、制备的材料、构配件、工程设备的费用。

④承包人依据有关规定、约定应得到的其他费用。

(4)上述付款证书均应报发包人批准。

(5)监理机构应按施工合同约定,协助发包人及时办理施工合同解除后的工程接收工作。

11. 价格调整

监理机构应按施工合同约定的程序和调整方法,审核单价、合价的调整。当发包人与承包人对价格调整协商不一致时,监理机构可暂定调整价格。价格调整金额随工程价款月支付一同支付。

(三)工程投资控制流程

工程投资控制按投资流程进行,如图3-5所示。

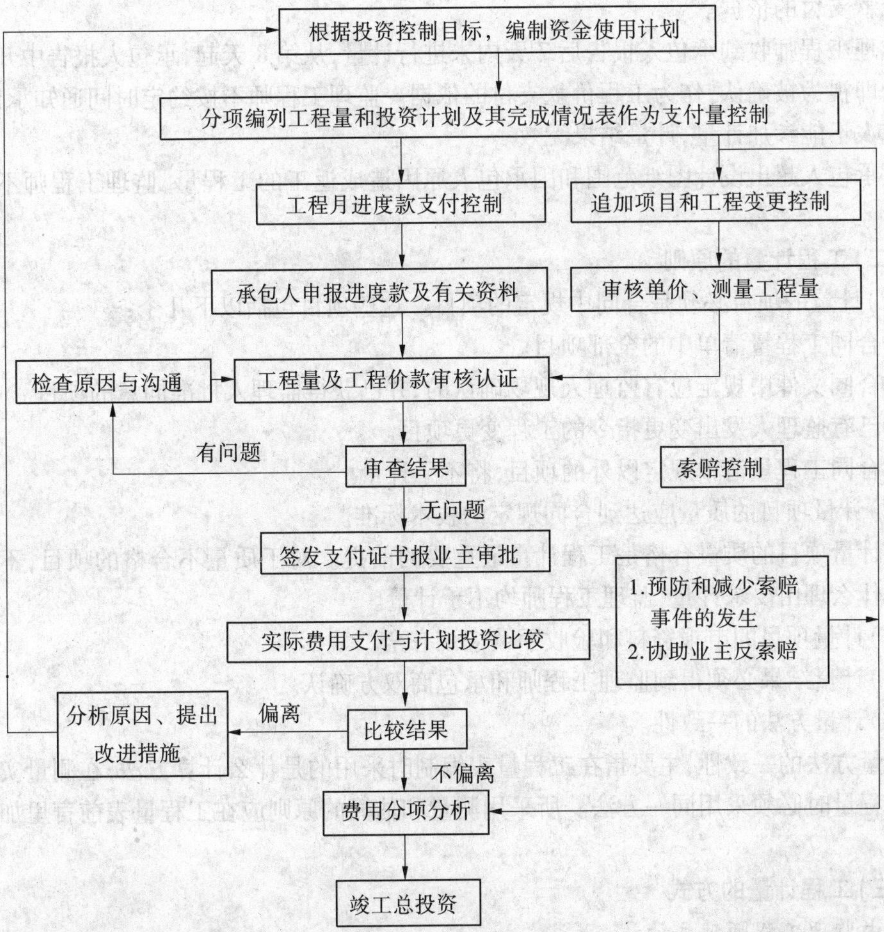

图3-5 工程投资控制流程

四、工程计量

工程计量是指根据设计文件及承包合同中关于工程量计算的规定,项目监理机构对承包商已完成的工程量进行的测量和计算。工程计量控制是投资控制的重要内容、工程款支付的凭证、控制投资支出的关键环节、约束承包商履行合同义务的手段。

在施工过程中,由于地质、地形条件变化、设计变更等多方面的影响,招标文件中的名义工程量和施工中的实际工程量很难一致,再加上工期长,影响因素多,因此在计量工作中,监理工程师既要做到公正、诚信、科学,又必须使计量审核统计工作在工程一开始就达到系统化、程序化、标准化和制度化。

(一)工程计量的程序

《建设工程施工合同(示范文本)》(GF-2013-0201)规定的工程计量的程序如下:

承包人应按专用条款约定的时间,向监理工程师提交已完工程量的报告。监理工程师接到报告后7天内按设计图纸核实已完工程量,并在计量前24小时通知承包人,承包人为计量提供便利条件并派人参加。承包人收到通知后不参加计量,计量结果有效,作为工程价款支付的依据。

监理工程师收到承包人报告后7天内未进行计量,从第8天起,承包人报告中开列的工程量即视为被确认,作为工程价款支付的依据。监理工程师不按约定时间通知承包人,使承包人不能参加计量,计量结果无效。

对承包人超出设计图纸范围和因承包人原因造成返工的工程量,监理工程师不予计量。

(二)工程计量的原则

(1)计量的项目必须是合同中规定的项目。这些项目包括以下几个:

①合同工程量清单中的全部项目。

②合同文件中规定应有监理人现场确认的,并已获得监理人批准同意的项目。

③已有监理人发出变更指令的工程变更项目。

对合同工程量清单规定以外的项目,将不予计量。

(2)计量项目的质量应达到合同规定的技术标准。

所计量项目的质量合格是工程计量最重要的前提。对于质量不合格的项目,不管承包商以什么理由要求计量,监理工程师均不予计量。

(3)计量项目的申报资料和验收手续应该齐全。

(4)计量结果必须得到监理工程师和承包商双方确认。

(5)计量方法的一致性。

计量方法的一致性,主要指在工程量表编制时采用的是什么计算方法,在测量实际完成的工程量时必须采用同一方法。所采用测量和估算的原则应在工程量表前言里加以明确。

(三)工程计量的方式

1. 由监理工程师独立计量

计量工作由监理人员单独进行,只通知承包商为计量做好各种准备,而不要求承包商参加计量。监理人员计量后,应将计量的结果和有关记录送达承包商。如果承包商对监理人员的计量有异议,可在规定时间内以书面形式提出,再由监理工程师对承包商提出的质疑进行核实。

采用这种计量方式,监理工程师对计量的控制较好,但是程序复杂,并且占用监理工程师人员也比较多。

2. 由承包商进行计量

计量工作完全由承包商进行,但监理工程师应对承包商的计量提出具体的要求,包括计量的格式、计量记录及有关资料的规定,承包商用于计量设备的精确程度、计量人员的素质等。承包商计量完成后,需将计量的结果及有关记录和资料,报送监理工程师审核,以监理工程师审核确认的结果作为支付的凭据。

采用这种计量方式,唯一的优点是占用的监理人员较少。但是,由于计量工作全部由承包商进行，监理工程师只是通过抽测甚至免测加以确认，容易使计量失控。

3. 监理工程师与承包商联合计量

由监理单位与承包商分别委派专人组成联合计量小组，共同负责计量工作。当需要对某项工程项目进行计量时，由这个小组商定计量的时间，并做好有关方面的准备工作，然后到现场共同进行计量，计量后双方签字认可，最后由监理工程师审批。

采用这种计量方式，由于双方在现场共同确认计量结果，与上述其他两种方式相比，减少了计量与计量结果确认的时间，同时也保证了计量的质量，是目前普遍采用的计量方式。

（四）工程计量的方法

1. 现场测量

现场测量就是根据现场实际完成的工程情况，按规定的方法进行丈量、测算，最终确定支付工程量。

2. 按设计图纸计量

按设计图纸计量是指根据施工图对完成的工程进行计算，以确定支付的工程量。

3. 仪表测量

仪表测量是指通过使用仪表对所完成的工程进行计量，如混凝土灌浆计量等。

4. 按单据计算

按单据计算是指根据工程实际发生的发票、收据等对所完成的工程进行计量。

5. 按监理工程师批准计量

按监理工程师批准计量是指在工程实施中，监理工程师批准确认的工程量直接作为支付工程量，承包人据此进行支付申请工作。

6. 包干计价项目的计量

包干计价项目一般以总价控制、检查项目完成的形象面貌，逐月或逐季支付价款。但有的项目也可进行计量控制，其计量方式可按中间计量统计支付，同时也要严格按合同文件要求执行。

（五）工程量计量的计算

所有工程项目的计量方法均应符合合同相关条款的规定，使用的计量设备和用具均应符合国家度量衡标准的精度要求。

1. 质量计量的计算

钢材的计量是以质量（重量）来计量的，钢材（如钢筋，预应力钢绞线、钢筋、钢丝，钢板，型钢等）质量计量的计算，应按施工图纸所标示的净值计量。

2. 面积计量的计算

结构物面积计量的计算，应按施工图纸所标示结构物尺寸线或按监理人指示在现场实际测量的结构物净尺寸线进行计算。

3. 体积计量的计算

结构物体积（如混凝土、土石方等）计量的计算，应按施工图纸所示轮廓线内的实际工程量或按监理人指示在现场量测的结构物净尺寸线进行计算。

4. 长度计量的计算

结构物长度计量的计算，应按平行于结构物位置的纵向轴线或基础方向的长度计算。

五、工程款支付控制

（一）预付款的支付与扣还

由于水利工程项目一般投资巨大，承包人往往难以承受，项目法人以无息贷款方式在合同签订后、工程正式开工前支付给承包人一部分资金，帮助承包人尽快开始正常施工。

预付款一般分为工程预付款和材料预付款两部分。

1. 工程预付款支付与扣还

1）工程预付款的支付

工程预付款是指项目法人与中标的承包人签约施工合同后、工程正式开工前预付给承包人的一部分资金，帮助承包人尽快做好施工准备，并用于工程施工初期各项费用的支出。

（1）工程预付款的支付条件。

承包人必须按合同规定办理预付款保函或担保。该保函应在建设单位收回全部预付款之前一直有效。监理人在审查了承包人的预付款保函或担保后，才按合同规定开具向承包人支付工程预付款的证书。

（2）工程预付款的支付。

《建设工程价款结算暂行办法》（财建〔2004〕369 号）第十二条规定：包工包料工程的预付款按合同约定拨付，原则上预付比例不低于合同金额的 10%，不高于合同金额的 30%，对重大工程项目，按年度工程计划逐年预付。计价执行《建设工程工程量清单计价规范》（GB 50500—2008）的工程，实体性消耗和非实体性消耗部分应在合同中分别约定预付款比例。

在具备施工条件的前提下，发包人应在双方签订合同后的一个月内或不迟于约定的开工日期前的 7 天内预付工程款，发包人不按约定预付，承包人应在预付时间到期后 10 天内向发包人发出要求预付的通知，发包人收到通知后仍不按要求预付，承包人可在发出通知 14 天后停止施工，发包人应从约定应付之日起向承包人支付应付款的利息（利率按同期银行贷款利率计），并承担违约责任。

2）工程预付款的扣还

工程预付款由发包人从月进度付款中逐渐扣回。在合同累计完成金额达到专用合同条款规定的数额时开始扣款，直至合同累计完成金额达到专用合同条款规定的数额时全部扣清。

在每次进度付款时，累计扣回的金额按下列公式计算：

$$R = \frac{A}{(F_2 - F_1)S}(C - F_1 S) \tag{3-1}$$

式中：R 为每次进度付款中累计扣回的金额；A 为工程预付款总金额；S 为合同价格；C 为合同累计完成金额；F_1 为按专用合同条款规定开始扣款时合同累计完成金额达到合同价格的比例（一般为 20%）；F_2 为按专用合同条款规定全部扣清时合同累计完成金额达到

合同价格的比例(一般为90%)。

上述合同累计完成金额均指价格调整前未扣保留金的金额。

【例3-1】 某工程项目施工合同采用《水利水电土建工程施工合同条件》,合同价格2 000万元,合同工期12个月。工程预付款为合同价格的10%,工程开工前由发包人一次付清。合同实施到第3个月时,累计扣还工程预付款50万元;合同实施到第4个月时,累计完成合同金额890万元。试计算第4个月应扣还的工程预付款是多少?

解 第4个月应累计扣还的工程预付款为

$$R = \frac{A}{(F_2 - F_1)S}(C - F_1S) = \frac{2\,000 \times 10\%}{(90\% - 20\%) \times 2\,000} \times (890 - 20\% \times 2\,000) = 70(\text{万元})$$

则第4个月应扣还的工程预付款为

$$70 - 50 = 20(\text{万元})$$

2.材料预付款的支付与扣还

1)材料预付款的支付

材料预付款是发包人用于帮助承包人在施工初期购进成为永久工程组成部分的主要材料或设施的款项。

(1)材料预付款的支付条件。

①材料的质量和储存条件符合技术条款的要求。

②材料已到达工地,并经承包人和监理人共同验点入库。

③承包人应按监理人的要求提交材料的订货单、收据或价格证明文件。

(2)材料预付款的支付。

材料预付款金额为经监理人审核后的实际材料价的90%,在月进度付款中支付。

2)材料预付款的扣还

材料预付款从付款月后的6个月内在月进度付款中每月按该预付款金额的1/6平均扣还。

(二)保留金的扣留与退还

保留金也叫滞留金或滞付金,是发包人从承包人完成的合同工程款中扣留的用于承包人完成工程缺陷和尾工义务的担保。

1.保留金的扣留

施工合同一般规定,发包人应从承包人有权得到的进度款中扣留一定比例(一般为应支付价款的10%)的金额,直到该项金额达到合同规定的保留金最高限额(一般为合同总价的5%)。因此,监理工程师应从第一个月开始,在给承包人的月进度付款中扣留按专用合同条款规定百分比的金额作为保留金(其计算额度不包括预付款和价格调整金额),直至扣留的保留金总额达到专用合同条款规定的数额。

2.保留金的退还

随着工程项目的完工和保修期满,发包人应依据合同规定向承包人退还扣留的保留金,一般分两次退还,具体方式如下:

(1)当整个工程通过完工验收并颁发工程移交证书后14天内,由监理工程师开具保留金付款证书,项目法人将保留金总额的一半支付给承包人。在单位工程验收并签发移交证书后,将其相应的保留金总额的一半在月进度付款中支付给承包人。

(2)在全部工程保修期(缺陷责任期)满后,由监理工程师开具剩余的保留金付款证书。项目法人应在收到上述付款证书后 14 天内将剩余的保留金支付给承包人。若保修期满时尚需承包人完成剩余工作,则监理工程师有权在付款证书中扣留与剩余工作所需金额相应的保留金余额。

(三)工程进度付款控制

1. 月进度付款

工程进度款的支付也称中间结算,在水利工程施工合同中,一般规定按月支付。每月结算是在上月结算的基础上进行的,这种支付方式公平合理,风险性小,便于控制。

承包人应在每月末按监理人规定的格式提交月进度付款申请单,并附上完成工程量月报表。工程进度款月支付凭证如表 3-2 所示。

表 3-2　工程进度款月支付凭证　(单位:元)

工程或费用名称		本期前累计完成额	本期申请金额	本期末累计完成额	备注
应支付金额	合同单价项目				
	合同合价项目				
	合同新增项目				
	计日工项目				
	索赔项目				
	材料预付款				
	价格调整				
	发包人迟付款利息				
	其他				
应支付金额合计					
应扣除金额	工程预付款				
	材料预付款				
	保留金				
	违约赔偿				
	其他				
应扣除金额合计					
月总支付金额 = 应支付金额合计 - 应扣除金额合计					

2. 工程款支付监理工作程序

工程款支付监理工作程序如附录二图 5 所示。

(四)完工结算

合同项目完工并经验收、移交,颁发移交证书后,在合同规定时间内,承包人应向监理人提交完工付款申请及支持性材料,经监理人审核后签发完工支付证书并报项目法人批准。

完工结算监理审核内容主要包括以下几点:

(1)确认按照合同规定应支付给承包人的款额。

(2)确认发包人已支付的所有金额。

(3)确认发包人还应支付给承包人或者承包人还应支付给发包人的金额,双方以此余额相互找清。

在完工结算阶段,往往存在未解决的索赔问题需要进一步协商,有时会产生争议。

(五)最终结算(最终支付)

在工程保修期终止后,并且监理人向承包人颁发了保修责任终止证书,施工合同双方可进行工程的最终结算,程序如下。

1.承包人向监理人提交最终付款申请单

承包人在收到保修责任终止证书后的28天内,按监理工程师批准的格式向监理工程师提交一份最终付款申请单,该申请单应包括以下内容,并附有关的证明文件。

(1)按合同规定已经完成的全部工程价款金额。

(2)按合同规定应付给承包人的追加金额。

(3)承包人认为应付给他的其他金额。

承包人向监理工程师提交最终付款申请单的同时,应向项目法人提交一份结清单,并将结清单的副本提交监理工程师。该结清单应证实最终付款申请单的总金额是根据合同规定应付给承包人的全部款项的最终结算金额。但结清单只在承包人收到退还履约担保证件和项目法人已向承包人付清监理工程师出具的最终付款证书中应付的金额后才生效。

2.监理人签发最终支付证书

监理工程师收到经其同意的最终付款申请单和结清单副本后的14天内,向项目法人出具一份最终付款证书提交项目法人审批。最终付款证书应说明以下内容:

(1)按合同规定和其他情况应最终支付给承包人的合同总金额。

(2)项目法人已支付的所有金额以及项目法人有权得到的全部金额。

3.最终支付

项目法人审查监理机构提交的最终付款证书后,若确认还应向承包人付款,则应在合同规定的时间内支付给承包人。若确认承包人应向项目法人付款,则应在合同规定的时间内付还给项目法人。不论是项目法人或承包人,若不按期支付,均应按专用合同条款规定的办法将逾期付款违约金加付给对方。

六、投资偏差分析

(一)挣值法的三个费用值

1.挣值法

挣值法又称为赢得值法或偏差分析法,是用以分析目标实施与目标期望之间差异的一种方法。挣值法通过测量和计算已完成工作的预算费用与已完成工作的实际费用,将其与计划工作的预算费用相比较得到的项目的费用偏差和进度偏差,从而达到判断项目费用和进度计划执行状况的目的。

2. 挣值法的三个费用值

1) 计划完成工作预算费用

计划完成工作预算费用(简称为 BCWS),是指项目实施过程中某阶段计划要求完成的工作量所需的预算工时和费用,即

计划完成工作预算费用(BCWS) = 计划工程量 × 预算单价　(3-2)

计划完成工作预算费用主要反映计划应完成的工作量。

2) 已完工作预算费用

已完工作预算费用(简称为 BCWP),是指项目实施过程中某阶段实际完成工作量及按预算计算出来的工时或费用,即

已完工作预算费用(BCWP) = 已完工程量 × 预算单价　(3-3)

3) 已完工作实际费用

已完工作实际费用(简称为 ACWP)是指项目实施过程中某阶段实际完成的工作量所消耗的工时或费用,即

已完工作实际费用(ACWP) = 已完工程量 × 实际单价　(3-4)

已完工作实际费用主要反映项目执行的实际消耗指标。

3. 挣值法的四个评价指标

1) 费用偏差(CV)

费用偏差(CV) = 已完工作预算费用(BCWP) - 已完工作实际费用(ACWP)　(3-5)

当 CV 为正值时,表示节支,项目运行实际费用低于预算费用;当 CV 为负值时,表示实际费用超出预算费用。

2) 进度偏差(SV)

进度偏差(SV) = 已完工作预算费用(BCWP) - 计划完成工作预算费用(BCWS)　(3-6)

当 SV 为正值时,表示进度提前,即实际进度快于计划进度;当 SV 为负值时,表示进度延误,即实际进度落后于计划进度。

3) 费用绩效指数(CPI)

费用绩效指数(CPI) = 已完工作预算费用(BCWP)/已完工作实际费用(ACWP)　(3-7)

当 CPI >1 时,表示节支,即实际费用低于预算费用;当 CPI <1 时,表示超支,即实际费用高于预算费用。

4) 进度绩效指数(SPI)

进度绩效指数(SPI) = 已完工作预算费用(BCWP)/计划完成工作预算费用(BSWS)　(3-8)

当 SPI >1 时,表示进度提前,即实际进度快于计划进度;当 SPI <1 时,表示进度延误,即实际进度比计划进度拖后。

(二)投资偏差参数

1.投资偏差和进度偏差

投资偏差是指在投资控制中,投资的实际值与计划值的差值,即

$$投资偏差=已完工程实际投资-已完工程计划投资 \tag{3-9}$$

结果为正,表示投资超支;结果为负,表示投资节约。

进度偏差是指在投资控制中,工程的实际时间与计划时间的差值,即

$$进度偏差=已完工程实际时间-已完工程计划时间 \tag{3-10}$$

为了与投资偏差联系起来,进度偏差也可表示为

$$进度偏差=拟完工程计划投资-已完工程计划投资 \tag{3-11}$$

$$拟完工程计划投资=拟完工程量(计划工程量)\times计划单价 \tag{3-12}$$

$$已完工程计划投资=已完工程量\times计划单价 \tag{3-13}$$

进度偏差为正值,表示进度拖后(工期拖延);进度偏差为负值,表示进度超前(工期提前)。

【例3-2】　某混凝土结构工程,合同计划价为1 000万元。5月底拟完成合同计划价的80%,实际完成合同计划价的70%,5月底实际结算工程款750万元,试计算5月底的投资偏差和进度偏差分别是多少?

解　(1)投资偏差=已完工程实际投资-已完工程计划投资=750-1 000×70%=750-700=50(万元)

(2)进度偏差=拟完工程计划投资-已完工程计划投资=1 000×80%-1 000×70%=800-700=100(万元)

通过计算可知,5月底该工程投资超支、进度拖后。

2.局部偏差和累计偏差

局部偏差有两层含义:一是对于整个项目而言,是指各单位工程、分部工程、单元工程的投资偏差;二是对于整个项目已经实施的时间而言,是指每一控制周期内所发生的投资偏差。

累计偏差是指各局部偏差累计之和。累计偏差是一个动态的概念,其数值总是与具体的时间联系在一起的,第一个累计偏差在数值上等于局部偏差,最终的累计偏差就是整个项目的投资偏差。

局部偏差的引入,可使项目投资管理人员清楚地了解偏差发生的时间、所在的单项工程,这有利于分析其发生的原因。而累计偏差所涉及的工程内容较多、范围较大,且原因也较复杂,因而累计偏差分析必须以局部偏差为基础。从另一方面来看,因为累计偏差分析是建立在对局部偏差进行综合分析的基础上,所以其结果具有代表性和规律性,对投资控制工作在较大范围内具有指导作用。

3.绝对偏差和相对偏差

绝对偏差是指在投资控制中,投资实际值与计划值的差值,即

$$绝对偏差=投资实际值-投资计划值 \tag{3-14}$$

结果为正,表示投资超支;结果为负,表示投资节约。

绝对偏差的结果很直观,有助于投资管理人员了解项目投资出现偏差的绝对数额,并

依此采取一定措施,制订或调整投资支付计划和资金筹措计划。但是,绝对偏差有其不容忽视的局限性。例如,同样是 1 万元的投资偏差,对于总投资 1 000 万元的项目和总投资 10 万元的项目而言,其严重性显然是不同的,因此又引入相对偏差这一参数。

相对偏差是指绝对偏差与投资计划值的比值,即

$$相对偏差 = 绝对偏差/投资计划值 = (投资实际值 - 投资计划值)/投资计划值 \tag{3-15}$$

与绝对偏差一样,相对偏差可正可负,且二者同号。正值表示投资超支,负值表示投资节约。二者都只涉及投资的计划值和实际值,既不受项目层次的限制,也不受项目实施时间的限制,因而在各种投资比较中均可采用。

4. 投资偏差程度和进度偏差程度

投资偏差程度是指投资实际值对计划值的偏离程度,即

$$投资偏差程度 = 投资实际值/投资计划值 \tag{3-16}$$

进度偏差程度是指工程实际时间对计划时间的偏离程度,即

$$进度偏差程度 = 已完工程实际时间/已完工程计划时间 \tag{3-17}$$

或

$$进度偏差程度 = 拟完工程计划投资/已完工程计划投资 \tag{3-18}$$

(三)投资偏差分析的方法

投资偏差分析可采用不同的方法,常用的有横道图法、表格法和投资曲线法。

1. 横道图法

用横道图法进行投资偏差分析,是用不同的横道标识已完工程计划投资、拟完工程计划投资和已完工程实际投资,横道的长度与其金额成正比。

横道图法具有形象、直观、一目了然等优点,它能够准确表达出投资的绝对偏差,而且能一眼感受到偏差的严重性。但是,这种方法反映的信息量少,一般在项目的较高管理层应用。

2. 表格法

表格法是进行投资偏差分析最常用的一种方法。它将项目编号、名称、各投资参数以及投资偏差数综合归纳入一张表格中,并且直接在表格中进行比较。由于各投资偏差参数都在表中列出,使得投资管理者能够综合地了解并处理这些数据。

用表格法进行投资偏差分析的优点:灵活、适用性强,可根据实际需要设计表格,进行项目增减项;信息量大,可以反映偏差分析所需的资料,从而有利于投资控制人员及时采取针对性措施,加强控制;表格处理可借助于计算机,从而节约大量数据处理所需的人力,并大大提高速度。

3. 投资曲线法

投资曲线法是用投资累计曲线(S 形曲线)来进行投资偏差分析的一种方法,如图 3-6 所示。

用投资累计曲线进行投资偏差分析的步骤:

(1)先绘制工程计划投资曲线图。

(2)在工程计划投资曲线图上,绘制已完工程实际投资曲线和已完工程计划投资曲

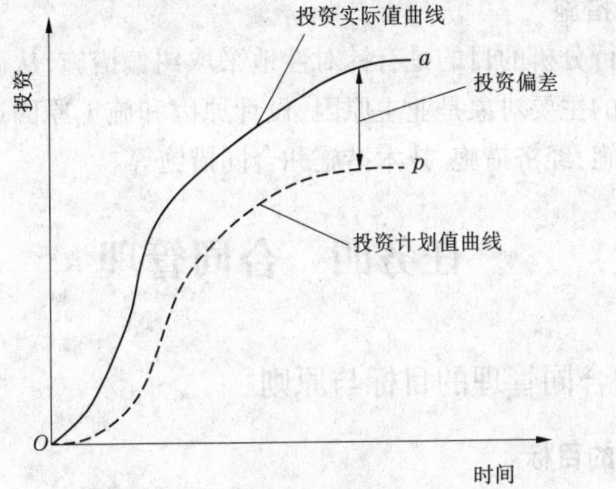

图 3-6 投资计划值与实际值曲线

线。

(3)利用投资曲线分析投资偏差和进度偏差。

分析方法如图 3-7 所示。图中曲线 a 与曲线 b 的竖向距离表示投资偏差,曲线 b 与曲线 p 的水平距离表示进度偏差。

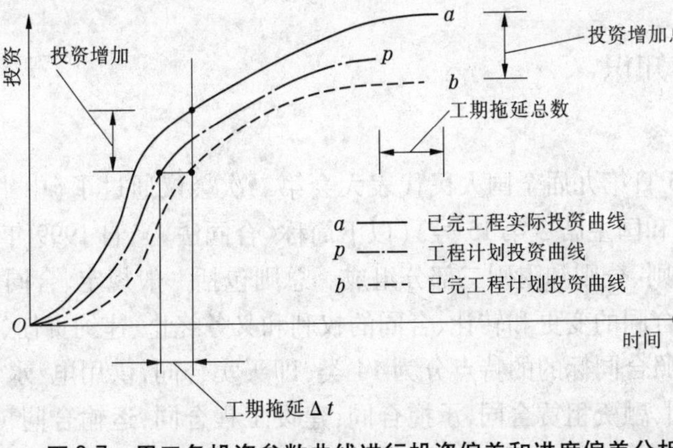

图 3-7 用三条投资参数曲线进行投资偏差和进度偏差分析

用投资曲线法进行投资偏差分析同样具有形象、直观的特点,但这种方法很难直接用于定量分析,只能对定量分析起一定的指导作用。

(四)投资偏差原因分析

偏差分析的一个重要目的就是要找出引起偏差的原因,从而有可能采取有针对性的措施,减少或避免相同原因的再次发生。在进行偏差原因分析时,首先应将已经导致和可能导致偏差的各种原因逐一列举出来。导致不同工程项目产生偏差的原因具有一定共性,因而可以通过对已建项目的投资偏差原因进行归纳、总结,为该项目采用预防措施提供依据。

一般来说,产生投资偏差的原因主要包括设计原因、业主原因、施工原因、物价上涨因素、自然因素、法律法规变化等。

(五)投资纠偏措施

对偏差原因进行分析的目的是有针对性地采取纠偏措施,从而实现投资的动态控制和主动控制。纠偏的主要对象是业主原因、设计原因和施工原因造成的投资偏差。纠偏可综合采用组织措施、经济措施、技术措施和合同措施等。

任务四 合同管理

一、监理机构合同管理的目标与原则

(一)合同管理的目标

处理好工程变更,防范索赔、风险和其他损失,努力排除或减少合同争议,使发包人在尽可能节省投资的情况下,保质、按期或提前完成工程施工任务。

(二)合同管理的原则

监理人员在施工阶段认真分析研究合同条款内容,充分理解合同的各项条款。跟踪检查合同的执行情况,避免违约事件的发生。发现有违约行为,及时向违约方发出监理通知,防止违约扩大。

二、合同基本知识

(一)合同的概念

1999年3月15日第九届全国人民代表大会第二次会议通过了《中华人民共和国合同法》(中华人民共和国主席令第15号)(以下简称《合同法》),自1999年10月1日起施行。《合同法》由总则、分则和附则三部分组成。总则包括一般规定、合同的订立、合同的效力、合同的履行、合同的变更和转让、合同的权利和义务终止、违约责任、其他规定等,共分为8章。分则按照合同标的的特点分为14类,即买卖合同,供用电、水、气、热力合同,赠与合同,租赁合同,融资租赁合同,承揽合同,建设工程合同,运输合同,技术合同,保管合同,仓储合同,委托合同,行纪合同,居间合同等。

《合同法》第2条对合同的概念作出了规定:“本法所称合同是平等主体的自然人、法人、其他组织之间设立、变更、终止民事权利义务关系的协议。”

合同具有三大要素,即合同主体、合同客体和合同内容。

1. 合同主体

合同主体即签约双方的当事人。合同的当事人可以是自然人、法人或其他组织,且合同当事人的法律地位平等,依法签订的合同具有法律效力。

2. 合同客体

合同客体即合同主体的权利与义务共同指向的对象。如工程建设项目、货物、劳务、智力成果等。

3. 合同内容

合同内容即签约合同双方(合同主体)具体的权利、义务和责任。

(二)《合同法》的基本原则

合同法的基本原则体现在以下几个方面。

1. 平等原则

《合同法》第3条规定:合同当事人的法律地位平等,一方当事人不得将自己的意志强加给另一方。该条规定了合同当事人法律地位平等原则,简称平等原则。

合同当事人法律地位平等是合同法所调整的合同关系的本质特征,也是民法平等原则在《合同法》中的具体体现。

合同当事人法律地位平等,首先是指当事人之间在合同关系中不存在管理与被管理、服从与被服从的关系。即使当事人之间在其他方面具有不平等的关系,如行政上的领导与被领导的关系,而在订立合同时也必须居于平等的法律地位,一方不能凌驾于另一方之上,不得将自己的意志强加给另一方,否则会影响合同的效力。

2. 自愿原则

《合同法》第4条规定:当事人依法享有自愿订立合同的权利,任何单位和个人不得非法干预。该条确立了自愿原则。

所谓自愿原则,即当事人有是否订立和与谁订立合同的自由,任何人和任何单位均不得强迫对方与之订立合同。在不违反法律规定的情况下,当事人对合同的内容、合同的履行等均应遵循自愿原则,任何单位和个人不得非法干预。自愿原则和平等原则是相辅相成,不可分割的,平等体现了自愿,自愿要求平等。《合同法》的自愿原则也不是绝对的,合同自愿只有在合法的前提下才能得以实现,也就是说,自愿原则要受到一定的干预与限制。

3. 公平原则

《合同法》第5条规定:当事人应当遵循公平原则确定各方的权利和义务。该条规定了合同法的公平原则。

公平原则要求合同当事人在确定各方权利义务时要公平合理。有偿合同要平等互利,协商一致,不利用欺诈、胁迫和乘人之危强迫对方当事人签订不合理的条款。

公平原则是指本着社会公认的公平观念确定当事人之间的权利义务,主要体现为以下几个方面:

(1)当事人在订立合同时,应当按照公平合理的标准确定合同的权利义务,不能使合同的权利义务显失公平;

(2)当事人发生纠纷时,法院应当按照公平原则对当事人确定的权利义务进行价值判断,以决定其法律效力;

(3)当事人变更、解除合同或者履行合同时,应体现公平精神,不能有不公平的行为。

4. 诚信原则

《合同法》第6条规定:当事人行使权利、履行义务应当遵循诚实信用原则。该条规定了合同法的诚实信用原则。诚实信用原则要求合同当事人在合同订立和合同履行的过程中,遵守法律法规和双方的约定,本着诚实、信用、实事求是的精神,以善意的方式履行合同义务,不搞欺诈行为,不乘人之危进行不正当竞争等。

诚实信用原则在《合同法》中有着许多具体的体现,最典型的条款是第61条第2款,

即当事人应当遵循诚实信用的原则,根据合同的性质、目的和交易习惯履行下列义务:

(1)及时通知;

(2)协助;

(3)提供必要的条件;

(4)防止损失扩大;

(5)保密。

诚实信用原则的一个非常重要的功能是作为解释合同的主要依据。在合同的内容含糊不清、发生歧义等情况下,就需要对当事人的真实意思表示进行解释,诚实信用原则就是一条极为重要的解释原则。

5. 合法原则

《合同法》第7条规定:当事人订立、履行合同,应当遵守法律、行政法规,尊重社会公德,不得扰乱社会经济秩序,损害社会公共利益。在此将其简称为合法原则,实际上包括了合法原则和公序良俗原则。

当事人订立、履行合同应当遵守法律、行政法规,主要是指遵守法律的强制性规定。尊重社会公德,不得扰乱社会经济秩序,损害社会公共利益可以简单地概括为维护公共秩序和善良的风俗原则。合同法本条规定,订立合同是一种法律行为,只有合法,才具有法律的约束力。否则,签订了不合法、不符合社会公共利益的合同,就是无效的合同,无效的合同是不受国家法律保护的。这里所说的法律法规,包括现行的所有有效的法律法规,只要涉及当事人的合同行为,都应当予以遵守,而不仅仅是指遵守《合同法》。

《合同法》的平等原则、自愿原则、公平原则、诚实信用原则和合法原则共同构成了《合同法》的基本原则,贯穿了合同从签订到终止的全过程,也是每一个合同当事人均应遵守、不得违反的基本原则。

(三)合同的形式

合同的形式是合同当事人意思表示一致的表现形式。合同的形式既是合同内容的外部表现,又是合同内容的载体。合同的形式对合同当事人权利义务的确定具有重要的意义。合同的形式主要有以下几种。

1. 口头合同

口头合同是指合同当事人只用语言为意思表示而订立合同,而不用文字表达协议内容的合同形式。在日常生活中经常被采用,口头形式具有简便易行的特征,可以为当事人节省时间和精力,但在发生纠纷时常因举证困难而分不清责任,故其一般只适用于标的金额较小、当事人权利义务比较简单的即时清结的合同。对于不能即时清结的合同和标的数额较大的合同,不宜采用口头合同。

2. 书面合同

书面合同是指合同书、信件以及数据电文(包括电报、电传、传真、电子数据交换和电子邮件)等可以有形地表现所载内容的形式。书面合同一般不要求必须遵从固定的格式,但其内容应当写明当事人的全部权利、义务,明确各方的责任,并由当事人签字或盖章。法人订立书面合同的,应加盖法人的公章(或合同专用章),并由法定代表人或代理人签名盖章。书面合同较口头合同复杂,在当事人发生纠纷时举证方便,容易分清责任,也便于主管机关和合同管理机关监督、检查。法律、行政法规规定采用书面合同形式的，应当采用书面形式。当事人约定采用书面形式的，应当采用书面形式。

3. 公证形式

公证形式是当事人约定或者依照法律规定，以国家公证机关对合同内容加以审查公证的方式订立合同。公证机关一般均以书面形式为基础，对合同内容的真实性和合法性进行审查确认后，在合同书上加盖公证印章，以资证明。经过公证的合同具有最可靠的证据力，当事人除有相反的证据外，不能推翻。

4. 鉴证形式

鉴证形式是当事人约定或依照法律规定，以国家合同管理机关对合同内容的真实性和合法性进行审查的方式订立合同的一种合同形式。鉴证是国家对合同进行管理和监督的行政措施，只能由国家工商行政管理机关进行。鉴证的作用在于加强合同的证明，提高合同的可靠性。

5. 批准形式

批准形式是指法律规定某些类别的合同须采取经国家有关主管机关审查批准的一种合同形式。这类合同，除应由当事人达成意思表示一致而成立外，还应将合同书即有关文件提交国家主管机关审查批准才能生效。

6. 登记形式

登记形式是指当事人约定或依照法律规定，采取将合同提交国家登记主管机关登记的方式订立合同的一种合同形式。

7. 合同确认书

合同确认书即当事人采用信件、数据电文等形式订立合同，一方当事人可以在合同成立之前要求以书面形式加以确认的合同形式。

（四）合同的基本内容

合同的内容即合同的主要条款，是合同一般应具备的条款，又称必要条款。主要条款是合同的核心部分，它确定了当事人的基本权利和义务，是履行合同与承担责任的基本依据。合同的组成包括合同的主体、客体和内容。《合同法》第12条规定：合同的内容由当事人约定，一般包括以下条款：当事人的名称或者姓名和住所，标的，数量，质量，价款或者报酬，履行的期限、地点和方式，违约责任，解决争议的方法。合同的主要条款是根据合同的性质所必须具备的条款。

1. 当事人的名称或者姓名和住所

合同当事人是自然人的，要写明自然人的姓名和住所；当事人是法人或其他组织的，要写明该法人或该组织的名称和住所。名称或姓名和住所是确定当事人的主要依据，如果合同不具备这些内容，合同的当事人就无法确立，合同的权利和义务就找不到承担者，根本就不可能有合同关系。

2. 标的

合同标的是合同法律关系的客体，是合同当事人双方权利义务所共同指向的对象。合同标的可以是货物、工程项目、劳务，还可以是技术成果等。标的集中反映了当事人的目的和要求，是合同成立的基础。没有标的，权利义务就失去了目标，当事人之间不可能建立起权利义务关系。因而,没有标的,合同不能订立。标的是任何合同都不能欠缺的条款。

3. 数量

数量是合同标的的具体化,也直接体现了合同双方当事人权利义务的大小程度。数量是确定合同标的的具体条件,是同类标的中这一标的区别那一标的的具体特征,也是合同得以正确、全面履行的保障。数量是衡量标的的尺度,通常由数字和计量单位表示。合同中对标的的数量、计量单位和计量方法必须明确并确定,尤其是采用法定计量单位。

4. 质量

质量与数量一样,也是合同标的的具体化,质量是标的内在的素质和外观形象的综合,它包括品种、型号、等级、规格要求等。合同的质量要求和标准,必须明确、具体、详细。有国家或行业标准的,按国家或行业标准的签订,同时应写明标准的年号、代号;如无国家或行业标准的,按地方标准或企业标准签订。产品的等级要明确,对某些须安装运转后才能确定内在质量问题的产品,应按照法律法规和政策规定,在合同中明确可提出质量异议的条件和时间。对某些抽样检验质量的产品,有关抽样标准、方法和比例等均应在合同中明确。

5. 价款或报酬

价款或报酬是标的的价金,是当事人一方取得标的应向对方支付的代价。对于有偿合同,存在价款或报酬的问题;在以货物为标的的合同中,这种代价为价款,在以劳务为标的的合同中,这种代价为报酬。价金以货币数量表示,除法律、法规另有规定的外,必须以人民币为计量和支付单位。当事人在签订合同时,应当明确约定价款或者报酬的计算标准、金额总数、结算方式、支付条件、支付日期等内容,以便双方的权利和义务得到具体的、明确的规定,使合同能够得到切实的履行。如果没有约定或约定不明确,当事人也可以事后补充;当事人事后不能达成补充协议的,可以按照合同的有关条款、交易的惯例或法律的补充性规定来确定。

6. 履行期限、地点和方式

履行期限是交付标的和支付价款的时间,是一方当事人向另一方当事人履行义务的时间界限,即当负有履行义务的一方当事人在约定的期限内没有自动履行义务的,享有权利的一方当事人即可取得要求对方履行义务的权利。同时,合同的履行期限,又是一方当事人行使合同解除权的一个条件,即当负有义务的一方当事人在约定期限内没有履行义务的时候,享有权利的一方当事人即可取得通知对方解除合同的权利。因此,履行期限是合同的一个主要内容,当事人双方在签订合同时,应当明确约定履行期限,以明确双方的责任。

履行地点是指在什么地方交付或提取标的。履行地点是一个关系到合同是否已经得到履行的判断标准的问题,如果当事人没有在合同约定期限内到指定的地点履行合同,就可以判断为没有履行合同。一般来讲,交付的标的物是不动产的,在不动产的所在地履行;交付的标的物是动产的,应当在接受该动产一方当事人的所在地履行。此外,在实践中,当事人签订合同时,也有没有明确约定履行地点的情况。在这种情况下,履行地点不明确,给付货币的,在接受给付一方的所在地履行,其他标的在履行义务一方的所在地履行。

履行方式是指交付标的的方式,即当事人采取什么方法来履行合同规定的义务。合同的履行方式是多种多样的,如一次履行和分期履行;交付方式有送货、代运、自提;价格或报酬的结算方式,都应在合同中规定清楚。如一方要改变履行方式,则应征得对方同意。

7. 违约责任

违约责任是指违反合同约定义务的当事人应当承担的法律责任。它由合同的法律效力决定。当事人可以在合同中约定,一方违反合同时,向另一方支付一定数额的违约金;也可以在合同中约定对于违反合同而产生的损失赔偿额计算方法。合同没有违约责任的条款,不等于合同当事人对违反合同不承担责任,因而,并不会使合同失去应有的作用。合同中即使没有违约责任条款,合同仍可成立;当事人不履行合同义务时,仍应依法承担违约的民事责任。

8. 解决争议的方法

当事人可以在合同中约定,合同在履行中发生争议时解决的方法,是通过仲裁方式解决,还是通过法院审判解决,应当在合同中明确规定,一旦发生争议,便于按照约定向仲裁机关申请仲裁或者向人民法院提起诉讼。

(五)合同订立

合同是双方或多方的民事法律行为,合同各方的意思表示达成一致合同才能成立。合同的订立就是合同当事人进行协商,使各方的意思表示趋于一致的过程。合同的成立是合同法律关系确立的前提,也是衡量合同是否有效以及确定合同责任的前提。一项合同只有成立后才谈得上合同效力及合同责任。当事人订立合同一般采取要约、承诺方式。在当事人协商过程中,一般要先有一方作出订约的意思表示,然后他方予以附和,前者为要约,后者为承诺。因此,合同订立的一般程序从法律上可分为要约和承诺两个阶段。

1. 要约

要约是希望和他人订立合同的意思表示。要约在商业活动和对外贸易中又称为报价、发价或发盘。发出要约的当事人称为要约人,而要约所指向的对方当事人则称为受要约人。一项要约要取得法律效力,必须具备以下法律特征:

(1)要约的内容具体确定。要约的内容必须包括足以决定合同内容的主要条款,因为订约当事人双方就合同主要条款协商一致,合同才能成立。因此,要约既然是订立合同的提议,就须包括能够足以决定合同主要条款的内容。

(2)要约必须表明经受要约人承诺,要约人即受该意思表示约束。即要约必须具有缔结合同的目的。当事人发出要约,是为了与对方订立合同,要约人要在其意思表示中将这一意思表示出来。凡不以订立合同为目的的意思表示,不构成要约。要约人发出要约,一般可分为两种:一种是口头形式,即要约人以直接对话或者电话等方式向对方提出要约,这种形式主要用于即时清结的合同;另一种是书面要约,即要约人采用交换信函、电报、电传和传真等文字形式向对方提出要约。

2. 承诺

承诺是受要约人同意要约的意思表示。承诺一旦作出,并送达要约人,合同即告成立。要约人有义务接受受要约人的承诺,不得拒绝。

一项承诺,必须具备下列法律特征,才能产生合同成立的法律后果:

(1)承诺必须由受要约人作出。

(2)承诺必须向要约人作出。

(3)承诺的内容应当和要约的内容一致。

(4)承诺应在要约有效期内作出。

《合同法》规定:承诺应当以通知的方式作出,但根据交易习惯或者要约表明或以通过行为作出承诺的除外。承诺的形式,即受要约人以何种方式发出承诺,一般应当与要约的形式一致。当要约是口头形式时,受要约人也应当用口头形式作出承诺。当要约是书面形式时,受要约人也应当用书面形式作出承诺。当然,要约人也可以在要约中规定受要约人必须采用何种形式作出承诺,在这种情况下,受要约人必须按照要约中规定的形式作出承诺。

要约与承诺属于法律行为,当事人双方一旦作出相应的意思表示,就要受到法律的约束,否则必须承担法律责任。

(六)合同的生效、无效、变更、撤销

1. 合同生效

合同生效是指合同对双方当事人的法律约束力的开始。合同生效的条件如下:

(1)当事人具有相应的民事权利能力和民事行为能力;

(2)意思表示真实;

(3)不违反法律和社会公共利益。

2. 合同无效

《合同法》第 52 条规定:有下列情形之一的,合同无效:

(1)一方以欺诈、胁迫的手段订立合同,损害国家利益;

(2)恶意串通,损害国家、集体或者第三者利益;

(3)以合法形式掩盖非法目的;

(4)损害社会公共利益;

(5)违反法律、行政法规的强制性规定。

合同无效确认权归人民法院或者仲裁机构,合同当事人或其他任何机构均无权认定合同无效。

3. 合同变更、撤销

《合同法》第 54 条规定:有下列条件的合同,当事人一方有权请求人民法院或者仲裁机构变更或者撤销:

(1)因重大误解订立的合同;

(2)在订立合同时显失公平的。

一方以欺诈、胁迫的手段或者乘人之危,使对方在违背真实意思的情况下订立的合同,受损害方有权请求人民法院或者仲裁机构变更或者撤销。当事人请求变更的,人民法院或者仲裁机构不得撤销。

(七)合同范本

为了避免当事人订立的合同条款不完备、责任划分不公平、管理程序不严谨,造成履行中的各种不便、理解歧义、产生合同争议等问题。我国建设行政主管部门和国际权威机构(如国际咨询工程师联合会"FIDIC"),针对项目建设的不同类型合同,颁布了许多合同范本,以供当事人订立合同时参考使用。如我国建设行政主管部门颁布的合同范本有《建设工程勘察合同》、《建设工程设计合同》、《建设工程施工合同》(GF-1999-0201)、《建设工程委托监理合同》、《建设工程施工专业分包合同》、《建设工程施工劳务分包合同》;水利部和国家电力公司等颁布的合同范本有《水利工程施工监理合同》(GF-2007-0211)、《水利水电工程标准施工招标文件》(2009年版)等。

合同范本一般采用协议书(或合同书)、通用条款(或通用条件)、专用条款(或专用条件)、附件的格式内容编制。合同范本属于推荐性质,不具有强制性法律效力。

三、工程施工合同

(一)施工合同的概念

施工合同是发包人与承包人就完成具体工程建设项目的土建施工、设备安装、设备调试、工程保修等工作内容,明确合同双方权利义务关系的协议。

施工合同是建设工程合同的一种,它与其他建设工程施工合同一样是双务有偿合同。施工合同的主体是发包人和承包人。发包人是建设单位、项目法人等,承包人是具有法人资格的施工单位、承建单位等。

(二)施工合同的特点

(1)施工合同应当采取书面形式。双方协商同意的有关修改承包合同的设计变更文件、洽谈记录、会议纪要以及资料、图表等,也是承包合同的组成部分。

(2)列入国家计划内的重点建筑安装工程,必须按照国家规定的基本建设程序和国家批准的投资计划签订合同,如果双方不能达成一致意见,由双方上级主管部门处理。

(3)签订施工合同必须遵守国家法律、法规,并具备以下基本条件:

①承包工程的初步设计和总概算已经批准;

②承包工程的投资已经列入国家计划;

③当事人双方均具有法人资格;

④当事人双方均有履行合同的能力。

(三)施工合同的分类

施工合同按计价方式进行划分,可分为以下几种。

1.总价合同

总价合同是指在合同中确定一个完成项目的总价,承包单位据此完成项目全部内容的合同。总价合同又分为固定总价合同、固定工程量总价合同和可调整总价合同。

这类合同仅适用于工程量不太大且能精确计算、工期较短、技术不太复杂、风险不大的项目。采用这种合同类型要求建设单位必须准备详细而全面的设计图纸(一般要求施工详图)和各项说明,使承包单位能准确计算工程量。

2. 单价合同

单价合同是指承包商按工程量报价单内分项工作内容填报单价，以实际完成工程量乘以所报单价计算结算款的合同。常用的单价合同有估计工程量单价合同、纯单价合同和单价与包干混合合同三种。

这类合同的适用范围比较广，其风险可以得到合理的分担，并且能鼓励承包单位通过提高工效等手段从成本节约中提高利润。这类合同能够成立的关键在于双方对单价和工程量计算方法的确认。在合同履行中需要注意的问题则是双方对实际工程量计量的确认。

3. 成本加酬金合同

成本加酬金合同是指业主向承包商支付工程项目的实际成本，并按事先约定的某一种方式支付酬金的合同。成本加酬金合同又可分为成本加固定百分比酬金合同、成本加固定酬金合同、成本加浮动酬金合同和目标成本加奖惩合同。

在这类合同中，业主需承担项目实际发生的一切费用，因此也就承担了项目的全部风险。而承包商由于无风险，其报酬往往也较低。

这类合同的缺点是业主对工程总造价不易控制，承包商也往往不注意降低项目成本。这类合同主要适用于以下项目：

(1)需要立即开展工作的项目，如震后的救灾工作。

(2)新型的工程项目，或对项目工程内容及技术经济指标未确定。

(3)风险很大的项目。

(四)施工合同的内容

施工合同的主要条款就是它的主要内容，即合同双方当事人在合同中予以明确的各项要求、条件和规定，它是合同当事人全面履行合同的依据。施工合同的主要条款，是施工合同的核心部分，它是明确施工合同当事人基本权利和义务，使施工合同得以成立的不可缺少的内容，因此施工合同的主要条款对施工合同的成立起决定性作用。《合同法》第257条规定：施工合同的内容包括工程范围、建设工期、中间交工工程的开工和竣工时间、工程质量、工程造价、技术资料交付时间、材料和设备供应责任、拨款和结算、竣工验收、质量保修范围和质量保修期、双方相互协作等条款。

1. 工程范围

工程范围是指施工合同数量方面的要求。数量是指标的的计量，是以数字和计量单位来衡量标的的尺度。没有数量就无法确定双方当事人的权利义务的大小，而使双方权利义务处于不确定的状态，因此必须在施工合同中明确规定标的的数量。一项工程，只有明确其建筑范围、规模、安装的内容，才可能使工人有的放矢，进行建筑安装。施工合同中要明确规定建筑安装范围的多少，不仅要明确数字，还应明确计量单位。

2. 建设工期、中间交工工程的开工和竣工时间

建设工期、中间交工工程的开工和竣工时间是对工程进度和期限的要求。建设工期是承包人完成工程项目的时间界限，是确定施工合同是否按时履行或迟延履行的客观标准，承包人必须按合同规定的工程履行期限，按时按质按量完成任务，期限届满而不能履行合同，除依法可以免责外，要承担由此产生的违约责任。工程进度是施工工程的进展情

况，是反映固定资产投资活动进度和检查计划完成情况的重要指标。一般以形象进度来表示单位工程的进度；用文字或实物量完成的百分比说明、表示或综合反映单项工程进度。从开工期到竣工期，实际上也就是施工合同的履行期限。每项工程都有严格的时间要求，这关系到国家的计划和总体规划布局，因此施工合同中务必明确建设工期，双方当事人应严格遵守。

3. 工程质量、质量保修范围以及质量保证期

建筑安装工程对质量的要求特别严格，不仅是因为工程造价高，对国民经济发展影响大，更重要的是它关系到人民群众的生命和财产的安全。因此，承包人不仅在建筑安装过程中要严把工程质量关，还要在工程交付后，在一定的期限内负责保修。工程质量是指建筑安装工程满足社会生产和生活一定需要的自然属性或技术特征。一般说，有坚固耐久、经济适用、美观等特性，工程质量就是这些属性的综合反映，它是表明施工企业管理水平的重要标志。在工程交付后，承包人要在一定的期限内负责保修。承包人的保修责任是有条件的，这些条件有以下两个：

(1)在一定的期限内保修，对于超出保修期限，工程出现的质量问题，承包人不负责修理；

(2)只有在规定的条件下出现的特定的质量问题，承包人才负责保修，由于发包人或使用工程者的过错造成的损坏，承包人不负责保修。

在符合条件的保修期间，承包人对工程的修缮应是无偿的。

4. 工程造价

工程造价是指建筑安装某项工程所花费的全部投资。按基本建设预算价格计算的工程造价称为工程预算造价；按实际支出计算的工程造价称为实际工程造价。在施工合同中，必须明确建筑安装工程的造价。

5. 技术资料交付时间

技术资料交付时间是针对发包人履行的义务而言的。设计文件指发包人向承包人提供建筑安装工作所需的有关基础资料。为了保证承包人如期开工、保证工程按期按质按量完成，发包人应在施工合同规定的日期之前将有关文件、资料交给承包人。如果由于发包人拖延提供有关文件、资料致使工程未能保质保量按期完工，承包人不承担责任，并可以追究发包人的违约责任。当然，发包人除对提供的文件、资料要迅速及时外，还要对提供的设计文件及有关资料的数量和可靠性负责。

6. 材料和设备的供应责任

材料和有关设备是进行建筑安装工程的物质条件，及时提供材料和设备是建筑安装工程顺利进行所必不可少的条件，因此施工合同应对材料、设备的供应和货物进场期限作出明确规定。强调材料和设备的供应期限，是在保证材料和设备的数量、质量的前提下而言的，只有既及时提供材料和设备，又保证这些材料和设备的数量、质量，才是根本的宗旨。

7. 拨款与结算

拨款与结算包括支付工程预付款、材料预付款，以及在施工合同履行过程中按时拨付月进度款、完工付款和最终付款(结算)。在施工合同中均有明确这些款项如何支付及何

时支付,以确保当事人的权利义务的实现。

8.竣工验收

竣工验收一般由项目法人组织进行竣工验收自查,提交竣工验收申请报告;竣工验收主持单位批复竣工验收申请报告;进行竣工技术预验收;召开竣工验收会议;印发竣工验收鉴定书。

9.双方相互协作的事项

一项建筑安装工程的进程和质量十分重要,施工合同当事人权利义务又较复杂,所以要保证建筑安装工作的顺利进行,须发包人和承包人在履行合同的过程中始终密切配合,通力协作。只有双方全面履行合同的义务,才能实现订立合同的根本目的。因此,在施工合同的履行过程中,当事人相互协作是必不可少的,双方可就其他需要协作的事项在施工合同中作出规定。

(五)施工合同文件

1.施工合同文件的组成

合同文件就是指由发包人和承包人签订的为完成合同规定的各项工作所需的全部文件和图纸,以及在协议书中明确列入的其他文件和图纸。对水利水电工程施工合同而言,通常应包括下列内容。

1)合同条款

合同条款指由发包人拟定,经双方同意采用的条款,它规定了合同双方的权利和义务。合同条款一般包含两部分:第一部分——通用条款和第二部分——专用条款。

2)技术条款

技术条款指合同中的技术条款和由监理人作出或批准的对技术条款所作的修改或补充的文件。技术条款应规定合同的工作范围和技术要求。对承包人提供的材料质量和工艺标准,必须作出明确的规定。技术条款还应包括在合同期间由承包人提供的试样和进行试验的细节。技术条款通常还应包括计量方法。

3)图纸

图纸应足够详细,以便承包人在参照了技术条款和工程量清单后,能确定合同所包括的工程性质和范围,主要包括以下内容:

(1)列入合同的招标图纸和发包人按合同规定向承包人提供的所有图纸,包括配套说明和有关资料。

(2)列入合同的招标图纸和承包人提交并经监理人批准的所有图纸,包括配套说明和有关资料。

(3)在上述规定的图纸中由发包人提供和承包人提交并经监理人批准的直接用于施工的图纸,包括配套说明和有关资料。

4)已标价的工程量清单

已标价的工程量清单包括按照合同应实施的工作的说明、估算的工程量以及由投标者填写的单价和总价。它是投标文件的组成部分。

5)投标报价书

投标报价书是投标人提交的组成投标书最重要的单项文件。在投标报价书中投标人要确认他已阅读了招标文件并理解了招标文件的要求,并声明他为了承担和完成合同规定的全部义务所需的投标金额。这个金额必须和工程量清单中所列的总价相一致。

6)中标通知书

中标通知书指发包人发给承包人表示正式接受其投标书的书面文件。

7)合同协议书

合同协议书指双方就最后协议所签订的协议书。

8)其他

其他指明确列入中标函或合同协议书中的其他文件。

2.施工合同文件优先次序

构成合同的各种文件应该是一个整体,他们是有机的结合,互为补充、互为说明。但是,由于合同文件内容众多、篇幅庞大,很难避免彼此之间出现解释不清或有异议的情况。因此,合同条款中应规定合同文件的优先次序,即当不同文件出现模糊或矛盾时,以哪个文件为准。施工合同文件的解释次序如下:

(1)施工合同协议书(包括补充协议书)。

(2)中标通知书。

(3)投标报价书。

(4)合同条款第二部分,即专用合同条款。

(5)合同条款第一部分,即通用合同条款。

(6)技术条款。

(7)图纸。

(8)已标价的工程量清单。

(9)经双方确认进入合同的其他文件。

如果发包人选定不同于上述的优先次序,则可以在专用条款中予以修改说明;如果发包人不规定文件的优先次序,则亦可在专用条款中说明,并可将对出现的含糊或异议的解释和校正权赋予监理工程师,即监理工程师有权向承包人发布指令,对这种含糊和异议加以解释和校正。

3.施工合同文件的适用法律

法律是合同的基础,合同的效力通过法律来实现。国际工程中,应在合同中规定一种适用于该合同并据以对该合同进行解释的国际或地方的法律,称为该合同的"适用法律",合同的有效性受该法律的控制,合同的实施受该法律的制约和保护。

四、施工阶段合同管理的内容及程序

(一)合同管理的内容及要求

水利部《水利工程建设项目施工监理规范》(SL 288—2003)规定了合同管理的内容及要求,分述如下。

1.工程变更应符合的规定

(1)工程变更的提出、审查、批准、实施等过程应按施工合同约定的程序进行。

(2)监理机构可根据工程的需要并经发包人同意,指示承包人实施各种类型的变更。

(3)工程变更的提出。

①发包人可依据施工合同约定或工程需要提出工程变更建议。

②设计单位可依据有关规定或设计合同约定在其职责与权限范围内提出对工程设计文件的变更建议。

③承包人可依据监理机构的指示,或根据工程现场实际施工情况提出变更建议。

④监理机构可依据有关规定、规范,或根据现场实际情况提出变更建议。

(4)工程变更建议书的提交:

①工程变更建议书提交时,应考虑留有为发包人与监理机构对变更建议进行审查、批准设计单位进行变更设计以及承包人进行施工准备的合理时间。

②在特殊情况下,如出现危及人身、工程安全或财产严重损失的紧急事件,工程变更不受时间限制,但监理机构仍应督促变更提出单位及时补办相关手续。

(5)工程变更的审查。

①监理机构对工程变更建议书审查应符合下列要求:

A. 变更后不降低工程质量标准,不影响工程完建后的功能和使用寿命。

B. 工程变更在施工技术上可行、可靠。

C. 工程变更引起的费用及工期变化经济合理。

D. 工程变更不对后续施工产生不良影响。

②监理机构审核承包人提交的工程变更报价时,应按下述原则处理:

A. 如果施工合同工程量清单中有适用于变更工作内容的项目,应采用该项目的单价或合价。

B. 如果施工合同工程量清单中无适用于变更工作内容的项目,可引用施工合同工程量清单中类似项目的单价或合价作为合同双方变更议价的基础。

C. 如果施工合同工程量清单中无此类似项目的单价或合价,或单价或合价明显不合理和不适用的,经协商后,由承包人依照招标文件确定的原则和编制依据,重新编制单价或合价,经监理机构审核后,报发包人确认。

③当发包人与承包人协商不能一致时,监理机构应确定合适的暂定单价或合价,通知承包人执行。

(6)工程变更的实施。

①经监理机构审查同意的工程变更建议书需报发包人批准。

②经发包人批准的工程变更,应由发包人委托原设计单位负责完成具体的工程变更设计工作。

③监理机构核查工程变更设计文件、图纸后,应向承包人下达工程变更指示,承包人据此组织工程变更的实施。

④监理机构根据工程的具体情况,为避免耽误施工,可将工程变更分两次向承包人下达:先发布变更指示(变更设计文件、图纸),指示其实施变更工作;待合同双方进一步协商确定工程变更的单价或合价后,再发出变更通知(变更工程的单价或合价)。

2. 索赔管理应符合的规定

(1)监理机构应受理承包人和发包人提起的合同索赔,但不接受未按施工合同约定的索赔程序和时限提出的索赔要求。

(2)监理机构在收到承包人的索赔意向通知后,应核查承包人的当时记录,指示承包人做好延续记录,并要求承包人提供进一步的支持性资料。

(3)监理机构在收到承包人的中期索赔申请报告或最终索赔申请报告后,应进行以下工作:

①依据施工合同约定,对索赔的有效性、合理性进行分析和评价。

②对索赔支持性资料的真实性逐一进行分析和审核。

③对索赔的计算依据、计算方法、计算过程、计算结果及其合理性逐项进行审查。

④对于由施工合同双方共同责任造成的经济损失或工期延误,应通过协商一致,公平合理地确定双方分担的比例。

⑤必要时要求承包人再提供进一步的支持性资料。

(4)监理机构应在施工合同约定的时间内作出对索赔申请报告的处理决定,报送发包人并抄送承包人。若合同双方或其中任一方不接受监理机构的处理决定,则按争议解决的有关约定或诉讼程序进行解决。

(5)监理机构在承包人提交了完工付款申请后,不再接受承包人提出的在工程移交证书颁发前所发生的任何索赔事项;在承包人提交了最终付款申请后,不再接受承包人提出的任何索赔事项。

3.违约管理应符合的规定

(1)对于承包人违约,监理机构应依据施工合同约定进行下列工作:

①在及时进行查证和认定事实的基础上,对违约事件的后果作出判断。

②及时向承包人发出书面警告,限其在收到书面警告后的规定时限内予以弥补和纠正。

③承包人在收到书面警告的规定时限内仍不采取有效措施纠正其违约行为或继续违约,严重影响工程质量、进度,甚至危及工程安全时,监理机构应限令其停工整改,并要求承包人在规定时限内提交整改报告。

④承包人继续严重违约时,监理机构应及时向发包人报告,说明承包人违约情况及其可能造成的影响。

⑤当发包人向承包人发出解除合同通知后,监理机构应协助发包人按照合同约定派员进驻现场接收工程,处理解除合同后的有关合同事宜。

(2)对于发包人违约,监理机构应依据施工合同约定进行下列工作:

①由于发包人违约,致使工程施工无法正常运行,在收到承包人书面要求后,监理机构及时与发包人协商,解决违约行为,赔偿承包人的损失,并促使承包人尽快恢复正常施工。

②在承包人提出解除施工合同要求后,监理机构应协助发包人尽快进行调查、认证和澄清工作,并在此基础上,按有关规定和施工合同约定处理解除施工合同后的有关合同事宜。

4.工程担保应符合的规定

(1)监理机构应根据施工合同约定,督促承包人办理各类担保,并审核承包人提交的担保证件。

(2)在签发工程预付款付款证书前,监理机构应依据有关法律、法规及施工合同的约定,审核工程预付款担保的有效性。

(3)监理机构应定期向发包人报告工程预付款扣回的情况。当工程预付款已全部扣回时,应督促发包人在约定的时间内退还工程预付款担保证件。

(4)在施工过程中和保修期,监理机构应督促承包人全面履行施工合同约定的义务。当承包人违约,发包人要求保证人履行担保义务时,监理机构应协助发包人按要求及时向保证人提供全面、准确的书面文件和证明资料。

(5)监理机构在签发保修责任终止证书后,应督促发包人在施工合同约定的时间内退还履约担保证件。

5.工程保险应符合的规定

(1)监理机构应督促承包人按施工合同约定的险种办理应由承包人投保的保险,并要求承包人在向发包人提交各项保险单副本的同时抄报监理机构。

(2)监理机构应按施工合同约定对承包人投保的保险种类、保险额度、保险有效期等进行检查。

(3)当监理机构确认承包人未按施工合同约定办理保险时,应采取下列措施:

①指示承包人尽快补办保险手续。

②当承包人拒绝办理保险时,应协助发包人代为办理保险,并从应支付给承包人的金额中扣除相应投保费用。

(4)当承包人已按施工合同约定办理了保险,其为履行合同义务所遭受的损失不能从承保人处获得足额赔偿时,监理机构在接到承包人申请后,应依据施工合同约定界定风险与责任,确认责任者或合理划分合同双方分担保险赔偿不足部分费用的比例。

6.工程分包应符合的规定

(1)监理机构在施工合同约定允许分包的工程项目范围内,对承包人的分包申请进行审核,并报发包人批准。

(2)只有在分包项目最终获得发包人批准,承包人与分包人签订了分包合同后,监理机构才能允许分包人进入工地。

(3)分包的管理。

①监理机构应要求承包人加强对分包人和分包工程项目的管理,加强对分包人履行合同的监督。

②分包工程项目的施工技术方案、开工申请、工程质量检验、工程变更和合同支付等,应通过承包人向监理机构申报。

③分包工程只有在承包人检验合格后,才可由承包人向监理机构提交验收申请报告。

7.化石和文物保护应符合的规定

(1)一旦在施工现场发现化石、钱币、有价值的物品或文物、古建筑结构以及有地质或考古价值的其他遗物,监理机构应立即指示承包人按有关文物管理规定采取有效保护,防止任何人移动或损害上述物品,并立即通知发包人。必要时,可下达暂停施工通知。

(2)监理机构应审核承包人由于对文物采取保护措施而发生的费用和工期延误的索

赔申请，提出意见后报发包人批准。

8. 施工合同解除

监理机构在收到施工合同解除的任何书面通知或要求后，应认真分析合同解除的原因、责任和由此产生的后果，并按施工合同约定处理合同解除和解除后的有关合同事宜。

9. 争议的解决

争议解决期间，监理机构应督促发包人和承包人仍按监理机构就争议问题作出的暂时决定履行各自的职责，并明示双方，根据有关法律、法规或规定，任何一方均不得以争议解决未果为借口拒绝或拖延按施工合同约定应进行的工作。

(二)合同管理的程序

根据设计变更、工程延期、费用索赔、合同争议和违约事件处理管理程序的要求，监理机构在监理过程中应记录、收集详细资料，依据事件的事实审核、评估施工单位提交的延长工期申报表、索赔意向通知、索赔申请报告等，对有关事件作出公正处理。

五、工程变更处理

(一)工程变更的概念

工程变更是指因设计条件、设计方案、施工现场条件、施工方案发生变化，或项目法人与监理单位认为必要时，为实现合同目的对设计文件或施工状态所作出的改变与修改。工程变更包括设计变更和施工变更。由于水利水电土建工程受自然条件等外界的影响较大，工程情况比较复杂，且在招标阶段未完成施工图纸，因此在施工合同签订后的实施过程中不可避免地发生变更。

(二)工程变更的组织管理

变更涉及的工程参建方很多，但主要是发包人、监理人和承包人三方，或者说均通过该三方来处理，比如涉及设计单位的设计变更时，由发包人提出变更；涉及分包人的分包工程变更时，由承包人提出。但其中，监理人是变更管理的中枢和纽带，无论是何方要求的变更，所有的变更均需通过监理人发布变更令来实施。其实，这些规定是基于一个基本的管理理念：既然工程现场的管理工作由监理人来承担，所有变更就必须通过监理人，因为所有的现场工作都是履行合同义务、行使合同权利的行为，如果监理人不知道指导工程实施的合同发生的改变，就无法合理有效地进行工程管理工作。

(三)工程变更的范围和内容

在履行合同过程中，监理人可根据工程的需要并按发包人的授权指示承包人进行各种类型的变更。变更的范围和内容如下：

(1)增加或减少合同中任何一项工作内容。在合同履行过程中，如果合同中的任何一项工作内容发生变化，包括增加或减少，均须由监理人发布变更指示。

(2)增加或减少合同中关键项目的工程量超过专用合同条款规定的百分比。在此所指的“超过专用合同条款的百分比”可在15%～25%范围内，一般视其具体工程酌定，其本意是：当合同中任何项目的工程量增加或减少在规定的百分比以下时，不属于变更项目，不作变更处理；超过规定的百分比时，一般应视为变更，应按变更处理。

(3)取消合同中任何一项工作。如果发包人要取消合同中任何一项工作，应由监理人发布变更指示,按变更处理,但被取消的工作不能转由发包人实施,也不能由发包人雇用其他承包人实施。此规定主要为了防止发包人在签订合同后擅自取消合同价格偏高的项目,转由发包人自己或其他承包人实施而使合同承包人蒙受损失。

(4)改变合同中任何一项工作的标准或性质。对于合同中任何一项工作的标准或性质,合同《技术条款》都有明确的规定,在施工合同实施中,如果根据工程的实际情况,需要提高标准或改变工作性质,同样需监理人按变更处理。

(5)改变工程建筑物的形式、基线、标高、位置或尺寸。如果施工图纸与招标图纸不一致,包括建筑物的结构形式、基线、高程、位置以及规格尺寸等发生任何变化,均属于变更,应按变更处理。

(6)改变合同中任何一项工程的完工日期或改变已批准的施工顺序。合同中任何一项工程都规定了其开工日期和完工日期,而且施工总进度计划、施工组织设计、施工顺序已经监理人批准,要求改变就应由监理人批准,按变更处理。

(7)追加为完成工程所需的任何额外工作。额外工作是指合同中未包括而为了完成合同工程所需增加的新项目,如临时增加的防汛工程或施工场地内发生边坡塌滑时的治理工程等额外工作项目。这些额外的工作均应按变更项目处理。

需要说明的是,以上范围内的变更项目未引起工程施工组织和进度计划发生实质性变化和不影响其原定的价格时,不予调整该项目单价和合价,也不需要按变更处理的原则处理。例如:若工程建筑物的局部尺寸稍有修改,虽将引起工程量的相应增减,但对施工组织设计和进度计划无实质性影响时,不需按变更处理。

另外,监理人发布的变更指令内容,必须是属于合同范围内的变更。即要求变更不能引起工程性质有很大的变动,否则应重新订立合同,因为若合同性质发生的变动而仍要求承包人继续施工是不恰当的,除非合同双方都同意将其作为原合同的变更。所以,监理人无权发布不属于本合同范围内的工程变更指令,否则承包人可以拒绝。

(四)工程变更的处理原则

在建设工程施工合同中,一般应规定变更处理的原则。由于工程变更有可能影响工期和合同价格,一旦发生此类情况,应遵循以下原则进行处理。

1. 变更需要延长工期

变更需要延长工期时,应按合同有关规定办理;若变更使合同工作量减少,监理人认为应予提前变更项目的工期时,由监理人和承包人协商确定。

2. 变更需要调整合同价格

当工程变更需要调整合同价格时,可按以下三种情况确定其单价或合价。承包人在投标时提供的投标辅助资料,如单价分析表、总价合同项目分解表等,经双方协商同意,可作为计算变更项目价格的重要参考资料。

(1)当合同《工程量清单》中有适用于变更工作的项目时,应采用该项目单价或合价。

(2)当合同《工程量清单》中无适用于变更工作的项目时,则可在合理的范围内参考类似项目的单价或合价作为变更估计的基础,由监理人与承包人协商确定变更后的单价或合价。

(3)当合同《工程量清单》中无类似项目的单价或合价可供参考,则应由监理人与发包人和承包人协商确定新的单价或合价。

(五)工程变更指示

不论是由何方提出的变更要求或建议,均需经监理人与有关方面协商,并得到发包人批准或授权后,再由监理人按合同规定及时向承包人发出变更指示。变更指示的内容应包括变更项目的详细变更内容、变更工程量和有关文件图纸以及监理人按合同规定指明的变更处理原则。

监理人在向承包人发出任何图纸和文件前,有责任认真仔细检查其中是否存在合同规定范围内的变更。若存在合同范围内的变更,监理人应按合同规定发出变更指示,并抄送发包人。

承包人收到监理人发出的图纸和文件后,承包人应认真检查,经检查后认为其中存在合同规定范围内的变更而监理人未按合同规定发出变更指示,应在收到监理人发出的图纸和文件后,在合同规定的时间内(一般为14天)或在开始执行前(以日期早者为准)通知监理人,并提供必要的依据。监理人应在收到承包人通知后,在合同规定的时间内(一般为14天)答复承包人:若监理人同意作为变更,应按合同规定补发变更指示;若监理人不同意作为变更,也应在合同规定时限内答复承包人。若监理人未在合同规定时限内答复承包人,则视为监理人已同意承包人提出的作为变更的要求。

另外需要说明的是,对于涉及工程结构、重要标准等以及影响较大的重点变更,有时需要发包人向上级主管部门报批。此时,发包人应在申报上级主管部门批准后再按合同规定的程序办理。

(六)工程变更报价

承包人在收到监理人发出的变更指示后,应在合同规定的时限内(一般为28天),向监理人提交一份变更报价书,并抄送发包人。变更报价书的内容应包括承包人确认的变更处理原则和变更工程量及其变更项目的报价单。监理人认为有必要时,可要求承包人提交重大变更项目的施工措施、进度计划和单价分析等。

承包人在提交变更报价书前,应首先确认监理人提出的变更处理原则,若承包人对监理人提出的变更处理原则持有异议,应在收到监理人变更指示后,在合同规定的时限内(一般为7天)通知监理人,监理人则应在收到此通知后在合同规定的时限内(一般为7天)答复承包人。

(七)工程变更处理决定

监理人应在发包人授权范围内按合同规定处理变更事宜。对在发包人规定限额以下的变更,监理人可以独立作为变更决定;如果监理人作出的变更决定超出发包人授权的限额范围,应报发包人批准或者得到发包人进一步授权。

一般变更的处理如下:

(1)监理人应在收到承包人变更报价书后,在合同规定的时限内(一般为28天)对变更报价书进行审核,并作出变更处理决定,而后将变更处理决定通知承包人,抄送发包人。

(2)发包人和承包人未能就监理人的决定取得一致意见,则监理人有权暂定他认为合适的价格和需要调整的工期,并将其暂定的变更处理意见通知承包人,抄送发包人,为了不影响工程进度,承包人应遵照执行。对已实施的变更,监理人可将其暂定的变更费用列入合同规定的月进度付款中予以支付。但发包人和承包人均有权在收到监理人变更决定后，在合同规定的时间内（一般为28天）要求按合同规定提请争议评审组评审，若在合同规定时限内发包人和承包人双方均未提出上述要求，则监理人的变更决定即为最终决定。

工程变更监理工作程序如附录二图6所示。

六、施工索赔管理

（一）施工索赔概述

1. 索赔的概念

"索赔"一词已日渐深入到社会经济生活的各个领域，为人们所熟悉。同样，在履行建设工程合同过程中，也常常发生索赔的情况。施工索赔是指在工程的施工、安装阶段，建设工程合同的一方当事人因对方不履行合同义务或应由对方承担的风险事件发生而遭受的损失，向对方提出的赔偿或者补偿的要求。在工程建设各个阶段，都有可能发生索赔，但在施工阶段发生较多。对施工合同的双方当事人来说，都有通过索赔来维护自己的合法利益的权利，依据双方约定的合同责任，构成正确履行合同义务的制约关系。在工程施工索赔实践中，习惯上一般把承包人向发包人提出的赔偿或补偿要求称为索赔，把发包人向承包人提出的赔偿或补偿要求称为反索赔。

索赔与合同的履行、变更或解除有着密切的联系。索赔的过程实际上就是运用合同法律知识维护自身合法权益的过程。在社会主义市场经济条件下，建设工程施工索赔已是十分常见的现象，但索赔涉及社会科学和自然科学多学科的专业知识，索赔的效果如何，很大程度上取决于当事人的素质和水平，加之我国建设市场的发育尚未健全，索赔与反索赔的意识不强、水平较低。因此，应当提高对索赔与反索赔的认识并加强对索赔理论、索赔技巧的研究，以提高生产经营管理水平和经济效益。

2. 索赔的特征

1）主体双向特征

索赔是合同赋予当事人双方具有法律意义的权利主张，其主体是双向的。索赔的性质属于补偿行为，是合同一方的权利要求，不是惩罚，也不意味着赔偿一方一定有过错，索赔的损失结果和被索赔人的行为不一定存在法律上的因果关系。不仅承包人可以向发包人索赔，发包人也同样可以向承包人索赔。在建设工程合同履行的实践中，发包人向承包人索赔发生的频率相对较低，因而在索赔处理中，发包人始终处于主动有利的地位，对承包人的违约行为他可以直接从应付的工程款中扣留、扣留保留金或通过履约保函向银行索赔来实现自己的索赔要求。因此，在工程实践中大量发生的、处理比较困难的、复杂的是承包人向发包人的索赔，这也是监理人进行合同管理的重点内容之一。承包人的索赔范围非常广泛，一般只要非承包人自身责任造成的其工期延长或成本增加，都有可能向发包人提出索赔。有时发包人违反合同，如未及时交付施工图纸、提供施工场地、未按合同约定支付工程款等，承包人可向发包人提出索赔的要求；由于发包人的应承担的风险责任原因，如恶劣气候条件影响、国家法规修改等造成承包人损失或损害，也会向发包人提出补偿要求。

2)合法特征

索赔必须以法律或合同为依据。不论承包人向发包人提出索赔，还是发包人向承包人提出索赔，要使索赔成立，必须要有法律或合同依据，没有法律依据或合同依据的索赔不能成立。

法律依据主要有：由全国人民代表大会及其常务委员会制定的法律，由国务院制定的行政法规，由国务院各行政主管部门所制定的部门规章，由各省、自治区、直辖市的人民代表大会及其常务委员会以及拥有立法权的市人民代表大会及其常务委员会所制定的地方性法规，以及合同适用的由各省、自治区、直辖市人民政府及拥有立法权的市人民政府制定的地方性行政法规以及各级各行政主管部门根据法律、行政法规或者地方性法规、地方性行政规章所制定的规范性文件。

合同文件依据主要有：合同协议书，合同条款（包括通用合同条款、专用合同条款），双方签订的补充协议、会议纪要以及往来的函件，中标通知书、招标文件和投标文件，图纸和工程量清单，技术规范、标准与说明等。

3)客观特性

索赔必须建立在损害后果已客观存在的基础上，不论是经济损失或权利损害，受损害方才能向对方索赔。经济损失是指因对方因素造成合同外额外支付，如人工费、材料费、机械费、管理费等额外支付；权利损害是指虽然没有经济上的损失，但造成乙方权利上的损害，如恶劣气候条件对工程进度的不利影响，承包人有权要求工期延长等。因此，发生了实际的经济损失或权利损害，应是一方提出索赔的一个基本前提条件。有时上述两者同时存在，如发包人未及时交付合格的施工场地，既造成承包人的经济损失，又侵犯了承包人的工期权利，因此承包人既要求经济赔偿又要求工期延长；有时两者则可单独存在，如由于恶劣气候条件影响、不可抗力等，承包人根据合同规定只能要求延长工期，不应要求经济补偿。

4)合理特性

索赔应符合索赔事件发生的实际情况，无论是索赔工期或是索赔费用，要求索赔计算应合理，即符合合同规定的计算方法和计算基础，符合一般的工程惯例，索赔事件的影响和索赔值之间有直接的因果关系，合乎逻辑。

5)形式特性

索赔应采用书面形式，包括索赔意向通知、索赔报告、索赔处理意见等，均应采用书面形式。索赔的内容和要求应该明确而又肯定。

6)目的特性

索赔的结果一般是索赔方获得补偿。索赔要求通常有两个：工期即合同工期的延长，承包合同规定有工程完工时间，如果拖延是由于承包人原因造成的，则他要面临合同处罚，通过工期索赔，承包人可以免去其在这个范围内的处罚，并降低了未来的工期拖延风险；费用补偿，即通过要求费用补偿来弥补自己遭受的损失。

3. 施工索赔分类

1)按索赔的合同依据分类

(1)合同规定的索赔。合同规定的索赔，也称合同明示的索赔，是指承包人所提出的索赔要求，在该建设工程施工合同文件中有文字依据，承包人可以据此提出索赔要求，并取得经济补偿或工期补偿。这些在合同文件中有文字规定的合同条款，在合同解释上称为明示条款或明文条款。例如，《水利水电工程标准施工招标文件》（2009 年版）第11.1.3条规定："若发包人未能按合同约定向承包人提供开工的必要条件，承包人有权要求延长工期。监理人应在收到承包人的书面要求后，按第 3.5 款的约定，与合同双方商定或确定增加的费用和延长的工期。"在合同履行过程中出现此种情况，承包人就可以依据明文条款的规定，向发包人提出索赔工期的要求和经济补偿的要求。凡是建设工程施工合同中有明文条款的，这种都属于合同规定的索赔。

（2）非合同规定的索赔。非合同规定的索赔，也称默示的索赔或超越合同规定的索赔，是指承包人的索赔要求，虽然在建设工程施工合同条件中没有专门的文字叙述，但可以根据该合同条件的某些条款的含义，推论出承包人有索赔权。这种索赔要求，同样有法律效力，有权得到相应的经济补偿，这种有经济补偿含义的合同条款，在合同管理工作中被称为"默示条款"或"隐含条款"。隐含条款是一个广义的合同概念，它包括合同明文条款中没有写入，但符合合同双方签订合同时的愿望和当时的环境条件的一切条款。这些默示条款，或者从明文条款所述的愿望中引申出来，或者从合同双方在法律上的合同关系中引申出来，经合同双方协商一致，或被法律法规所指明，都成为合同文件的有效条款，要求合同双方遵照执行。

（3）道义索赔。承包人由于履行合同发生某项困难而承受了额外的费用损失，向发包人提出索赔要求，虽然在合同中找不到此项索赔的规定，但发包人按照合同公平原则和诚实信用原则同意给予承包人适当的经济补偿，这种索赔称为"道义索赔"。

2）按索赔的目的分类

（1）工期索赔。工期索赔就是承包人向发包人要求延长施工的时间，使原定的完工日期顺延一段合理的时间。也可以说，是由于非承包人责任的原因而导致施工进度延误的，承包人要求批准顺延合同工期的索赔。工期索赔形式上是对权利的要求，以避免在原定合同完工日不能完工时，被发包人追究拖期违约责任。一旦获得批准合同工期顺延后，承包人不仅免除了承担拖期违约赔偿费的风险，而且可能提前工期得到奖励。例如，在施工过程中，发生下列情况之一使关键项目的施工进度计划拖后而造成工期延误时，承包人可要求发包人延长合同规定的工期：①增加合同中任何一项的工作内容；②增加合同中关键项目的工程量超过专用合同规定的百分比；③增加额外的工程项目；④改变合同中任何一项工作的标准或特性；⑤本合同中涉及的有发包人责任引起的工期延误；⑥异常恶劣的气候条件；⑦非承包人原因造成的任何干扰或阻挠；⑧其他可能发生的延误情况。承包人可依据该条款的规定向发包人提出工期索赔的要求。

（2）经济索赔。经济索赔也称为费用索赔，经济索赔就是承包人向发包人要求补偿不应该由承包人自己承担的经济损失或额外开支，也就是取得合理的经济补偿。承包人取得经济补偿的前提是：在实际施工工程中所发生的施工费用超过了投标报价书中该项工作所预算的费用；而这项费用超支的责任不在承包人，也不属于承包人的风险范围。施工费用超支的原因，一是施工中受到了干扰，导致工作效率降低；二是发包人指令工程变更或额外工程，导致工程成本增加。由于这两种情况所增加的新增费用或额外费用，承包人有权向发包人要求给予经济补偿,以挽回由承包人承担的经济损失。

3)按发生索赔的原因分类

由于发生索赔的原因很多,这种分类提出了名目繁多的索赔,可能多达几十种。但这种分类有它的优点,即明确地指出每一项索赔的原因,使发包人和监理人易于审核分析。根据国际工程施工索赔实践,按发生原因分类的索赔通常有:工期延误索赔,加速施工索赔,增加或减少工程量索赔,地质条件变化索赔,工程变更索赔,暂停施工索赔,施工图纸拖交索赔,延迟支付工程款索赔,物价波动上涨索赔,不可预见和意外风险索赔,法规变化索赔,发包人违约索赔,合同文件缺陷索赔等。

4)其他分类

除以上三种分类方法外,还有其他一些分类方法,比如:按索赔的处理方法分类包括单项索赔、综合索赔;按索赔当事人之间的关系分类包括承包人和发包人之间的索赔、承包人和分包人之间的索赔、承包人和供货人之间的索赔;按合同的主从关系分类包括施工承包主合同索赔、施工合同涉及的从属合同(如分包合同、供应合同、劳务合同等)索赔;按索赔事件使合同所处状态分类包括正常施工索赔、停工索赔、解除合同索赔等。这些分类方法在此就不详细介绍了。

(二)索赔的原因

水利水电工程大多数都是规模大、工期长、结构复杂,在施工工程中,由于受到水文气象、地质条件的变化影响,以及规划设计变更和人为干扰,在工程项目的建设工期、工程造价、工程质量等方面都存在着变化的诸多因素。因此,超出工程施工合同条件的事项可能很多,这必然为工程的施工承包人提供了众多的索赔机会。

工程施工中常见的索赔,其原因大致可以从以下几个方面进行分析。

1.合同文件引起的索赔

1)合同文件的组成问题引起的索赔

组成合同的文件有很多,这些文件的形成从时间上看有早有晚,有些合同文件是由发包人在招标前拟定的,有些合同文件是在招标后通过讨论修改拟定的,还有些合同文件是在实施过程中通过合同变更形成的,在这些文件中有可能会出现内容上的不一致,当合同内容发生矛盾时,就容易引起双方争执并导致索赔。

2)合同缺陷引起的索赔

合同缺陷是指合同文件的规定不严谨,甚至前后矛盾、遗漏或错误。它不仅包括合同条款中的缺陷,也包括技术规范和图纸中的缺陷。常见的情况包括以下几个:

(1)合同条款规定用语不够准确,难以分清双方的责任和义务。

(2)合同条款有漏洞,对实际发生的情况没有相关的约定。

(3)合同条款之间存在矛盾,在不同的条款中,对同一个问题的规定不一致。

(4)双方在签订合同前缺乏沟通,造成对某些条款的理解不一致。

监理人有权对这些情况作出解释,但如果承包人执行监理人的解释后引起成本增加或工期延误,则承包人有权提出相应的索赔。

2. 不可抗力原因引起的索赔

1) 自然方面的不可抗力

自然方面的不可抗力主要是指地震、飓风、海啸、洪水等自然灾害。一般在合同中规定,由于这类自然灾害引起的工程损失和损害应由发包人承担风险责任。但是合同也规定,承包人在这种情况下应采取措施,防止损失扩大,尽量减小损失。对由于承包人未采取措施而使损失扩大的那部分,发包人不承担赔偿的责任。

2) 社会方面的不可抗力

社会方面的不可抗力主要是指发生战争、动乱、核污染和冲击波等社会因素。这些风险按合同规定一般由发包人承担风险责任,承包人不对由此造成的工程损失和损害负责,应得到损害前已完成的永久工程的付款和合理利润,以及一切修复费用和重建费用。

3) 不可预见的施工条件变化

在水利水电土建工程施工中,施工现场条件的变化对工期和造价的影响很大。由于不利的自然条件及人为障碍,经常导致设计变更、工期延长和工程大幅度增加。水利水电工程对基础地质条件的要求很高,而这些土壤地质条件,如地下水、地质断层、溶洞、地下文物遗址等,根据发包人在招标文件中提供的资料,以及承包人在投标前的现场踏勘,都不可能准确地发现,即使是有经验的承包人也无法事前预料。因此,由于施工条件发生变化给承包人造成的费用增加和工期延长,承包人依据合同的规定有权提出经济索赔和工期索赔。

3. 发包人违约引起的索赔

建设工程施工合同中的发包人违约,一般是指发包人未按合同规定向承包人提供必要的施工条件;未按合同规定的时限向承包人支付工程款;未按合同规定的时间提供施工图纸等。对于发包人的原因而引起的施工费用增加或工期延长,承包人有权向发包人提出索赔。

(1) 未及时提供施工条件。发包人应按合同规定的承包人用地范围和期限,办清施工用地范围内的征地和移民,按时向承包人提供施工条件。发包人未能按合同规定的内容和时间提供施工用地、测量基准及应由发包人负责的部分准备工程等承包人施工所需的条件,就会导致承包人提出误工的经济索赔和工期索赔。

(2) 未及时支付工程款。合同中均有支付工程款的时间限制。例如,《水利水电工程标准施工招标文件》(2009 年版)规定:发包人收到监理人签证的月进度付款证书并审批后支付给承包人,支付时间不应超过监理人收到月进度付款申请单后 28 天。若不按期支付,则应从逾期第一天起按专用合同条款中规定的逾期付款违约金加付给承包人。如果发包人未能按合同规定的时间支付各项预付款或合同价款,或拖延、拒绝批准付款申请和支付凭证,导致付款延误,承包人可按合同规定向发包人索付利息。发包人严重拖欠工程款而使得承包人资金周转困难时,承包人除向发包人提出索赔要求外,还有权暂停施工,在延期付款超过合同约定时间后,承包人有权向发包人提出解除合同要求。

(3) 发包人未及时提供施工图纸。发包人应按合同规定期限提供应由发包人负责的施工图纸,发包人未能按合同规定的期限向承包人提供应由发包人负责的施工图纸,承包人依据合同规定有权向发包人提出由此造成的费用补偿和工期延长。

(4)发包人提前占有部分永久工程。工程实践中,往往会出现发包人从经济效益方面考虑使部分单项工程提前投入使用,或从其他方面考虑提前占有部分工程。如果合同未规定可提前占有部分工程,则提前使用永久工程的单项工程或部分工程所造成的后果,责任应由发包人承担;另一方面,提前占有工程影响了承包人的后续工程施工,影响了承包人的施工组织计划,增加了施工困难,则承包人有权提出索赔。

(5)发包人要求加速施工。一项工程遇到不属于承包人责任的各种情况,或发包人改变了部分工程的施工内容而必须延长工期,但是发包人又坚持要按原工期完工,这就迫使承包人赶工,并投入更多的机械、人力来完成工程,从而导致成本增加。承包人可以要求赔偿赶工措施费用。

(6)发包人提供的原始资料和数据有差错。

(7)发包人拖延履行合同规定的其他义务。发包人没有按时履行合同中规定的其他义务而引起工期延误或费用增加,承包人有权提出索赔。主要包括以下两种情况:

①由于发包人本身的原因造成的拖延,比如内部管理不善、人员工作失误造成的拖延履行合同规定的其他义务。

②由于自己应向承包人承担责任的第三方原因造成发包人拖延履行合同规定的其他义务,比如:当合同规定某种材料由发包人提供,由于材料供应商或运输方的原因造成发包人没有按时提供材料给承包人。

4. 监理人的原因引起的索赔

1)监理人拖延审批图纸

在工程实施过程中,承包人严格按照监理人审核的图纸进行施工。如果监理人未按合同规定的期限及时向承包人提供施工图纸,或者拖延审批承包人负责设计的施工图纸,因此而使施工进度受到影响,承包人有权向发包人提出工期索赔和费用索赔。

2)监理人现场协调不力

组织协调是监理人的一项重要职责。水利水电工程往往由多个承包人同时在现场施工。各承包人之间没有合同关系,他们各自与发包人签订施工合同,因此监理人有责任协调好各承包人之间的工作关系,以免造成施工作业的相互干扰。如果由于监理人现场协调不力而引起承包人施工作业之间的干扰,承包人不能按期完成其相应的工作而遭受损失,承包人就有权提出索赔。在其他方面,如场地使用、现场交通等,各承包人之间都有可能发生相互间的干扰问题。

3)监理人指示的重新检验和额外检验

监理人为了对工程的施工质量进行严格控制,除要进行合同中规定的检查检验外,还有权要求重新检验和额外检验,例如《合同条件》第23.5款规定:①若监理人要求承包人对某项材料和工程设备进行的检查和检验在合同中未作规定,监理人可以指示承包人增加额外检验,承包人应遵照执行,但应由发包人承担额外检验的费用和工期延误责任;②不论何种原因,若监理人对以往的检验结果有疑问,可以指示承包人重新检验,承包人不得拒绝。若重新检验结果证明这些材料和工程设备不符合合同要求,则应由承包人承担重新检验的费用和工期延误责任;若重新检验结果证明这些材料和工程设备符合合同要求,则应由发包人承担重新检验的费用和工期延误责任。

4)监理人工程质量要求过高

建设工程施工合同中的《技术条款》对工程质量,包括材料质量、设备性能和工艺要求等,均作了明确规定。但在施工工程中,监理人有时可能不认可某种材料,而迫使承包人使用比合同文件规定的标准更高的材料,或者提出更高的工艺要求,则承包人可就此要求对其损失进行补偿或重新核定单价。

5)监理人的不合理干预

虽然合同中规定监理人有权对整个工程的所有部位一切工艺、方法、材料和设备进行检查与检验,但是,只要承包人严格按合同规定的进度和质量要求的施工顺序与方法进行施工,监理人就不能对承包人的施工顺序即施工方法进行不合理的干预,更不能任意下达指令要承包人执行。如果监理人进行不合理的干预,则承包人可以就这种干预所引起的费用增加和工期延长提出索赔。

6)监理人指示的暂停施工

在建设工程合同实施过程中,监理人有权根据合同的规定下达暂停施工的指示。如果这种暂停施工的指示并非因承包人的责任或原因引起,则承包人有权要求工期赔偿,同时可以就其停工损失获得合理的额外费用补偿。

7)监理人提供的测量基准有差错

由监理人提供的测量基准有差错,而引起的承包人的损失或费用增加,承包人可要求索赔。如果数据无误,而是承包人在解释和运用上所引起的损失,则应由承包人自己承担责任。

8)监理人变更指令引起的索赔

监理人在处理变更时,就变更所引起工期和费用的变化,由于发包人和承包人不能协商达成一致意见,由监理人作出自己认为合理的决定。当承包人不同意监理人的决定时,可以提出索赔。

9)监理人工作拖延

合同规定应由监理人限时完成的工作,监理人没有按时完成而对承包人造成了工期延长或费用增加,承包人提出的索赔,比如:拖延隐蔽工程验收、拖延批复材料检验等。

5. 价格调整引起的索赔

对于有调价条款的合同,在人工、材料、设备价格发生上涨时,发包人应对承包人所受到的损失给予补偿。它的计算不仅涉及价格变动的依据,还存在着对不同时期已购买材料的数量和涨价后所购材料数量的核算,以及未及早订购材料的责任等问题的处理。

6. 法律变化引起的索赔

国家的法律、行政法规或国务院有关部门的规章和工程所在地的省、自治区、直辖市的地方法规和规章发生变更,导致承包人在实施合同期间所需要的工程费用发生合同规定以外的增加时,承包人有权提出索赔,监理人应与发包人进行协商后,对所增加费用予以补偿。

(三)索赔程序和期限

1. 承包人提出索赔的程序

承包人有权根据本合同任何条款及其他有关规定,向发包人索取追加付款,但应在索赔事件发生后的28天内，将索赔意向书提交发包人和监理人。在上述意向书发出后的28天内，再向监理人提交索赔申请报告，详细说明索赔理由和索赔费用的计算依据，并应附必要的当时记录和证明材料。如果索赔事件继续发展或继续产生影响，承包人应按监理人要求的合理时间间隔列出索赔累计金额和提出中期索赔申请报告，并在索赔事件影响结束后的28天内，向发包人和监理人提交包括最终索赔金额、延续记录、证明材料在内的最终索赔申请报告。承包人向发包人提出索赔要求一般按以下程序进行。

1）提交索赔意向书

索赔事件发生后，承包人应在索赔事件发生后的28天内向监理人提交索赔意向书，声明将对此事件提出索赔，一般要求承包人应在索赔意向书中简单写明索赔依据的合同条款、索赔事件发生时间和地点，提出索赔意向。该意向书是承包人就具体的索赔事件向监理人和发包人表示的索赔愿望与要求。如果超过这个期限，监理人和发包人有权拒绝承包人的索赔要求。索赔事件发生后，承包人有义务做好现场施工的同期记录，监理人有权随时检查和调阅，以判断索赔事件造成的实际损害。

2）提交索赔申请报告

索赔意向书提交后的28天内，或监理人可能同意的其他合理时间，承包人应提交正式的索赔申请报告。索赔申请报告的内容应包括：索赔事件的综合说明，索赔的依据，索赔要求补偿的款项和工期延长天数的详细计算，对其权益影响的证据资料，包括施工日志、会议记录、来往函件、工程照片、气候记录等有关资料。对于索赔报告，一般应文字简洁、事件真实、依据充分、责任明确、条例清楚、逻辑性强、计算准确、证据确凿充分。

3）提交中期索赔报告

如果索赔事件继续发展或继续产生影响，承包人应按监理人要求的合理时间间隔（一般为28天）列出索赔累计金额和提交中期索赔申请报告。

4）提交最终索赔申请报告

在该项索赔事件的影响结束后的28天内，承包人向监理人和发包人提交最终索赔申请报告，提出索赔论证资料、延续记录和最终索赔金额。

承包人发出索赔意向书，可以在监理人指示的其他合理时间内再报送正式索赔报告，也就是说，监理人在索赔事件发生后有权不马上处理该项索赔。但承包人的索赔意向书必须在索赔事件发生后的28天内提出，包括因对变更估价双方不能取得一致的意见，而先按监理人单方面决定的单价或价格执行时，承包人提出的索赔权利的意向书。如果承包人未能按时间规定提出索赔意向书和索赔报告，此时他所受到损害的补偿，将不超过监理人认为应主动给予的补偿额。

2. 承包人提出索赔的期限

承包人按合同规定提交了完工付款申请单后，应认为已无权再提出在本合同工程移交证书颁发前所发生的任何索赔。承包人按合同规定提交的最终付款申请单中，只限于提出本合同工程移交证书颁发后发生的索赔。提出索赔的终止期限是提交最终付款申请单的时间。

工程索赔处理监理工作程序如附录二图7所示。

（四）索赔应注意的事项

1. 及时发现索赔机会

一个有经验的承包商，在投标报价时就应考虑将来可能要发生索赔的问题，要仔细研究招标文件中的合同条款和规范，仔细查勘施工现场，探索可能索赔的机会，在报价时要考虑索赔的需要。在索赔谈判中，如果没有生产效率降低的资料，则很难说服监理工程师和业主，索赔无取胜可能。反而可能被认为，生产效率的降低是承包商施工组织不好，没有达到投标时的效率，应采取措施提高效率，赶工期。要论证效率降低，承包商应做好施工记录，记录每天使用的设备工时、材料和人工数量、完成的工程及施工中遇到的问题。

2. 签商好合同协议

在商签合同过程中，承包商应对明显把重大风险转嫁给承包商的合同条件提出修改的要求，对其达成修改的协议以“谈判纪要”形式写出，作为该合同条件的有效组成部分。特别是要对业主开脱责任的条款要注意。例如：合同中不列索赔条款；拖期付款无时限，无利息；没有调价公式；业主认为对某部分工程不够满意，即有权决定扣减工程款；业主对不可预见的工程施工条件不承担责任，等等。如果这些问题在签订合同协议时谈判不清楚，承包商很难有索赔机会。

3. 对口头变更指令要得到确认

监理工程师常常乐于口头指令变更，如果承包商不对监理工程师的口头指令予以书面确认，就进行变更工程的施工，以后，有的监理工程师矢口否认，拒绝承包商的索赔要求，使承包商有口难言。

4. 及时发出“索赔通知书”

一般合同规定，在知道或应当知道索赔事件发生后的28天内，承包商必须发出“索赔意向通知书”，过期无效。

5. 索赔事件论证要充分

承包合同通常规定，承包商在发出“索赔意向通知书”后28天内正式递交“索赔通知书”。索赔事件具有连续影响的，每隔一定时间（28天）应报送一次证据资料。在索赔事件影响结束后的28天内报送总结性的索赔计算及索赔论证，提交最终索赔报告。索赔报告一定要令人信服，经得起推敲。

6. 索赔计算方法和款额要适当

索赔计算时采用“附加成本法”容易被对方接受，因为这种方法只计算索赔事件引起的计划外的附加开支，计价项目具体，使经济索赔能较快地解决。另外索赔计价不能过高，要价过高容易使对方发生反感，使索赔报告束之高阁，长期得不到解决。还有可能让业主准备周密的反索赔计划，以高额的反索赔对付高额的索赔，使索赔工作更加复杂化。

7. 力争单项索赔，避免一揽子索赔

单项索赔事项简单，容易解决，而且能及时得到支付。一揽子索赔，问题复杂、金额大，不易解决，往往工程结束后还得不到付款。

8. 坚持采用“清理账目法”

承包商往往只注意接受业主按对某项索赔的当月结息索赔额，而忽略了该项索赔款的余额部分。没有以文字的形式保留自己今后获得余额部分的权利，等于同意并承认了业主对该项索赔的付款,以后对余额再无权追索。因为在索赔支付过程中,承包商和监理工程师对确定新单价和工程量方面经常存在不同意见。按合同规定,工程师有决定单价的权利,如果承包商认为工程师的决定不合理,而坚持自己的要求,可同意接受工程师决定的“临时单价”,或“临时价格”付款,先拿到一部分索赔款,对其余不足部分,则书面通知工程师和业主,作为索赔款的余额,保留自己的索赔权利,否则将失去将来要求付款的权利。

9. 力争友好解决,防止对立情绪

索赔争端是难免的,如果遇到争端不能理智协商讨论解决,使一些本来可以解决的问题悬而未决。承包商尤其要头脑冷静,防止对立情绪,力争友好解决索赔争端。

首先,索赔一般都在谈判桌上最终解决,索赔谈判是双方面对面的交易,是索赔能否取得成功的关键,一切索赔的计划和策略都是在谈判桌上得到体现和接受检验的。因此,在谈判之前要做好充分的准备,对谈判可能出现的问题要做好分析,如怎样保持谈判的友好和谐氛围,估计对方在谈判过程中会提出什么问题,采取什么样的行动,我方应采取什么措施争取有利的时机,等等。因为索赔谈判是承包商要求业主承认自己的索赔,承包商处于不利的地位,如果谈判一开始就气氛紧张,情绪对立,有可能导致业主拒绝谈判,使谈判旷日持久,这是最不利索赔问题解决的。谈判应从业主关心的议题入手,从业主感兴趣的问题开始谈,使谈判气氛保持友好和谐是很重要的。

其次,谈判过程中要讲事实、重证据,既要据理力争,坚持原则,又要适当让步,机动灵活。所谓索赔的“艺术”,往往在谈判桌上能够得到充分的体现,所以选择和组织好精明强干,有丰富索赔知识的、有经验的谈判班子就显得极为重要。

(五)建设工程反索赔

1. 建设工程反索赔的概念与特点

1)建设工程反索赔的概念

反索赔是相对索赔而言的。在工程索赔中,反索赔通常指发包人向承包人的索赔。

由于承包商不履行或不完全履行约定的义务,或是由于承包商的行为使业主受到损失时,业主为了维护自己的利益,向承包商提出的索赔。

由此可见,业主对承包商的反索赔包括两个方面:其一是对承包商提出的索赔要求进行分析、评审和修正,否定其不合理的要求,接受其合理的要求;其二是对承包商在履约中的其他缺陷责任,如部分工程质量达不到要求,或拖延工期,独立地提出损失补偿要求。

2)建设工程反索赔的特点

(1)索赔与反索赔同时性。在工程索赔过程中,承包商的索赔与发包人的反索赔总是同时进行的,正如通常所说的“有索赔就有反索赔”。

(2)技巧性强。索赔本身就是属于技巧性的工作,反索赔必须对承包人提出的索赔进行反驳,因此它必须具有更高水平的技巧性,反索赔处理不当将会引起诉讼。

(3)发包人地位的主动性。在反索赔过程中,发包人始终处于主动有利的地位,发包人在经工程师证明承包人违约后,可以直接从应付工程款中扣回款项,或者从银行保函中得以补充。

2. 反索赔的内容

在施工工程中，业主反索赔的主要内容有以下几项。

1）工程质量缺陷的反索赔

当承包商的施工质量不符合施工技术规程的要求，或在保修期未满以前未完成应该负责修补的工程时，业主有权向承包商追究责任。如果承包商未在规定的期限内完成修补工作，业主有权雇用他人来完成工作，发生的费用由承包商承担。

2）拖延工程的反索赔

在工程施工过程中，由于多方面的原因，往往是工程竣工日期拖后，影响到业主对该工程的利用，给业主带来经济损失，业主有权对承包商进行索赔，由承包商支付延期竣工违约金。承包商支付此项违约金的前提是：工期延误的责任属于承包商。

3）保留金的反索赔

保留金是从业主应付工程款项中扣留下来用于工程保修期内支付施工维修的款项。当承包商违反工程保修条款或未能按要求及时负责工程维修，业主可向承包商提出索赔。

4）发包人其他损失的反索赔

（1）承包商不履行的保险费用索赔。如果承包商未能按合同条款制定的项目投保，并保证保险有效，业主可以投保并保证保险有效，业主所支付的必要保险费可在应付给承包商的款项中扣回。

（2）对超额利润的反索赔。由于工程量增加很多（超过有效合同的15%），使承包商预期的收入增大，承包商并不会增加任何固定成本，收入大幅度增加；或由于法规的变化导致承包商在工程实施中降低成本，产生超额利润。在这种情况下，应由双方讨论，重新调整合同价格，业主收回部分超额利润。

（3）对指定分包商的付款索赔。在工程承包商未能提供指定分包商付款合理证明时，业主可以直接按照工程师的证明书，将承包商未付给指定分包商所谓所有款项（扣除保留金）付给该分包商，并从应付承包商的任何款项中如数扣回。

（4）业主合理终止合同或承包商不正当地放弃工程的索赔。如果业主合理地终止承包商的承包，或者承包商不合理地放弃工程，则业主有权从承包商手中收回新的承包商完成所需的工程款与原合同未付给的差额。

（5）由于工伤事故给业主方人员和第三方人员造成的人身或财产损失的索赔，以及承包商运送建筑材料及施工机械设备时损坏公路、桥梁或隧洞，道桥管理部门提出的索赔等。

5）业主反驳与修正承包商提出的索赔

反索赔的另一项工作就是对承包商提出的索赔要求进行评审、反驳与修正。首先是审定承包商的这项索赔要求有无合同依据，即有没有该项索赔权。审定过程中要全面参阅合同文件中的所有有关合同条款，客观评价、实事求是、慎重对待。对承包商的索赔要求不符合合同文件规定的，即被认为没有索赔权，而使该项索赔要求落空。但要防止有意的轻率否决的倾向，避免合同争端升级。肯定其合理的索赔要求，反驳或修正不合理的索赔要求。根据施工赔偿的经验，判断承包商是否有索赔的权利时，主要考虑以下几方面的问题：

(1)此项索赔要求是否具有合同依据。凡是工程项目合同文件中有明文规定的索赔事项,承包商均有索赔权,即有权得到合理的费用补偿或工期延长;否则,业主可以拒绝此项索赔要求。

(2)索赔报告中引用索赔理由不充分,论证索赔漏洞较多,缺乏说服力。在这种情况下,业主和工程师可以否决该项索赔要求。

(3)索赔事项的发生是否为承包商的责任。属于承包商方面造成的索赔事项,业主都应予以反驳拒绝,采取反索赔措施。属于双方都有一定责任的情况,则要分清谁是主要责任者,或按各方责任的后果,确定承担责任的比例。

(4)在事件初发时,承包商是否采取了控制措施。在工程合同实施中的一般做法与要求是:凡是遇到偶然事故影响工程施工时,承包商有责任采取力所能及的一切措施,防止事态扩大,尽力挽回损失。如确有事实证明承包商在当时未采取任何措施,业主可拒绝承包商要求的损失补偿。

(5)承包商向业主和工程师报送索赔意向通知书是否在合同规定的期限内。

(6)此项索赔是否属于承包商的风险范围。在工程承包合同中,业主和承包商都承担着风险,甚至承包商的风险更大。凡属于承包商合同风险的内容,如一般性天旱或多雨,一定范围内的物价上涨等,业主一般不能接受这些索赔要求。

任务五 信息管理

一、监理机构信息管理的目标与原则

(一)信息管理的目标

建立监理信息系统、信息编码系统等工程信息管理系统,保证工程信息采集、处理的准确、全面和及时,为工程建设的目标控制提供及时、准确、完整的信息。

(二)信息管理的原则

及时收集、处理、储存、传递和使用工程建设中的各种工程信息,及时为发包人和其他参建单位提供科学的决策依据。

二、信息的概念与特征

(一)信息的概念

在监理工作中,信息是对数据的解释,它反映事物的客观状态和规律。信息是指有意义的数据,是经过加工并对人们行动产生决策影响的数据。数据是指广义上的数据,包括文字、数值、语言、图表、图像等表达形式。整理加工以后的数据,经过人的解释即赋予一定的意义后,才能成为信息。

(二)监理信息的特征

信息具有事实性、时效性、价值性、可加工性、共享性、可存储性、等级性、传递性等一般特征。对于监理信息,其基本特征是真实性、系统性、时效性和不完全性。

(1)真实性。由于信息反映事物现象与本质的内在联系,因此信息必须真实。

(2)系统性。信息都来源于信息源,它是信息源整体的一部分,脱离开整体与系统不能独立存在。

(3)时效性。新的信息会随时取代原有信息,新的信息发出后,原有信息就不能再使用,即在有效的时限内信息是可用的。

(4)不完全性。由于人的感官以及各种测试手段的局限性,对信息资源的开发和识别难以做到全面。对信息的收集、转换和利用不可避免有主观因素存在,这就导致了信息有不完全的一面。

三、监理信息的构成及类型

(一)监理信息的构成

监理信息主要由文字图形信息、语言信息、现代信息和市场信息构成,它们又各自包含以下内容。

1. 文字图形信息

如勘察、测绘、设计图纸及说明书、合同,工作条例及规定,项目施工组织设计,情况报告,原始记录,统计图表、报表,信函等。

2. 语言信息

如口头分配任务、工作指示、工作汇报、工作检查、谈判交涉、建议、批评、工作讨论和研究、工作会议等。

3. 现代信息

如网络、电话、电报、电传、计算机、电视、录像、录音、广播等。

4. 市场信息

如材料价格、质量,供应商有关信息,承包商有关信息,分包商有关信息等。

(二)监理信息的类型

1. 按照建设监理的目的划分

1)质量控制信息

如国家有关的质量政策及质量标准、项目建设标准、质量目标的分解结果、质量控制的工作流程、质量控制的工作制度、质量控制的风险分析、质量抽样检查的数据等。

2)进度控制信息

如施工定额、项目总进度计划、关键线路和关键工作、进度目标分解、进度控制的工作流程、进度控制的工作制度、进度控制的风险分析、某段时间的进度记录等。

3)投资控制信息

如各种估算指标、类似工程的造价、物价指数、概算定额、工程项目投资估算、设计概算、合同价、工程报价表、币种汇率、利率、保险、施工阶段的支付账单、原材料价格、机械设备台班费、人工费、运杂费等。

2. 按照建设监理信息的来源划分

按第一种分类方法划分如下:

(1)发包人来函。如发包人的通知、指示、确认等。

(2)承包人来函。如承包人的请示、报批的技术文件、报告等。

(3)监理人发函。如监理人的请示、通知、指示、批复、报告等。

(4)监理机构内部技术文件、管理制度、通知、报告、现场记录、调查表、检测数据、会议纪要等。

(5)主管部门文件。

(6)其他单位来函。

按第二种分类方法划分如下。

1)项目内部信息

项目内部信息即取自建设项目本身的信息。如工程概况、设计文件、施工方案、合同文件、合同管理制度、信息资料的编码系统、信息目录表、会议制度、监理班子的组织,以及项目的投资目标、质量目标、进度目标、施工现场管理、交通管理等。

2)项目外部信息

项目外部信息即来自项目外部环境的信息。如国家有关的政策、法律及规章,国内和国际市场上的原材料及设备价格,物价指数,以及类似工程造价,类似工程进度,投标单位的实力,投标单位的信誉,毗邻单位情况与主管部门、当地政府的有关信息等。

3.按照信息功能划分

(1)监理日志、记录、会议纪要。

(2)监理月报、年报、监理专题报告、监理工作报告。

(3)申请与批复。

(4)通知、指示。

(5)检查与检测记录及验收报告。

(6)合同文件、设计文件、监理规划、监理实施细则、监理制度、施工组织设计、施工措施计划、进度计划等技术和管理文件等。

4.按照信息形式划分

(1)纸质(文字、图表)。

(2)声像。

(3)图片。

(4)电子文档。

5.按照信息的稳定程度划分

1)固定信息(静态信息)

固定信息是指在一定时间内相对稳定不变的信息。它包括以下信息:

(1)标准信息。主要是指各种定额和标准,如施工定额、原材料消耗定额、生产作业计划标准、设备和工具的耗损程度等。

(2)计划信息。主要是指在计划期内拟定的各项指标情况。

(3)查询信息。是指在一个较长的时期内很少发生变更的信息,如国家和专业部门颁发的技术标准、不变价格、监理工作制度、监理实施细则等。

2)流动信息(动态信息)

流动信息是指在不断变化着的信息。如项目实施阶段的质量、投资及进度的统计信息、原材料消耗量、机械台班数、人工工日数等。

6. 按照信息的层次划分

1) 战略性信息(决策层信息)

战略性信息是指有关项目建设过程的战略决策所需的信息,如项目规模、项目投资总额、建设总工期、承包商的选定、合同价的确定等信息。

2) 策略性信息(管理层信息)

策略性信息是指供有关人员或机构进行短期决策用的信息,如项目年度计划、财务计划等。

3) 业务性信息(作业层信息)

业务性信息是指各业务部门的日常信息,如日进度、月支付额等。这类信息是经常性的,也是大量的。

7. 按照其他标准划分

(1)按信息范围的不同,可将监理信息分为精细的信息、摘要的信息。

(2)按信息时间的不同,可将监理信息分为历史性的信息、预测性的信息。

(3)按监理阶段的不同,可将监理信息分为计划的信息、作业的信息、核算的信息、报告的信息。

(4)按信息的期待性不同,可将监理信息分为预知的信息、突发的信息。

四、信息管理与信息系统

(一)信息管理

1. 信息管理的概念

信息管理是指信息资料的收集、分类、整编、归档、保管、传阅、查阅、复制、移交、保密等一系列工作的总称。信息管理目的就是通过有组织的信息流通,使决策者能及时、准确地获得有用的信息。

2. 监理信息管理的任务

监理信息管理的基本任务是及时掌握准确完整的信息,依靠有效信息对质量、进度、投资进行有效控制,以卓越成效完成监理任务。

(二)信息系统

1. 信息系统的概念

信息系统是指由人和计算机等组成,以系统思维为依据,以计算机为手段,进行数据(情况)收集、传递、处理、存储、分发、加工产生信息,为决策、预测和管理提供依据的系统。根据系统原理,信息系统由输入、处理、输出、反馈、控制五个基本要素组成。

常见的信息系统主要有办公自动化系统(Office Automation System,简称 OAS)、事务(业务)处理系统(Transaction Processing System,简称 TPS)、管理信息系统(Management Information System,简称 MIS)和决策支持系统(Decision Support System,简称 DSS)等。

2. 建设工程监理信息系统

监理信息系统就是管理信息系统(MIS)原理和方法在建设监理工作中的具体应用。监理信息系统一般由质量控制子系统、进度控制子系统、投资控制子系统、合同管理子系统、施工安全与环境保护子系统、行政事务子系统等六个子系统和一个数据库管理系统组成。各子系统之间既相互独立,各有其自身目标控制的内容和方法,又相互联系,互为其他子系统提供信息。

五、施工阶段信息管理的内容及程序

(一)信息管理的内容及要求

水利部《水利工程建设项目施工监理规范》(SL 288—2003)规定了信息管理的内容及要求,分述如下:

(1)监理机构应建立包括下列内容的监理信息管理体系:

①设置信息管理人员并制定相应岗位职责。

②制定包括文档资料收集、分类、整编、归档、保管、传阅、查阅、复制、移交、保密等的制度。

③制定包括文件资料签收、送阅与归档及文件起草、打印、校核、签发、传递等在内的文档资料的管理程序。

④文件、报表格式:

A. 常用报告、报表格式应采用相关规范中所列的和水利部印发的其他标准格式。

B. 文件格式应遵守国家及有关部门发布的公文管理格式,如文号、签发、标题、关键词、主送与抄送、密级、日期、纸型、版式、字体、份数等。

⑤建立信息目录分类清单、信息编码体系,确定监理信息资料内部分类归档方案。

⑥建立信息采集、分析、整理、保管、归档、查询系统及计算机辅助信息管理系统。

(2)监理文件应符合下列规定:

①按规定程序起草、打印、校核、签发监理文件。

②监理文件应表述明确、数字准确、简明扼要、用语规范、引用依据恰当。

③按规定格式编写监理文件,紧急文件应注明急件字样,有保密要求的文件应注明密级。

(3)通知与联络应符合下列规定:

①监理机构与发包人和承包人以及其他人的联络应以书面文件为准。特殊情况下可先口头或电话通知,但事后应按施工合同约定及时予以书面确认。

②监理机构发出的书面文件,监理机构应加盖公章,总监理工程师或其授权的监理工程师应签字并加盖本人注册印鉴。

③监理机构发出的文件应做好签发记录,并根据文件类别和规定的发送程序,送达对方指定联系人,并由收件方指定联系人签收。

④监理机构对所有来往文件均应按施工合同约定的期限及时发出和答复,不得扣压或拖延,也不得拒收。

⑤监理机构收到政府有关管理部门和发包人、承包人的文件,均应按规定程序办理签收、送阅、收回和归档等手续。

⑥在监理合同约定期限内,发包人应就监理机构书面提交并要求其作出决定的事宜予以书面答复;超过期限,监理机构未收到发包人的书面答复,则视为发包人同意。

⑦对于承包人提出要求确认的事宜,监理机构应在约定时间内作出书面答复,逾期未

答复，则视为监理机构认可。

(4)文件的传递应符合下列规定：

①除施工合同另有约定外，文件应按下列程序传递：

A. 承包人向发包人报送的文件均应报送监理机构，经监理机构审核后转报发包人。

B. 发包人关于工程施工中与承包人有关事宜的决定，均应通过监理机构通知承包人。

②所有来往的文件，除书面文件外，还宜同时发送电子文档。

③不符合文件报送程序规定的文件，均视为无效文件。

(5)监理日志、报告与会议纪要应符合下列规定：

①监理人员应及时、认真地按照规定格式与内容填写好监理日志。总监理工程师应定期检查。

②监理机构应在每月的固定时间，向发包人、监理单位报送监理月报。

③监理机构应根据工程进展情况和现场施工情况，向发包人、监理单位报送监理专题报告。

④监理机构应按照有关规定，在各类工程验收时，提交相应的验收监理工作报告。

⑤在监理服务期满后，监理机构应向发包人、监理单位提交项目监理工作总结报告。

⑥监理机构应对各类监理会议安排专人负责做好记录和会议纪要的编写工作。会议纪要应分发与会各方。但不作为实施的依据。监理机构及与会各方应根据会议决定的各项事宜，另行发布监理指示或履行相应文件程序。

(6)档案资料管理应符合下列规定：

①监理机构应督促承包人按有关规定和施工合同约定做好工程资料档案的管理工作。

②监理机构应按有关规定及监理合同约定，做好监理资料档案的管理工作。凡要求立卷归档的资料，应按照规定及时归档。

③监理资料档案应妥善保管。

④在监理服务期满后，对应由监理机构负责归档的工程资料档案逐项清点、整编、登记造册，向发包人移交。

(二)监理信息管理的程序

(1)建立信息管理制度。

(2)确定信息流内容。

(3)确定常用报告、报表格式。包括业主、质量监督站、设计单位、监理机构、承包单位、其他部门等常用报告、报表格式。

(4)建立监理信息库。包括信息采集系统、信息整理系统、信息查询系统等。

(5)建立现场监理信息分析系统。

(6)建立现场监理常用报告、报表编制处理系统。

(7)建立文件档案管理系统。

(8)按合同规定移交业主。

六、建设项目信息收集

建设项目信息收集,就是将时间和空间上分散的一些数据进行集中。它是管理信息处理的基础,其收集要制度化、规范化,要明确收集的时间和次数或数量,并保证原始资料的完整和真实。

对于业主和监理工程师,在工程施工阶段的管理中,建设项目信息收集分为施工前和施工过程中两个阶段。

(一)施工前的信息资料收集

施工前的信息资料收集主要包括以下几个方面。

1.批准的可行性研究报告及其他资料

如规划许可、土地使用、可行性研究报告及审批手续、施工许可、质量监督注册、安全监督注册等。

2.工程设计文件及有关资料

如勘察报告、初步设计、技术设计、施工图设计等有关信息。

3.施工承包合同文件及有关资料

如工程施工承包合同、材料设备供应合同等。

(二)施工过程中的信息资料收集

施工过程中的资料来源可分为来自业主、承包商、监理机构本身三个方面。

1.来自业主的信息

业主对施工过程中有关进度、质量、投资、合同、安全等方面的看法和意见,工程变更的处理意见等,监理工程师应及时收集整理。

当业主负责某些材料的供应时,监理工程师需要收集业主所提供材料的品种、数量、规格、价格,提(交)货地点、提货方式等信息。也应注意收集材料材质证明、检验(试验)资料。

2.来自承包商的信息

承包商是工程建设的具体实施者,现场发生的各种情况,包含了大量信息,承包商必须掌握收集的信息内容,必须保证信息的及时性、完整性;监理工程师也必须重视这些信息的收集,包括承包商的施工组织设计、施工方案、进度计划、施工现场管理制度、施工项目自检报告、施工质量问题报告、有关问题的处理等。

3.来自监理机构的信息

业主方将对承包商的部分管理权力委托监理单位实施,监理单位又由派驻工地的监理机构完成委托工作。在这个阶段,监理工程师要形成大量的工程管理资料,也是监理工程师履行监理合同义务的证明。

监理机构形成的信息主要来源于以下三个方面:

(1)监理记录。包括历史性记录、工程计量和工程款支付记录、质量记录、竣工记录等。

(2)会议记录。包括第一次工地会议、监理例会、专题工地会议记录等。

(3)监理月报。

七、建设项目信息处理

建设项目信息处理一般包含信息收集、加工整理、传输、存储、检索和应用六项内容。信息处理必须借助于一定的载体和信息管理系统进行。

(一)信息收集

信息收集即采集原始信息资料。信息收集需注意以下三点:

(1)明确信息收集的目的性。

(2)界定信息收集的范围。包括对象范围(需要什么样的信息)、时间范围(用多长时间收集这些信息)、空间范围(从哪里收集这些信息)。

(3)选择好信息源。

(二)信息加工整理

信息加工整理即对收集到的大量原始信息进行鉴别、筛选、分类、排序、压缩、分析、比较、计算,使其标准化、系统化,形成标准的、系统的信息资料。

信息加工整理的步骤如下:

(1)鉴别。

(2)筛选。

(3)分类。

(4)排序。

(5)初步激活。

(6)编写。

(三)信息传输

信息传输即借助于一定的载体(如纸张、胶片、软盘、电子邮件等)在监理机构内部、参建单位之间及上级单位进行传播,通过传输,形成各种信息流。信息传输需注意以下三点:

(1)传输目的明确具体。

(2)传输过程控制严格。

(3)讲究时效性,防止信息失真、畸变。

(四)信息存储

储存信息一般借助于纸张、胶卷、录像带、计算机等载体。信息存储需注意以下四点:

(1)准确性,即内容准确、表述清楚、结构有序。

(2)安全性,即防丢失、防毁坏。

(3)方便性,即使用方便、更新方便。

(4)经济性,即节约空间、节省费用。

(五)信息检索

信息检索即为了查找信息方便,制定的一套科学、迅速的查找方法和手段。完善的信息检索系统应达到信息保存完善且查找方便的要求。使用计算机存储和检索信息,是目前普遍实行的信息管理方式。

(六)信息应用

信息应用即将处理好的信息,按照不同需求,编印成各种表格、文件,以书面形式或者计算机网络进行输出应用解决实际问题。信息应用需注意以下三点:

(1)判断什么样的信息有利于问题的解决。

(2)判断所需的信息是否存在。

(3)利用或开发信息。

八、建设项目监理文档管理

建设项目监理文档管理是指监理机构在开展监理工作期间,对工程建设实施过程中形成的文件资料进行收集、加工整理、立卷归档和检索利用等一系列工作。建设项目监理文档管理的对象是监理文件资料,它们是建设项目监理信息的载体。配备专门人员对监理文件资料进行系统、科学的管理,对于建设项目监理工作具有重要意义。

建设项目监理文档管理的主要内容包括监理文件资料传递流程的确定,监理文件资料的登录与分类存放,监理文件资料的立卷归档等。《水利工程建设项目档案管理规定》(水办〔2005〕480 号)第八条规定:勘察设计、监理、施工等参建单位,应明确本单位相关部门和人员的归档责任,切实做好职责范围内水利工程档案的收集、整理、归档和保管工作;属于向项目法人等单位移交的应归档文件材料,在完成收集、整理、审核工作后,应及时提交项目法人。项目法人应认真做好有关档案的接收、归档和向流域机构档案馆的移交工作。

水利工程文件材料的收集、整理应符合《科学技术档案案卷构成的一般要求》(GB/T 11822—2008)。归档文件材料的内容与形式均应满足档案整理规范要求。即内容应完整、准确、系统;形式应字迹清楚、图样清晰、图表整洁、竣工图及声像材料须标注的内容清楚、签字(章)手续完备,归档图纸应按《技术制图复制图的折叠方法》(GB/T 10609.3—2009)要求统一折叠。电子文件的整理、归档,参照《电子文件归档与管理规范》(GB/T 18894—2002)执行。

有关建设项目监理文档管理的具体内容,参见项目四中的“监理档案资料整编”,此处不再叙述。

任务六 施工安全与环境保护管理

一、监理机构安全管理的方针、目标与原则

(一)安全管理的方针

我国工程建设项目安全管理的方针是:“安全第一,预防为主”。“安全第一”体现了“以人为本”的理念,在生产中应把安全工作放在第一位,处理好安全与生产的关系;“预防为主”是强调在生产中要做好预防工作,把事故消灭在发生之前,防患于未然,是实现安全生产的基础。作为监理机构应认真贯彻执行安全管理方针,加强施工安全控制和安全监理,保障工程建设质量、进度、投资三大目标的顺利实现。

(二)安全管理的目标

通过对生产因素具体的状态控制,使生产因素不安全的行为和状态减少或消除,不引发人为事故,尤其是不引发使人受到伤害的事故。使建设项目效益目标的实现,得到充分保证。

(三)安全管理的原则

安全管理必须坚持管生产必须管安全、安全一票否决权、职业安全卫生"三同时"、安全事故处理"四不放过"(事故原因未查清不放过、事故责任者未处理不放过、广大职工未受教育不放过、防范措施未落实不放过)等基本原则。

安全管理贯穿于工程建设项目的整个始末,这是一个很重要的工作,随着社会化大生产的不断发展,劳动者在生产经营活动中的地位不断提高,安全问题也越来越受到政府及公众的重视。在项目建设过程中,如何提高安全生产工作和文明施工的管理工作,实现安全生产的标准化、规范化,预防伤亡事故的发生,确保职工的安全与身体健康,是每个监理机构及施工企业日常管理工作的重中之重和首要职责。

二、监理单位的安全管理责任与权利

(一)监理单位的安全管理责任

为加强建设工程安全生产监督管理,保障人民群众生命和财产安全,2003 年 11 月 24 日国务院发布第 393 令,颁布了《建设工程安全生产管理条例》,自 2004 年 2 月 1 日起施行;2005 年 6 月 22 日水利部部务会议审议通过了第 26 号令《水利工程建设安全生产管理规定》,自 2005 年 9 月 1 日起施行。《建设工程安全生产管理条例》第四条规定:建设单位、勘察单位、设计单位、施工单位、工程监理单位及其他与建设工程安全生产有关的单位,必须遵守安全生产法律、法规的规定,保证建设工程安全生产,依法承担建设工程安全生产责任。其中对监理单位的安全管理责任作如下规定:

(1)工程监理单位应当审查施工组织设计中的安全技术措施或者专项施工方案是否符合工程建设强制性标准。

(2)工程监理单位在实施监理过程中,发现存在安全事故隐患的,应当要求施工单位整改;情况严重的,应当要求施工单位暂时停止施工,并及时报告建设单位。施工单位拒不整改或者不停止施工的,工程监理单位应当及时向有关主管部门报告。

(3)工程监理单位和监理工程师应当按照法律、法规和工程建设强制性标准实施监理,并对建设工程安全生产承担监理责任。

(二)监理单位的安全管理权利

1. 监督检查权

安全监理人员有权对委托范围内实施全过程、全方位的监督检查,任何人无权拒绝、阻挠、干预。安全监理人员不仅可对施工现场安全事项事要监督检查,而且有权对施工单位安全内业资料进行监督检查。对检查监督情况填写在"安全监理日记"中,同时定期向建设单位提交"安全监理周报"、"安全监理月报"。

2. 限期整改权

对检查出的事故隐患,安全监理人员应向施工单位下达"安全监理通知单",指令责任单位按要求限期整改。施工项目负责人在接到指令书后,应定人、定时、定措施按要求组织整改落实,并主动申请复查验收。

3. 停工整顿权

对发现重大隐患(指可能直接影响工程安全和危及生命、财产安全)或不能限期整改的,安全监理人员有权指令“停工整顿”。停工整顿的指令应由安全总监理工程师签署,并抄送建设单位备案。由此延误的工期或其他损失由承包单位负责承担。

4. 开工、复工权

与停工整顿权相对应,经安全监理人员验收后,确认危险已消除或可以边建设边整改时,应由安全总监理工程师签发复工通知。

5. 奖罚权

建设单位在与承包单位签订的安全生产协议书中应明确:承包单位应接受安全监理单位依据政府安全生产奖罚条例实施的奖罚。建设单位根据安全监理人员开具的处罚单,在承包单位所交的安全抵押金或工程费中扣除罚金。

对安全生产中有突出表现的,安全监理人员有权根据建设单位委托,依据主管部门所颁布的安全生产奖罚条例,经安全总监理工程师批准实施奖励。对超过权限的奖励,可给建设单位发联系单,提出重奖建议。

6. 验收权

在工程建设中,安全监理工程师应参加对涉及建筑结构安全的工程验收,安全验收不合格不得进入下一道工序施工;进场建筑材料对结构安全和消防安全或可能影响施工现场人员的安全与健康时,安全监理工程师应参与进场材料验收工作;安全监理工程师应参加施工机械设备安装验收,验收不合格不得投入使用;安全总监理工程师应组织对安全设施进行专项验收,安全设施验收不合格不得进行施工生产。

7. 审批核准权

安全监理人员有权审查承包单位施工组织设计和专项施工方案中的安全事项,对不符合安全要求及未采取安全措施的设计和方案,可提出修改意见,直至施工单位修改合格,经安全总监理工程师签字后方可实施;安全监理工程师有权对施工安全技术措施费用进行审核确认。

8. 调解权

由于监理单位是介于建设单位、承包单位之外的独立的第三方,因此又赋予它有调解权。安全监理工程师应坚持独立、公平、公正原则开展安全监理工作。

三、安全监理的工作任务及依据

(一)安全监理的工作任务

监理单位对水利工程建设安全负有监督管理的责任和义务,总监理工程师是监理工作范围内的第一安全责任人,一般大型建设项目总监理工程师兼任安全总监理工程师。安全监理机构在总监理工程师的领导和组织下开展安全监理工作。

(1)建立以安全责任制为中心的安全监理制度及运行机制,把安全生产作为日常监理工作的重要内容,及时纠正施工单位在安全生产中的违规行为。

(2)在“监理大纲”、“监理规划”中,明确安全监理目标、措施、计划和工作程序,并据此编制“安全监理实施细则”,严格执行监理工作制度,重要施工工序确保做到旁站和平行检测。

(3)审查施工单位的施工组织设计、重大技术方案及现场总平面布置所涉及的安全文明施工和环境保护措施。

(4)监督检查施工单位现场安全文明施工状况,发现问题及时督促整改。

(5)审查施工单位大、中型起重机械安全准用证、安装(拆除)资质证、操作许可证,监督检查施工机械安装、拆除、使用和维修过程中的安全技术状况,发现问题及时督促整改。

(6)审查设计单位的设计体系履行安全职责的状况,发现问题及时向建设单位反映督促解决。

(7)审查施工单位编制的安全、职业健康与环境管理工作程序;审批单位工程开工报告。

(8)审查重大项目、重要工序、危险性作业和特殊作业的安全措施,并监督实施。

(9)协调解决各承包商交叉作业和工序交接中存在的影响安全文明施工的问题,对重大问题,应跟踪控制。

(10)严格控制土建交付安装、安装交付调试以及整套启动、移交生产所应具备的安全条件。

(11)协助建设单位组织安全大检查,并督促落实整改要求,对危及工程安全的水利工程建设施工活动,按照监理权限下达停工指令,并及时向水利工程建设行政主管或安全监督机构报告拒不整改安全隐患的行为。

(12)参加人身重伤以上事故和重大机械设备、火灾事故以及重大场区内交通事故的调查处理工作。

(13)对水利工程建设方案的安全性和水利工程建设单位的安全生产管理作出评价,并列入安全竣工验收资料。

(14)协调建设单位落实安全技术措施费用。

(二)安全监理的依据

水利工程建设项目安全监理的工作依据包括以下几个方面:

(1)设计的水利建设图纸(包括变更设计)。

(2)设计的水利工程建设说明书。

(3)工程投标书。

(4)本工程委托安全监理合同书。

(5)经过建设单位审定的水利工程建设组织计划。

(6)建设单位与承包单位签订的水利工程建设施工合同及附件。

(7)建设单位认可的安全监理方案和安全监理实施细则。

(8)《建设工程安全生产管理条例》。

(9)《水利工程建设安全生产管理规定》。

(10)《水利工程建设监理规定》。

(11)政府有关安全生产的法令、法规、政策和规定。

四、施工阶段施工安全与环境保护监理的内容及程序

(一)施工安全与环境保护监理的内容及要求

水利部《水利工程建设项目施工监理规范》(SL 288—2003)规定了施工安全与环境保护监理的内容及要求,分述如下:

(1)施工安全应符合下列规定:

①监理机构应根据施工合同文件的有关约定,协助发包人进行施工安全的检查、监督。

②工程开工前,监理机构应督促承包人建立健全施工安全保障体系和安全管理规章制度,对职工进行施工安全教育和培训;应对施工组织设计中的施工安全措施进行审查。

③在施工过程中,监理机构应对承包人执行施工安全法律、法规和工程建设强制性标准以及施工安全措施的情况进行监督、检查。发现不安全因素和安全隐患时,应指示承包人采取有效措施予以整改。若承包人延误或拒绝整改,监理机构可责令其停工。当监理机构发现存在重大安全隐患时,应立即指示承包人停工,做好防患措施,并及时向发包人报告;如有必要,应向政府有关主管部门报告。

④当发生施工安全事故时,监理机构应协助发包人进行安全事故的调查处理工作。

⑤监理机构应协助发包人在每年汛前对承包人的度汛方案及防汛预案的准备情况进行检查。

(2)施工环境保护应符合下列规定:

①工程项目开工前,监理机构应督促承包人按施工合同约定,编制施工环境管理和保护方案,并对落实情况进行检查。

②监理机构应监督承包人避免对施工区域的植物和建筑物等的破坏。

③监理机构应要求承包人采取有效措施对施工中开挖的边坡及时进行支护和做好排水措施,尽量避免对植被的破坏并对受到破坏的植被及时采取恢复措施。

④监理机构应监督承包人严格按照批准的弃渣规划有序地堆放、处理和利用废渣,防止任意弃渣造成环境污染、影响河道行洪能力和其他承包人的施工。

⑤监理机构应监督承包人严格执行有关规定,加强对噪声、粉尘、废气、废水、废油的控制,并按施工合同约定进行处理。

⑥监理机构应要求承包人保持施工区和生活区的环境卫生,及时清除垃圾和废弃物,并运至指定地点进行处理。进入现场的材料、设备应有序放置。

⑦工程完工后,监理机构应监督承包人按施工合同约定拆除施工临时设施,清理场地,做好环境恢复工作。

(二)安全监理的程序

安全监理的一般程序为:建立健全安全监理制度→明确安全监理责任→编制危险源辨识清单→制定安全监理控制措施→进行安全监理教育及交底→过程安全监督检查。

监理机构应按照监理规范要求编制包含有安全生产监督管理内容的监理规划和监理实施细则。在施工准备阶段,监理机构应当审查核验施工单位的有关安全生产文件及安全技术措施。审查未通过的安全技术措施及安全专项方案不得实施。施工阶段监理机构

应核查施工单位提交的有关施工机械、安全设施等验收记录,并由项目总监理工程师在验收记录上签署意见;派专人对施工现场安全生产情况进行巡视检查,对发现的各类安全隐患,应书面通知施工单位,并督促其立即整改;情况严重的,监理单位应立即下达工程暂停令,要求施工单位停工整改,并同时报建设单位;隐患消除后,监理单位应检查整改结果,签署复查或复工意见。施工单位拒不整改或不停工整改的,监理单位应当及时向工程所在地建设行政主管部门报告。有关检查、整改、复查、报告等应在监理日记、监理月报上记载。工程竣工验收后,监理单位应将有关安全管理资料立卷归档。如安全生产技术文件、验收记录、安全监理规划、监理细则、监理日记、监理月报、会议纪要等。

五、安全监理方法与施工安全控制

(一)安全监理方法

安全监理常用的方法有以下几个方面。

1. 审核有关文件、报告和报表

对施工单位有关文件、报告和报表进行审核,是控制施工单位安全管理的有效手段,这样能有效地行使安全监理的权力,保证施工单位按照安全监理的要求进行安全文明施工。在水利工程建设过程中,监理机构主要进行审核的内容如下:

(1)审核进入水利工程建设现场各施工单位的安全资质和证明文件及三类人员上岗资质。

(2)审核正式开工报告所需的材料,根据建设单位划分的审批权限,办理开工指令。

(3)审核施工单位提交的施工组织设计和施工方案,确保水利工程建设工程安全、文明施工。

(4)审核施工单位提交的有关资料、检验报告和试验报告。

(5)审核施工单位提交的安全动态、进度计划等统计资料或管理图表。

(6)参与图纸会审,审核设计变更图纸。

(7)审核工程安全事故处理报告。

(8)审核新工艺、新技术、新材料、新结构的技术鉴定书。

(9)审核施工单位提交的关于工序交接检查,分部、分项工程安全检查报告。

(10)审核并签署现场有关安全技术签证文件。

2. 现场安全检查

现场检查是安全监理发现施工单位安全管理问题的主要方法,也是了解施工单位安全状况的主要途径,是安全监理进行安全监控的基础。安全检查主要有以下三种分类:

(1)开工前的检查。包括设计文件、设计交底、施工组织设计(含平面布置图);施工方案;施工队伍的思想准备、组织准备、安全准备、技术准备,包括向班组技术交底、技术培训、安全教育等;建立安全管理体系、安全保证体系,工区有安全员,班组有兼职安全员;各种设备须处于完好状态。

(2)单元(工序)工程、分部工程实施中的检查,并签署验收记录。

(3)随班日常检查。

在现场安全检查,主要采用以下三种方式:

(1)旁站。对重大分部分项工程或涉及结构安全的隐蔽工程实施旁站监理。监督施工单位按照审批的施工方案执行。

(2)巡视。安全监理人员采取定期检查和不定期的巡视检查,对施工现场实施全方位的安全监督。

(3)平行检验。平行检验是监理人员利用一定的检查或检测手段,在施工承包单位自检的基础上,按照一定的比例独立进行检查或检测的活动。

3. 隐患处理

对于隐患的处理,安全监理可采用以下方式:

(1)监理工程师根据经验区别"通病"、"顽症"、首次出现、不可抗力等类型,要求施工单位修订和完善安全整改措施。

(2)监理工程师应对检查出的安全事故隐患立即发出安全隐患整改通知单,并进行跟踪复查。

(3)监理工程师对检查出的违章指挥和违章作业行为应立即向责任人当场指出,立即纠正。

4. 安全生产奖惩制

通过执行安全生产协议书中安全生产奖惩制,确保施工过程中的安全,促使施工生产顺利进行。

5. 安全监理记录与报告

建立健全安全监理记录与报告是做好安全监控,全面、有效地执行合同的重要一环。系统、完善、科学的安全监理信息文件包括工程建设中"人、机、料、法、环"各方面的检查、审核、验收、备案等监理记录与报告。这些监理记录不仅可以及时反映出水利工程建设工程安全状况,发现水利工程建设中存在问题,保证工程费用的合理使用,而且可以作为安全监理工程师正确发布指令、公正地处理索赔与延期、合理地解决合同纠纷的依据。安全监理记录和报告等信息资料同时也是竣工后运营期间管理工作的一项重要数据资料。

(二)施工安全控制

施工阶段施工安全控制主要包括以下三个方面。

1. 作业活动准备状态的控制

在施工作业活动前,安全监理应对准备情况进行控制,包括以下几个方面:

(1)审查施工现场劳动组织和作业人员的资格。

(2)审查施工单位对从业人员进行安全教育培训情况。

(3)监督施工单位进行作业安全技术交底。

(4)监督总包落实对分包单位的安全管理工作。

2. 作业活动运行过程的控制

在各项施工作业活动中,监理要对施工现场技术方面、管理方面进行监控,同时也要对各方安全管理工作进行控制,以履行安全监理职责,保证安全生产,控制的具体内容包括以下几个方面:

(1)对现场重大危险源及与之相关的重点部位、过程和活动应组织专人进行重点监控。

(2)安全防护设施的搭设和拆除的监控,以及使用维护管理的控制。

(3)施工现场危险部位安全警示标志的检查。

(4)施工机具、施工设施使用维护管理的控制。

(5)施工现场临时用电的控制。

(6)起重机械、设备安装和拆除的监控,对其使用维护管理的控制。

(7)个体劳动防护用品使用的控制。

(8)安全物资的控制。

(9)安全检测工具性能、精度的控制。

(10)施工现场消防安全的控制。

(11)施工现场及毗邻区域地下管线、建(构)筑物等的专项防护的监控。

(12)粉尘、废气、废水、固体废弃物、噪声等排放的控制。

(13)施工现场环境卫生安全的控制。

(14)安全自检与互检工作的监控。

(15)安全记录资料的监控。

(16)安全管理制度的检查监督。

(17)对分包单位的监控。

(18)供应单位的控制。

(19)大型起重机械设备拆装单位的监控。

3.作业活动后结果的控制

监理工程师应做好各安全设施、施工机械安全技术交底及验收情况的统计、汇总工作,填写检查汇总表。

六、环境保护监理

水利工程建设施工现场环境保护的主要目的在于保障从业人员的健康,不发生群体健康事故,同时也避免施工对周围环境造成污染,以达到项目安全管理整体目标。水利工程建设现场在施工过程中主要会产生噪声、废水、固体废弃物、现场粉尘等污染物,因此监理机构应加强施工现场的环境保护监理。

(一)环境保护监理的依据

环境保护监理主要依据有关法律法规,例如:《水法》、《环境保护法》、《土地法》、《水土保持法》、《水污染防治法》、《噪声污染防治法》、《固体废物污染环境防治法》、《土地复垦条例》、《建设项目竣工环境保护验收管理办法》等。

(二)环境保护监理的内容及方法

1.废水的管理

施工现场的废水排放时应控制并检查,以实现节能降耗和保护环境的目的。废水管理的范围包括雨水管网的管理、施工污水的管理、生活废水的管理。

(1)施工现场污水排放应达到国家相关标准的要求。

(2)在施工现场应针对不同的污水,设置如沉淀池、隔油池、化粪池等相应的处理设施。

(3)配合污水排放检测单位进行废水水质检测。

(4)保护地下水环境。采用隔水性能好的边坡支护技术。避免地下水被污染。

(5)对于化学品等有毒材料、油料的储存地,应有严格的隔水层设计,做好渗漏液收集和处理。

2. 废弃物的管理

(1)制订建筑垃圾减量化计划。合理组织材料使用,提高周转材料利用率。

(2)加强建筑垃圾的回收再利用。

(3)施工现场生活区设置封闭式垃圾容器,施工场地生活垃圾实行袋装化,及时清运。对建筑垃圾进行分类,集中运出。

3. 噪声的管理

施工现场的噪声源主要包括施工机械的运行、电动工具的操作、模板的支拆、修复与清理及非标准设备制作等,会对周围环境造成一定的影响。

(1)现场噪声排放不得超过国家标准建筑施工场界噪声限值的规定。

(2)在施工场界对噪声进行实时监测与控制。监测方法执行国家标准《建筑施工场界环境噪声排放标准》(GB 12523—2011)。

(3)使用低噪声、低振动的机具,采取隔音与隔振措施,避免或减少施工噪声和振动。

任务七　组织协调

一、监理机构组织协调的目标与原则

(一)协调的概念

协调又称协调管理或界面管理,是指通过协商、沟通、调度,联合所有的力量,使各项活动衔接有序地正常展开,以实现预定目标。

在水利工程项目建设的不同阶段、不同部位和参加项目建设的不同单位、不同层次之间,存在着大量的界面和结合部,协调的作用就是沟通、理顺这些界面和结合部的关系,化解各种矛盾,排除各种时空上的干扰,组织好各种工艺、工序之间的衔接,使工程总体建设活动能有机交叉进行,实现质量高、投资省、工期短的建设目标。

(二)协调的目标

为参建单位营造一个良好的施工氛围,融洽各方关系,充分调动各方的积极性,以全面实现工程项目的建设目标。

(三)协调的原则

坚持实事求是,平等协商,公正合理,兼顾参建各方的利益。对可能发生的相关各方之间的矛盾做对策准备,做到事先协调防范,事后及时排除,保证工程的顺利进行。

二、组织协调的依据

当前,建设项目的协调工作,普遍存在着面广量大、错综复杂、协调难度大的特点。监理工程师应坚持原则,紧紧地把握协调依据,实事求是地做好各方面的协调工作。协调的依据主要有以下几个方面：

(1)国家和政府有关部门颁发的法令、法规、规范、标准。

(2)国家发展和改革委员会、主管部门和地方政府对项目建设所做的各种批示、批文。

(3)国家批准的项目初步设计文件、建设工期、总投资。

(4)投资各方达成的合资协议。

(5)董事会或管委会历次会议纪要。

(6)建设各方相互签订的具有法律效力的合同和协议。

三、施工阶段组织协调的内容

协调工作贯穿于水利工程建设项目的全过程，渗透到水利工程建设项目的每一个环节。工程建设的每个过程、每个环节，都存在着不同程度的矛盾和干扰，甚至会产生冲突，这就需要不同层次的人员去协调。协调的内容包罗万象，小到短时间的停工停电，大到不可抗力的破坏和重大设计变更而引起的资金、施工方案的调整。归纳起来，协调的主要内容有：①协调日常施工干扰和相关单位或层次的协作配合；②平衡调配资源供给；③协调由设计变更引起的施工组织、施工方案的调整；④协调工程建设外部条件及其他重大问题等。

根据协调的上述内容，项目监理机构协调管理的范围可分为项目系统内部的协调和项目系统外部的协调。

(一)项目系统内部的协调

项目系统内部的协调主要包括项目系统内部人际关系的协调、组织关系的协调、需求关系的协调和建设各方之间的关系的协调。

1.人际关系的协调

(1)人员安排要量才录用。

(2)工作分工要职责分明。

(3)效率评价要实事求是。

(4)矛盾调解要恰到好处。

2.组织关系的协调

(1)设置各级组织机构。

(2)明确每个机构的目标、职责、权限。

(3)明确各个机构间的相互工作关系。

(4)建立信息沟通制度。

(5)及时消除工作中的各种矛盾和冲突。

3.需求关系的协调

工程建设项目实施中有人员需求、材料需求、能源动力需求等，但资源是有限的，因此内部需求关系的协调至关重要。内部需求关系的协调主要应抓好以下几个关键环节：

(1)抓住计划环节，平衡人、财、物。

(2)抓住“瓶颈”环节，平衡建设力量。

(3)抓住调度环节,交替配合各专业工种。

4.监理机构与业主关系的协调

(1)监理工程师理解业主的建设意图、建设工程总目标。

(2)监理机构做好监理宣传工作,增进业主对监理工作的理解和支持。

(3)监理工程师理解尊重业主,与业主一起投入建设工程全过程。

5.监理机构与施工单位关系的协调

施工阶段协调工作的主要内容如下。

1)与承包商项目经理关系的协调

从承包商项目经理及其工地工程师的角度来说,他们最希望监理工程师是公正、通情达理并容易理解别人的;希望从监理工程师处得到明确而不是含糊的指示,并且能够对他们所询问的问题给予及时的答复;希望监理工程师的指示能够在他们工作之前发出。他们可能对本本主义及工作方法僵硬的监理工程师最为反感。这些心理现象,作为监理工程师来说,应该非常清楚。一个既懂得坚持原则,又善于理解承包商项目经理的意见,工作方法灵活,随时可能提出或愿意接受变通办法的监理工程师肯定是受欢迎的。

2)进度问题的协调

由于影响进度的因素错综复杂,因而进度问题的协调工作也十分复杂。实践证明,有两项协调工作很有效:一是业主和承包商双方共同商定一级网络计划,并由双方主要负责人签字,作为工程施工合同的附件;二是设立提前竣工奖,由监理工程师按一级网络计划节点考核,分期支付阶段工期奖,如果整个工程最终不能保证工期,由业主从工程款中将已付的阶段工期奖扣回并按合同规定予以罚款。

3)质量问题的协调

在质量控制方面应实行监理工程师质量签字认可制度。对没有出厂证明、不符合使用要求的原材料、设备和构件,不准使用;对工序交接实行报验签证;对不合格的工程部位不予验收签字,也不予计算工程量,不予支付工程款。在建设工程实施过程中,设计变更或工程内容的增减是经常出现的,有些是合同签订时无法预料和明确规定的。对于这种变更,监理工程师要认真研究,合理计算价格,与有关方面充分协商,达成一致意见,并实行监理工程师签证制度。

4)对承包商违约行为的处理

在施工过程中,监理工程师对承包商的某些违约行为进行处理是一件很慎重而又难免的事情。当发现承包商采用一种不适当的方法进行施工,或是用了不符合合同规定的材料时,监理工程师除立即制止外,可能还要采取相应的处理措施。在发现质量缺陷并需要采取措施时,监理工程师必须立即通知承包商。

5)合同争议的协调

对于工程中的合同纠纷,监理工程师应首先采用协商解决的方式,协商不成时才由当事人向合同管理机关申请调解和仲裁。只有当对方严重违约而使自己的利益受到重大损失而不能得到补偿时,才用诉讼手段保护自己的利益。如果遇到非常棘手的问题,不妨暂时搁置,等待时机,另谋良策。

6)对分包单位的管理

对分包单位的管理主要是对分包单位明确合同管理范围,分层次管理。将总包合同作为一个独立的合同单元进行投资、进度、质量控制和合同管理,不直接和分包合同发生关系。

7)处理好人际关系

在监理过程中,监理工程师处于一种十分特殊的位置。业主希望得到独立、专业的高质量服务,而承包商则希望监理单位能对合同条件有一个公正的解释。因此,监理工程师必须善于处理各种人际关系,既要严格遵守职业道德,礼貌而坚决地拒收任何礼物,以保证行为的公正性,也要利用各种机会增进与各方面人员的友谊和合作,以利于工程的进展。否则,便有可能引起业主或承包商对其可信赖程度的怀疑。

(二)项目系统外部的协调

1.与政府部门关系的协调

(1)工程质量监督站是由政府授权的工程质量监督的实施机构,对委托监理的工程,质量监督站主要是核查勘察设计、施工单位的资质和工程质量检查。监理单位在进行工程质量控制和质量问题处理时,要做好与工程质量监督站的交流和协调。

(2)对于重大质量事故,在承包商采取急救、补救措施的同时,应敦促承包商立即向政府有关部门报告情况,接受检查和处理。

(3)建设工程合同应送公证机关公证,并报政府建设管理部门备案;征地、拆迁、移民要争取政府有关部门支持和协作;现场消防设施的配置,宜请消防部门检查认可;要督促承包商在施工中注意防止环境污染,坚持做到文明施工。

2.与社会团体关系的协调

监理机构与社会团体关系的协调是一种争取良好社会环境的协调,争取社会各界对建设工程的关心和支持。如协调好与各级地方政府及当地有关部门、金融机构、新闻媒体及其他社会团体的关系。

四、组织协调的方法

工程建设项目协调常用的方法是召开协调会议和采用适当的其他协调方式。

(一)召开协调会议

协调会议包括第一次工地会议、监理例会和监理专题会议。会议由总监理工程师或由其授权的监理工程师主持,工程建设有关各方应派员参加。通过召开协调会议,便于监理工程师对施工进度和质量的矛盾进行协调,同时方便各种信息在建设单位、施工单位之间传递,有利于工程的顺利进行。协调会议可以用来协调建设单位、监理工程师、施工单位之间的矛盾,也可以协调工程施工中的一些矛盾,使矛盾和问题及时得到解决,避免对工程建设项目三大目标产生影响。协调会议是监理工程师对工程施工进度、质量、投资情况进行经常性的检查,通过对执行合同的情况和施工技术问题的讨论,及时发现问题,为监理工程师决策提供依据。协调会议还可以集思广益,对施工中出现的各种问题采取建设性的措施。因此,召开协调会议是监理工程师的一项重要工作。

(二)其他协调方式

1. 交谈协调法

在实践中,并不是所有问题都需要开会来解决,有时可采用“交谈”这一方法,它又包括面对面交谈、电话交谈、口头指令等形式。交谈协调法的优点主要有以下几个方面:

(1)保持信息畅通的最好渠道。

(2)寻求协作和帮助的最好方法。

(3)及时、正确发布工程指令的有效方法。

在实践中,监理工程师一般都采用交谈方式先发布口头指令,这样,一方面可以使对方及时地执行指令,另一方面可以和对方进行交流,了解对方是否正确理解了指令。随后,再以书面形式加以确认。

2. 书面协调法

当会议或者交谈不方便或不需要时,或者需要精确地表达自己的意见时,就会用到书面协调的方法。书面协调方法的特点是具有合同效力,一般常用于以下几方面:

(1)不需双方直接交流的书面报告、报表、指令、通知、信函等。

(2)需要以书面形式向各方提供详细信息和情况通报的报告、信函和备忘录等。

(3)事后对会议记录、交谈内容、口头指令的书面确认。

3. 访问协调法

访问协调法主要用于外部协调中,有走访和邀访两种方式。

走访是指监理工程师在建设工程施工前或施工过程中,对与工程施工有关的各政府部门、公共事业机构、新闻媒介或工程毗邻单位等进行访问,向他们介绍工程的情况,了解他们的意见。邀访是指监理工程师邀请与工程建设有关的各单位代表到施工现场对工程进行指导性巡视,了解现场工作。因为在多数情况下,这些有关方面并不了解工程,不清楚现场的实际情况,如果进行一些不恰当的干预,会对工程产生不利影响。这个时候,采用访问法可能是一个相当有效的协调方法。

4. 情况介绍法

情况介绍法通常是与其他协调方法紧密结合在一起的,它可能是在一次会议前,或是在一次交谈前,或是一次走访或邀访前向对方进行的情况介绍。形式上主要是口头的,有时也伴有书面的。介绍往往作为其他协调的引导,目的是使别人首先了解情况。

项目案例

某大堤除险加固工程质量、进度、投资控制

一、工程概况

某大堤除险加固工程,加固实际堤长约55.799 km,其中加固与重建穿堤建筑物6座。

通过本次工程加固提高该段大堤的防洪能力,减轻防汛压力,配合其他工程措施,使

堤圈内广大平原的农田、村庄、大型煤矿、京沪铁路、合徐高速公路等能安全防御1954年洪水,结合临淮岗洪水控制工程和怀洪新河等分洪工程,使大堤的防洪标准达到百年一遇。

堤防工程主要工程量为:本工程主要由堤防加固工程、穿堤建筑物等组成,总土方填筑量175万m^3,总混凝土浇筑工程量4.77万m^3,黏土灌浆总进尺64.03万m,水泥土截渗墙4.5万m^2,砌块砌筑1.35万m^3。

受季风影响,本地区风向多变。冬季多偏北风,夏季多偏南风,春秋季多东风、东北风。年平均风速在3.4 m/s,最大月平均风速4.2 m/s(4月),最小月平均风速2.9 m/s(9月),平均风力2级,最大风力7级。

根据当地气象统计资料,多年平均降水量896 mm,降水量年内和年际变化都很大。汛期6~9月雨量占全年降水量的60%以上,汛期降水又多集中在7、8月。

区内地下水可分为孔隙潜水和孔隙承压水两大类。孔隙潜水主要赋存于1-2、2-2层沙壤土中,孔隙承压水主要赋存于3-2层沙壤土、3-3、4-2和5-2层细砂中,具一定的承压水头。含水层厚度一般均不大(1-2层厚度稍大),富水程度随岩性不同,也不尽相同。1-2、2-2、3-2层沙壤土一般属中等透水性土层(局部为弱透水性);3-3、4-2、5-2层细砂属中等—强透水性土层;而相对隔水层(1-1、2-1、3-1、4-1、5-1、6-1层等)则属弱—微透水性土层。

在新中国成立前该堤堤身矮小、堤线弯曲,没有形成完整的防洪体系。新中国成立后经过多次的加高培厚后,形成现在规模。堤身填筑土主要在沿堤线附近就近取土,人工堆筑而成,堤身碾压不实,填筑质量较差,土性一般与附近堤基地层相同或相近,以轻、中粉质壤土为主,堤身散浸、渗漏现象较为普遍,抗冲性能差。根据堤身填土的现状,现将其分为两大类:Ⅰ类,填土主要为中、重粉质壤土,夹少量轻粉质壤土;Ⅱ类,填土主要为轻粉质壤土、沙壤土,夹黏性土团。

该大堤除险加固工程堤防长55.799 km,堤身设计标准断面参数初步确定为:超高2.0 m;堤顶宽度10 m;堤防迎水坡为1:3;背水坡堤顶以下3 m处设置2 m宽平台(局部可为10 m),平台以上边坡1:3,以下边坡1:5。

加固与重建穿堤建筑物6座,对安淮站涵、郜湖站涵的穿堤涵洞拆除重建;对新集站涵和钱家沟站涵的穿堤涵洞进行局部的维修加固;对五河分洪闸临淮河侧引河河道进行清淤及上下游护坡修复处理;对防洪安全有重大影响的船闸闸门和启闭设备实施更换。

二、监理服务范围、方式、内容和目标

(一)监理服务范围

本次招标范围为某大堤加固工程建设监理Ⅱ标段(包含该段工程施工和移民、环境保护及水土保持项目):桩号52+102~104+124和115+691~122+968,本次加固堤长约55.799 km,监理服务期约42个月。

(二)监理方式

采取旁站、巡视、平行检验等监理方式。

(三)监理内容

监理内容主要是工程及相应的征地移民拆迁、水土保持、环境保护等方面的质量控制、进度控制、投资控制、合同管理、信息管理和协调工作。

(四)监理目标

(1)质量控制目标:工程质量达到合格。

(2)工期控制目标:监理服务期为×个月,即××××年×月至××××年×月。工期达到施工合同工期目标。

(3)投资控制目标:依据合同以承包合同价为控制目标。

三、工程质量控制

(一)质量控制主要任务和内容

(1)建立和健全项目监理机构的质量控制体系,并在监理工作过程中不断改进和完善。

(2)项目监理机构监督承包人建立和健全质量保证体系,并监督其贯彻执行。

(3)熟悉和掌握质量控制的技术依据。如已批准的设计文件和施工图纸,水利工程施工验收规范、质量等级评定标准以及有关操作规程,施工合同中有关质量的条款。组织施工图和设计变更的会审,提出会审意见,报告发包人,经发包人批准同意后,向承包人签发设计及设计变更文件。

(4)协助发包人做好施工现场准备工作,为承包人提供符合施工合同要求的施工现场。

(5)项目监理机构按照有关工程建设标准和强制性条文及施工合同约定,对所有施工质量活动及与质量活动相关的人员、材料、工程设备和施工设备、施工方法和施工环境进行监督和控制,按照事前审批、事中监督和事后检验等监理工作环节控制工程质量。

(6)项目监理机构严格按规定或施工合同约定,检查承包人现场检验设备、人员、技术条件等情况。

(7)项目监理机构对承包人从事施工、安全、质检、材料等岗位和施工设备操作等需要持证上岗的人员的资格进行验证和认可。对不称职或违章、违规人员,可要求承包人暂停或禁止其在本工程中工作。

(8)监理机构应审批承包人制定的施工控制网和原始地形图的施测方案,并对承包人施测过程进行监督,对测量成果进行签认,或参加联合测量,共同签认测量成果。

监理机构应对承包人在工程开工前实施的放线测量进行抽样复测或与承包人进行联合测量。

(9)监理机构应审批承包人提交的工艺参数试验方案,对现场试验实施监督,审核试验结果和结论,并监督承包人严格按照批准的工法进行施工。

(10)以单元工程为基础,对基础工程、隐蔽工程、分部工程的质量进行检查、签证和施工质量的评价。

(11)协助发包人调查处理工程质量事故。

(12)主持或参与工程阶段验收和竣工验收工作。

(13)施工安全监督:检查施工安全措施、劳动防护和环境保护设施及汛期防洪度汛措施等;参加重大安全事故调查并提出处理意见。

(二)质量控制主要措施

(1)严把设计图纸关。

①组织监理人员认真熟悉设计图纸,领会设计意图,把设计图纸中的"错、漏、碰、缺"等问题解决在开工前。

②组织设计交底及图纸会审,施工图纸交底和会审意见应由承包人或项目监理整理形成文字记录,经设计、监理、发包人各方会签后作为施工依据。确保未经会审的图纸不得用于施工。

③严格按程序办理设计变更及工程变更。

(2)建立工程质量控制体系,加强事前预控。

①建立监理工程师的质量控制体系。

②审查承包人质量保证体系及分包单位资质。

③建立工程开工申请制度。

④建立质检报表制度。要求承包人在单元工程完工后,必须填好单元工程验评表,在自检合格的基础上报监理组(附材料质保书、试验单、隐检单等)复验。项目监理组应严格"三检"(预检、复检、抽检),及时完整、准确记录整理检查资料(包括照片),督促承包人限时整改不合格工程,加强薄弱环节的管理。

(3)审查施工组织设计、施工方案。

①提出审查意见及时发回承包人并送发包人备案。

②严格落实经审批的施工组织设计、施工方案的全面执行不得任意改动,并在其实施完毕后,对实施效果作出评价。

(4)严格控制工程材料、土料等质量,杜绝不合格材料进入现场。

(5)对施工测量、放样等进行随机抽查。如发现问题应及时通知承包人纠正,并作出监理记录。

(6)严格工序质量管理。

①加强施工过程检查。建立施工值班制度,保证在施工现场不离人,督促承包人发挥自身质保体系的作用并及时解决现场发生的问题,同时做好值班记录。对关键工序设置质量控制点,在施工过程中采用旁站与巡视相结合的检查方法,确保工程质量。

②严格工序交接检查、停工后复工前的检查。严格控制前道工序质量验收合格后,才能进行下道工序的施工,层层把关。隐蔽工程在下道工序施工前必须进行质量验收,未经验收不得进入下道工序施工。

(7)检查确认运到施工现场的工程材料、土料,禁止不符合质量要求的材料、土料进入工地和投入使用。

(8)监督承包人严格按照施工规范、设计图纸要求施工,严格执行承包合同,对工程主要部位、主要环节及技术复杂工程加强检查。

(9)对承包人的检验测试仪器、设备、度量工具的定期检验工作进行全面监督,不定期地进行抽验,保证度量数据的准确。

(10)参加工程设备供货人组织的技术交底会议;监督承包人按照工程设备供货人提供的安装指导书进行工程设备的安装。

(11)审核承包人提交的设备启动程序并监督承包人进行设备启动与调试工作。

(12)行使质量监督权,下达停工令。当出现下述情况之一者,监理工程师发布停工令:

①未经检验即进入下一道工序者。

②擅自采用未经认可或批准的材料者。

③擅自将工程转包者。

④擅自让未经同意的分包商进场者。

⑤没有可靠的质量保证措施冒然施工,已出现质量下降征兆者。

⑥工程质量下降,经指出未采取有效改正措施,或采取了一定措施而效果不好,继续作业者。

⑦擅自变更设计图纸要求者等。

(13)对不合格的工程拒付工程进度款。

(14)工程质量事故的处理:

①工程质量事故发生后,承包人必须用电话或书面形式逐级上报,对重大的质量事故和工伤事故,监理机构立即上报发包人。

②凡对工程质量事故隐瞒不报,或拖延处理,或处理不当,或处理结果未经监理机构同意的,对工程事故及受事故影响的部分工程应视为不合格工程,不予计价。待合格后,再补办验工计价。

(15)严格执行单元、分部、单位工程质量验评程序及竣工验收程序,对合格工程进行工程质量的确认,对不合格工程督促承包人限时整改。

(16)做好项目竣工验收工作,审核承包人的竣工资料。

(三)本工程主要项目技术控制要求

(略)

四、工程进度控制

(一)进度控制主要内容

项目监理机构在工程项目开工前,依据施工合同约定的工期总目标、阶段性目标等,协助发包人编制控制性总进度计划,并在工程项目开工前,依据控制性总进度计划审批承包人提交的施工进度计划。在工程施工过程中,依据施工合同约定审批各单位工程进度计划,逐阶段审批年、季、月施工进度计划,检查其实施情况,督促承包人采取切实措施实现合同目标要求。当由种种原因以致使实施进度发生较大偏差时,及时向承包人提出调整控制性进度计划的建议并在通过发包人批准后完成其调整。

(二)进度控制主要措施

(1)根据工程建设合同总进度计划,编制控制性进度目标和年度施工计划,建立多级网络计划和施工作业计划体系。

(2)审查承包人的施工进度计划,主要审查以下内容:

①在施工进度计划中有无项目内容漏项或重复的情况。

②施工进度计划与合同和阶段性目标的相应性与符合性。

③施工进度计划中各项目之间逻辑关系的正确性与施工方案的可行性。

④关键路线安排和施工进度计划实施过程的合理性。

⑤人力、材料、施工设备等资源配置计划和施工强度的合理性。

⑥材料、构配件、工程设备供应与施工进度计划的衔接关系。

⑦本施工项目与其他各标段施工项目之间的协调性。

⑧施工进度计划的详细程度和表达形式的适宜性。

⑨对发包人提供施工条件要求的合理性。

⑩其他应审核的内容。

(3)与承包人共同想办法,优先采用高效能的施工机械及施工新工艺、新技术,合理选择施工方案和工程施工措施。

(4)建立反映工程进度状况的监理日志。

(5)工作上与承包人积极配合,做到前道工序结束,就是监理检查结束之时,与承包人同步进行,具备条件即批准施工。

(6)采用计算机技术对工程进度进行动态管理,及时提出调整进度的措施和方案。

(7)做好现场组织协调工作,解决问题,排除干扰,为工程施工创造良好的内外部环境。

(8)监督承包人严格按照合同工期组织施工。对控制工期的重点工期,审查承包人提出的保证进度的具体措施,如发生延误,应及时分析原因,采取措施。随施工进度逐旬对施工实施进度,特别是关键路线项目和重要事件的进展进行控制,包括运用工程承建合同文件中规定的"指令赶工"等手段,努力促进施工进度计划和合同工期目标得到实现。

(三)实际施工进度计划的检查与协调

(1)项目监理机构在施工过程中编制描述实际施工进度状况和用于进度控制的各类图表,对比检查承包人已经批准的施工进度计划落实情况。

(2)项目监理机构在施工过程中督促承包人做好施工组织管理,确保施工资源的投入,并按批准的施工进度计划实施。

(3)项目监理机构切实做好实际工程进度记录以及承包人每日的施工设备、人员、原材料的进场记录,并审核承包人的同期记录。

(4)项目监理机构对施工进度计划的实施全过程,包括施工准备、施工条件和进度计划的实施情况,进行定期检查,对实际施工进度进行分析和评价,对关键路线的进度实施重点跟踪检查。

(5)项目监理机构根据施工进度计划,协调有关参建各方之间的关系,定期召开生产协调会议,及时发现、解决影响工程进度的干扰因素,促进施工项目的顺利进展。

(四)施工进度计划的调整

(1)项目监理机构在检查中发现实际工程进度与施工进度计划发生了实质性偏离时,及时要求承包人调整施工进度计划。

(2)项目监理机构根据工程变更情况,公正、公平处理工程变更所引起的工期变化事宜。当工程变更影响施工进度计划时,项目监理机构及时要求承包人编制变更后的施工进度计划。

(3)项目监理机构依据施工合同和施工进度计划即实际工程进度记录,审查承包人提交的工期索赔申请,提出索赔处理意见报发包人。

(4)施工进度计划的调整使总工期目标、阶段目标、资金使用等发生较大的变化时,项目监理机构提出处理意见报发包人批准。

五、工程投资控制

(一)投资控制主要内容

协助发包人审查设计图纸,根据合同编制投资控制目标和分年度投资计划。审查被监理方递交的资金计划,审核被监理方的工程计量,签署付款意见。受理索赔申请,进行索赔调查和谈判,并提出处理意见。依据发包人授权处理合同与工程变更,下达变更指令。

(二)投资控制主要措施

(1)熟悉项目技术规范、工程量清单、设计图纸和合同文件,掌握项目上的工作范围和内容,确定计量方法。

(2)协助发包人选择报价合理的承包人,在签订施工承包合同过程中为发包人当好"参谋",订立完善的合同,尽量避免承包人提出索赔的可能。

(3)全面正确领会设计意图,促进设计和施工的优化。

(4)推广提倡采用新技术、新工艺以达到提高工程质量和节约工程造价的目的,推动技术进步。

(5)对投资目标进行风险分析,寻求投资易被突破的环节,并采取相应的预控措施。

(6)严格控制经费签证,凡涉及工程量增减、工程量核签、各种付款凭证、工程决算、工程索赔等均由总监核签后方有效,并上报发包人审批。

(7)审查施工图预算,编制资金使用计划,宏观控制各阶段工程进度款支付平衡、合理。

(8)定期不定期地进行工程费用支出分析,并提出控制工程费用突破的方案和措施。

(9)严把计量关,力求做到准确无误。

(10)审查施工组织设计和施工方案,按合理的工期组织施工,避免不必要的赶工费。

(11)督促、协调发包人与承包人全面履约,尽量减少承包人提出索赔的机会。索赔发生后及时、准确、公正地处理。

(12)审查工程变更、设计修改,事前进行技术经济合理性预测分析。

(13)严把决算关。选派预决算专业人员,严格执行施工承包合同及国家、省、地方概预算文件,做到项目中有依据、计算方法正确、套用定额准确,确保工程决算的准确性。

(14)做好工程施工记录,保存各种文件图纸,特别是注有实际施工变更情况的图纸,注意积累素材,为正确处理可能发生的索赔提供依据,参与处理索赔事宜。

(15)参与合同修改、补充工作,着重考虑它对投资控制的影响。

职业能力实训

实训一　基本知识训练

一、单项选择题

1. 监理工程师在工程质量控制中，应遵循质量第一、预防为主、坚持质量标准、(　　)的原则。

A. 以人为核心　　B. 提高质量效益

C. 质量进度并重　　D. 减少质量损失

2. 我国建设工程质量监督管理的具体实施者是(　　)。

A. 建设行政主管部门　　B. 工程质量监督机构

C. 监理单位　　D. 建设单位

3. 施工所需原材料、半成品或构配件，经(　　)审查并确认其合格后方准进场使用。

A. 施工单位技术负责人　　B. 施工项目经理

C. 监理工程师　　D. 施工项目技术负责人

4. 工程质量事故处理方案的类型有返工处理、不做处理和(　　)。

A. 修补处理　　B. 实验验证后处理

C. 定期观察处理　　D. 专家论证后处理

5. 下列费用中，属于建设工程静态投资的是(　　)。

A. 基本预备费　　B. 涨价预备费

C. 建设期利息　　D. 运营期利息

6. 技术设计和施工图设计阶段的投资控制目标是(　　)。

A. 投资估算　　B. 设计概算

C. 设计预算或工程合同价　　D. 工程决算

7. 施工阶段监理工程师进行投资控制的技术措施之一是(　　)。

A. 明确投资控制人员的责任　　B. 确定工程变更的价款

C. 审核施工方案　　D. 做好施工记录

8. 施工进度检查的主要方法是将经过整理的实际进度数据与计划进度数据进行比较，其目的是(　　)。

A. 分析影响施工进度的原因　　B. 掌握各项工作时差的利用情况

C. 提供计划调整和优化的依据　　D. 发现进度偏差及其大小

9. 依据《水利工程建设项目施工监理规范》(SL 288—2003)，专业监理工程师应根据承包单位报送的隐蔽工程报验申请表和自检结果进行(　　)，符合要求时予以签认。

A. 旁站　　B. 巡视检查

C. 抽查　　D. 现场检查

10. 依据《建设工程质量管理条例》，施工单位在进行下一道工序的施工前需经

(　　)签字。

A. 项目负责人　　B. 建造师

C. 监理工程师　　D. 监理员

11. 某混凝土工程按计划 12 天完成,图 3-8 中标出了截止第 7 天末的实际施工时间,从图 3-8 中可以看出(　　)。

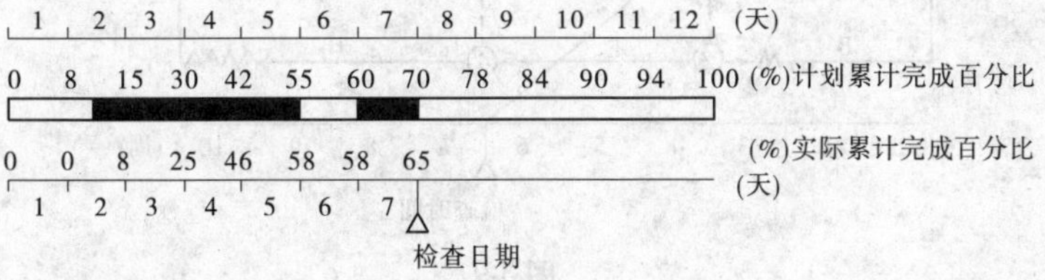

图 3-8

A. 该工作实际开始时间比计划开始时间晚 2 天

B. 第 5 天末实际进度比计划进度拖后 3%

C. 第 4 天内计划完成的任务量为 12%

D. 第 7 天内实际进度比计划进度拖后 5%

12. 已知某钢筋工程每周计划完成的工程量和第 1~4 周实际完成的工程量见表 3-3,则截止第 4 周末工程实际进展点落在计划 S 曲线的(　　)。

表 3-3

时间(周)	1	2	3	4	5	6	7
每周计划工程量(t)	160	210	250	260	200	160	100
每周实际工程量(t)	200	220	210	200	—	—	—

A. 左侧,表明此时实际进度比计划进度拖后 60 t

B. 右侧,表明此时实际进度比计划进度超前 60 t

C. 左侧,表明此时实际进度比计划进度超前 50 t

D. 右侧,表明此时实际进度比计划进度拖后 50 t

13. 某工程双代号时标网络计划如图 3-9 所示,根据第 6 周末实际进度检查结果绘制的前锋线如点画线所示。通过比较可以看出(　　)。

A. C 工作实际进度拖后 2 周,影响工期 2 周

B. D 工作实际进度超前 2 周,不影响工期

C. D 工作实际进度拖后 3 周,影响工期 2 周

D. E 工作实际进度拖后 1 周,不影响工期

14. 工程师有权处理的索赔是承包商(　　)。

A. 依据合同条款提出的索赔　　B. 依据法律法规提出的索赔

C. 提出的道义索赔　　D. 提出的缺少证据索赔

15. 承包人的施工质量未达到合同要求,工程师发布暂时停工通知,承包人按工程师指示修复缺陷后,发出复工通知,工程师在 48 小时内未作答复,承包人(　　)

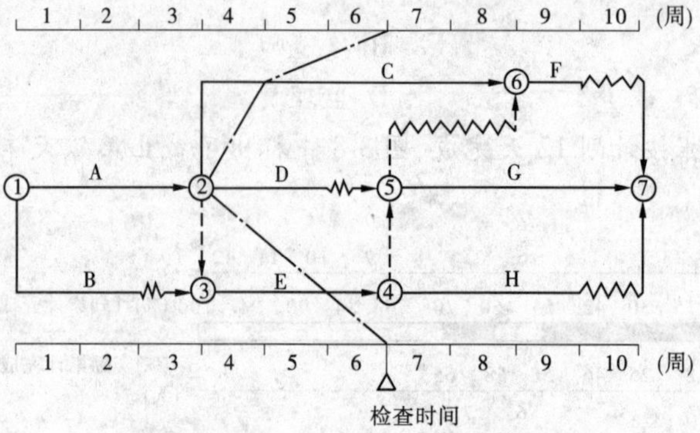

图 3-9

A. 继续后续工作的施工　　B. 向发包人请示复工

C. 向工程师再次请示复工　　D. 向发包人发出解除合同通知

16. 施工合同的合同工期是判定承包人提前或延误竣工的标准。我国施工合同范本规定订立合同时约定的合同工期概念应为从(　　)的日历天数计算。

A. 合同签字日起按投标文件中承诺

B. 合同签字日起按招标文件中要求

C. 合同约定的开工日起按投标文件中承诺

D. 合同约定的开工日起按招标文件中要求

17. 依据施工合同示范文本通用条款，在施工合同履行中，如果发包人不按时支付预付款，承包人可以(　　)。

A. 立即发出解除合同通知

B. 立即停工并发出通知要求支付预付款

C. 在合同约定预付时间 7 天后发出通知要求支付预付款，如仍不能获得预付款，则在发出通知 7 天后停止施工

D. 在合同约定预付时间 7 天后发出通知要求支付预付款，如仍不能获得预付款，则在发出通知之日起停止施工

18. 由于业主提供的设计图纸错误导致分包人返工，为此分包人向承包商提出索赔。承包商(　　)。

A. 因不属于自己的原因拒绝索赔要求

B. 认为索赔成立，先行支付后再向业主索赔

C. 不予支付，以自己的名义向工程师提交索赔通知

D. 不予支付，以分包人的名义向工程师提交索赔报告

19. 施工合同文本规定，承包人有权(　　)。

A. 自主决定分包所承包的部分工程

B. 自主决定分包和转让所承担的工程

C. 经发包人同意转包所承担的工程

D. 经发包人同意分包所承担的部分工程

20. 委托监理合同的通用条件是(　　)。

A. 标准条件　　B. 修改条件

C. 专用条件　　D. 补充条件

21. 施工合同的总纲性文件是(　　)。

A. 协议书　　B. 通用条款

C. 专用条款　　D. 附加条款

22. 施工合同当事人,在合同中未选择协议管辖,合同发生纠纷后,承包人应当向(　　)人民法院起诉。

A. 工程所在地　　B. 施工企业所在地

C. 合同签订地　　D. 建设单位所在地

23. 监理人实施监督控制权时,征得委托人同意,可以发布的指令不包括(　　)。

A. 开工令　　B. 停工令

C. 复工令　　D. 验收令

24. 下列对不可抗力发生后,合同责任的描述中错误的是(　　)。

A. 承包人的人员伤亡由发包人负责

B. 工程修复费用由发包人承担

C. 承包人的停工损失由承包人承担

D. 发包人的人员伤亡由发包人负责

25. 关于工程量计量,正确的处理方法是(　　)。

A. 工程师接到承包人的报告后,应按工程量清单的量作为计量的工程量

B. 工程师接到承包人的报告后,应通知承包人共同计量

C. 若工程师未通知承包人参加的单方计量的结果也有效

D. 承包人实际完成的所有工程量均应在计量的范围内

26. 工程建设施工由于设计方面的原因造成质量缺陷,由施工单位负责维修,其费用(　　)。

A. 由施工单位直接向设计单位索赔

B. 由设计单位全额承担

C. 由建设单位全额承担

D. 通过建设单位向设计单位索赔,不足部分由建设单位负责

27. 监理工程师指示对已隐蔽的工程进行重新检验,虽然该工程某部位隐蔽前得到工程师认可,但重新检验证明质量未达到合同标准。则发生的费用和延误的工期应(　　)。

A. 全部由业主承担　　B. 全部由承包人承担

C. 给承包人工期顺延　　D. 给承包人费用补偿

28. 专用条件是对通用条件的(　　)。

A. 补充　　B. 修改

C. 补充和修改　　D. 解释说明

29. 施工过程中,由于甲承包商的分包商施工延误,导致乙承包商不能按进度计划施

工,造成费用增加和工期延误,乙承包商应向(　　)提出索赔意向通知。

A. 发包人　　B. 监理工程师

C. 甲承包商　　D. 甲承包商的分包商

30. 施工中如果出现设计变更和工程量增加的情况,按照施工合同示范文本通用条款规定,(　　)。

A. 发包人应在 14 天内直接确认顺延的工期,通知承包人

B. 监理工程师应在 14 天内直接确认顺延的工期,通知承包人

C. 承包人应在 14 天内直接确认顺延的工期,通知工程师

D. 承包人应在 14 天内将自己认为应顺延的工期报告工程师

31. 在施工过程中,工程师在收到承包人提出的顺延工期的书面报告后(　　)天内予以确认答复。

A. 3　　B. 7

C. 14　　D. 28

32. 监理工程师通知承包商进行工程计量后,承包商在约定时间未派人参加计量,则(　　)。

A. 监理工程师应推迟计量时间　　B. 监理工程师单独计量无效

C. 监理工程师单独计量有效　　D. 监理工程师可不必再计量

33. 监理合同中的附加工作是指(　　)

A. 因其他方原因使监理工作受阻而增加的监理工作

B. 监理合同范围内的工作

C. 因业主原因终止监理合同的善后工作

D. 因业主原因终止监理业务后又恢复时的准备工作

34.《施工合同(示范文本)》规定,承发包双方可通过(　　),约定具体工程项目双方的权利义务。

A. 协议书　　B. 通用条款

C. 投标书　　D. 专用条款

35. 以下文件均成为施工合同文件的组成部分,但从文件的解释顺序来看,(　　)是错的。

A. 合同协议书、中标通知书　　B. 施工合同通用条件、施工合同专用条件

C. 标准及有关技术文件、图纸　　D. 投标书、工程量清单

36. 以下文件,都是施工合同文件的组成部分,其中(　　)解释顺序是正确的。

A. 中标通知书、合同协议书　　B. 合同专用条件、合同通用条件

C. 工程报价单、工程量清单　　D. 投标书及附件、中标通知书

37. 在合同的订立中,当事人一方向另一方提出订立合同的要求和合同的主要条款,并限定其在一定期限内作出答复,这种行为是(　　)。

A. 谈判　　B. 要约邀请

C. 要约　　D. 承诺

38. 监理招标中标通知书中写明的委托人接受的合同价,是指工程监理的(　　)酬

金额。

A. 正常工作　　B. 附加工作

C. 额外工作　　D. 所有工作

39. 监理工程师超过授权范围发布指令，承包商执行后导致成本增加，这项额外费用应由(　　)。

A. 业主承担

B. 业主从监理费中扣除，转付给承包方

C. 承包方承担，因他执行的是无效指令

D. 监理单位给予支付

40. 项目的投资总额、建设工期、承包商的选定、合同价的确定等信息属(　　)。

A. 管理性信息　　B. 业务性信息

C. 计划信息　　D. 战略性信息

41. 建设工程信息分类按照目标分，不包括(　　)。

A. 投资控制信息　　B. 质量控制信息

C. 管理控制信息　　D. 进度控制信息

42. 建设工程信息管理系统的目标是(　　)。

A. 实现质量目标的规划与控制　　B. 实现进度目标的规划与控制

C. 实现投资目标的规划与控制　　D. 实现信息系统管理及提供必要的决策支持

二、多项选择题

1. 工程监理单位实施工程质量监理的依据有(　　)。

A. 法律法规　　B. 有关技术标准和设计文件

C. 投资性质　　D. 工程承包合同

E. 工程监理合同

2. 工程质量事故的特点有(　　)。

A. 复杂性　　B. 严重性

C. 可变性　　D. 多发性

E. 持久性

3. 工程质量事故发生后，总监理工程师签发工程暂停令的同时，应要求(　　)。

A. 采取必要措施防止事故扩大　　B. 保护好事故现场

C. 事故调查组进行调查　　D. 事故发生单位按规定要求向主管部门上报

E. 提交技术处理方案

4. 下列对工程进度造成影响的因素中，属于业主因素的有(　　)。

A. 不能及时向施工承包单位付款　　B. 不明的水文气象条件

C. 施工安全措施不当　　D. 不能及时提供施工场地条件

E. 临时停水、停电、断路

5. 利用横道图表示工程进度计划的特点有(　　)。

A. 形象、直观，但不能反映出关键工作和关键线路

B. 易于编制和理解,但调整烦琐和费时

C. 能明确反映出各项工作之间的逻辑关系和总工期

D. 能反映工程费用与工期之间的关系

E. 可通过时间参数计算,求出各项工作的机动时间

6. 对建设工程进度计划执行情况进行跟踪检查发现问题后,进度调整系统过程中应开展的工作有(　　)。

A. 分析产生进度偏差的原因　B. 实际进度数据的整理、统计和分析

C. 采取措施调整进度计划　D. 分析进度偏差对后续工作及总工期的影响

E. 进行实际进度与计划进度的比较

7. 在施工进度控制过程中,监理工程师的主要工作内容有(　　)。

A. 下达工程开工令　B. 协助承包商编制进度计划

C. 组织现场协调会　D. 向承包商提供进度报告

E. 进行施工进度控制目标实现的风险分析

8. 施工阶段投资控制的主要任务是通过(　　),挖掘节约投资潜力来努力实现实际发生的费用不超过计划投资。

A. 合同管理　B. 工程付款控制

C. 新增工程费控制　D. 协助业主制定建设工程投资目标规划

E. 预防并处理好费用索赔

9. 监理工程师对索赔报告审核的重点是(　　)。

A. 索赔的有理性　B. 索赔的有利性

C. 索赔的有据性　D. 索赔的有效性

E. 索赔的有度性

10. 工程建设监理合同示范文本规定,建设监理单位服务的内容包括(　　)。

A. 正常监理工作　B. 附属工作

C. 附加工作　D. 额外工作

E. 业主要求的工作

11. 监理工程师对不可抗力风险的识别和防范内容有(　　)。

A. 识别可能发生不可抗力的因素　B. 督促当事人转移不可抗力风险

C. 督促承包人采取有效防范措施　D. 审核不可抗力对承包商造成的损失

E. 发生不可抗力采取的有效手段

12. 证明合同的真实性、合法性的机关是(　　)

A. 人民法院　B. 仲裁机构

C. 公证机关　D. 工商行政管理部门

13. 正常监理工作的酬金,由(　　)构成。

A. 直接成本　B. 间接成本

C. 利润和税金　D. 监理人员工资

E. 业务培训费

14. 按照《施工合同文本》规定,在施工中由于(　　)造成工期延误,经发包人代表确

认,竣工日期可以顺延。

A. 承包人未能及时调配施工机械　B. 发生不可抗力

C. 雨季天数增多　D. 工程量变化和设计变更

E. 一周内非承包人原因停电、停水、停气等造成停工累计超过 8 小时

15.《建设工程施工合同范本》由(　　)组成。

A. 协议书　B. 中标通知书

C. 通用条款　D. 工程量清单

E. 专用条款

16. 合同是平等主体的(　　)之间设立、变更、终止民事权利义务关系的协议。

A. 自然人　B. 法人

C. 其他组织　D. 国家机关

17. 合同订立须经过(　　)。

A. 要约邀请　B. 要约

C. 承诺　D. 签证

E. 公证

18. 关于对工程量确认的说法正确的是(　　)。

A. 只对承包人完成的永久合格工程的工程量进行计量

B. 承包人收到通知未参加计量,工程师自行计量的结果有效

C. 工程师在计量工程量前 24 小时通知发包人派人参加

D. 承包人原因造成返工的工程量不予计量

E. 工程师未通知承包人参加计量,其计量结果有效

19. 合同法律关系由(　　)等要素构成。

A. 主体　B. 客体

C. 行为　D. 事件

E. 内容

20. 建设工程项目的主要信息形态形式有(　　)。

A. 语言信息　B. 图标信息

C. 新技术信息　D. 文字图形信息

E. 材料资源信息

21. 信息的基本特点是(　　)。

A. 时效性　B. 系统性

C. 知识性　D. 真实性

22. 投资控制信息包括(　　)。

A. 估算指标、类似工程造价　B. 人工、材料调差表

C. 设计概算、预算定额、施工图预算

D. 计划工程量、已完工程量、付款报表、工程量变化表

E. 质量检验资料

23. 建设工程监理组织协调的方法可采用(　　)。

A. 会议协调法　　　　　　　　　B. 交谈协调法

C. 书面协调法　　　　　　　　　D. 情况介绍法

E. 外部协调法

实训二　案例分析

1. 某实行监理的工程，施工合同价为15 000万元，合同工期为18个月，预付款为合同价的20%，预付款自第7个月起在每月应支付的进度款中扣回300万元，直至扣完，保留金按进度款的5%从第1个月开始扣除。

工程施工到第5个月，监理工程师检查发现第3个月浇筑的混凝土工程出现细微裂缝。经查验分析，产生裂缝的原因是混凝土养护措施不到位，须进行裂缝处理。为此，项目监理机构提出："出现细微裂缝的混凝土工程暂按不合格项目处理，第3个月已付该部分工程款在第5个月的工程进度款中扣回，在细微裂缝处理完毕并验收合格后的次月再支付"。经计算，该混凝土工程的直接工程费为200万元，取费费率：措施费为直接工程费的5%，间接费费率为8%，利润率为4%，综合计税系数为3.41%。

施工单位委托一家具有相应资质的专业公司进行裂缝处理，处理费用为4.8万元，工作时间为10天。该工程施工到第6个月，施工单位提出补偿4.8万元和延长10天工期的申请。

该工程前7个月施工单位实际完成的进度款如表3-4所示。

表3-4　施工单位实际完成的进度款

时间(月)	1	2	3	4	5	6	7
实际完成的进度款(万元)	200	300	500	500	600	800	800

问题：

(1)项目监理机构在前3个月可签认的工程进度款分别是多少(考虑扣保留金)?

(2)写出项目监理机构对混凝土工程中出现细微裂缝质量问题的处理程序。

(3)计算出现细微裂缝的混凝土工程的造价。项目监理机构是否应同意施工单位提出的补偿4.8万元和延长10天工期的要求？说明理由。

(4)如果第5个月无其他异常情况发生，计算该月项目监理机构可签认的工程进度款。

(5)如果施工单位按项目监理机构要求执行，在第6个月将裂缝处理完成并验收合格，计算第7个月项目监理机构可签认的工程进度款。

2. 某引水渠工程长5 km，渠道断面为梯形开敞式，用浆砌石衬砌。采用单价合同发包给承包人。合同条件采用《水利水电土建工程施工合同条件》(GF－2000－0208)。合同开工日期为3月1日。合同工程量清单中土方开挖工程量为10万m^3，单价为10元/m^3。合同规定工程量清单中项目的工程量增减变化超过20%时，属于变更。

在合同实施过程中发生下列要点事项：

(1)项目法人采用专家建议并通过专题会议论证，拟采用现浇混凝土板衬砌方案。承包人通过其他渠道得到信息后，在未得到监理人指示的情况下对现浇混凝土板衬砌方案进行了一定的准备工作，并对原有工作(如石料采购、运输、工人招聘等)进行了一定的调整。但是，由于其他原因现浇混凝土板衬砌方案最终未予正式采用实施。承包人在分析了由此造成的费用损失和工期延误基础上，向监理人提交了索赔报告。

(2)合同签订后，承包人按规定时间向监理人提交了施工总进度计划并得到监理人的批准。但是，由于6、7、8、9月四个月为当地雨季，降雨造成了必要的停工、工效降低等，实际施工进度比原施工进度计划缓慢。为保证工程按照合同工期完工，承包人增加了挖掘、运输设备和衬砌工人。由此，承包人向监理人提交了索赔报告。

(3)渠线某段长500 m为深槽明挖段。实际施工中发现，地下水位比招标资料提供的地下水位高3.10 m(属于发包人提供资料不准)，需要采取降水措施才能正常施工。据此，承包人提出了降低地下水位措施并按规定程序得到监理人的批准。同时，承包人提出了费用补偿要求，但未得到发包人的同意。发包人拒绝补偿的理由是：地下水位变化属于正常现象，属于承包人风险。在此情况下，承包人采取了暂停施工的做法。

(4)在合同实施中，承包人实际完成并经监理人签认的土方开挖工程量为12万m^3，经合同双方协商，对超过合同规定百分比的工程量按照调整单价11元/m^3结算。工程量的变化未发生合同规定的施工组织和进度计划调整引起的价格调整。

问题：

(1)上述“(1)”所述情况，监理人是否应同意承包人的索赔？

(2)上述“(2)”所述情况，监理人是否应同意承包人的索赔？

(3)上述“(3)”所述情况，承包人是否有权得到费用补偿？承包人的行为是否符合合同约定？

(4)上述“(4)”所述情况，承包人是否有权延长工期？承包人有权得到土方开挖多少价款？

项目四　水利工程验收及保修期阶段的监理

【学习目标】

1. 能进行水利工程验收与移交阶段的监理。
2. 能进行水利工程保修期的监理。
3. 能整编工程监理档案资料。
4. 能具备监理员和监理工程师资格培训及考试的基本知识。

任务一　工程验收与移交阶段的监理

一、工程验收概述

工程验收是在工程质量评定的基础上,依据一个既定的验收标准,采取一定的手段来检验工程产品的特性是否满足验收标准的过程。

工程施工完成后都要经过验收。水利水电建设验收按验收主持单位可分为法人验收和政府验收。法人验收应包括分部工程验收、单位工程验收、水电站(泵站)中间机组启动验收、合同完工验收等;政府验收应包括阶段验收、专项验收、竣工验收等。验收主持单位可根据工程建设需要增设验收的类别和具体要求。

工程验收应以下列文件为主要依据:

(1)国家现行有关法律、法规、规章和技术标准;

(2)有关主管部门的规定;

(3)经批准的工程立项文件、初步设计文件、调整概算文件;

(4)经批准的初步设计文件及相应的工程变更文件;

(5)施工图纸及主要设备技术说明书等;

(6)法人验收还应以施工合同为依据。

工程验收工作应包括以下主要内容:

(1)检查工程是否按照批准的设计进行建设;

(2)检查已完工程在设计、施工、设备制造安装等方面的质量及相关资料的收集、整理和归档情况;

(3)检查工程是否具备运行或进行下一阶段建设的条件;

(4)检查工程投资控制和资金使用情况;

(5)对验收遗留问题提出处理意见;

(6)对工程建设作出评价和结论。

工程进行验收时必须要有质量评定意见:

(1)按照水利行业现行标准《水利水电工程施工质量检验与评定规程》(SL 176—

2007)进行质量评定。

(2)政府验收应有水利水电工程质量监督单位的工程质量和安全监督报告。

(3)工程验收应在施工质量检验与评定的基础上,对工程质量提出明确结论意见。

政府验收应由验收主持单位组织成立的验收委员会负责;法人验收工作应由项目法人组织成立的验收工作组负责。验收委员会(工作组)由有关单位代表和有关专家组成。验收的成果性文件是验收鉴定书,验收委员会(工作组)成员应在验收鉴定书上签字。对验收结论持有异议的,应将保留意见在验收鉴定书上明确记载并签字。

工程验收结论应经2/3以上验收委员会(工作组)成员同意。验收过程中发现的问题,其处理原则由验收委员会(工作组)协商确定。主任委员(组长)对争议问题有裁决权。若1/2以上的委员(组员)不同意裁决意见,法人验收应报请验收监督管理机关决定;政府验收应报请竣工验收主持单位决定。

验收资料制备由项目法人统一组织,有关单位应按要求及时完成并提交。项目法人应对提交的验收资料进行完整性、规范性检查。验收资料分为应提供的资料和需备查的资料,有关单位应保证其提交资料的真实性并承担相应的责任。

(一)单元工程验收

单元工程是指在分部工程中由几个工序(或工种)施工完成的最小综合体,是日常质量考核的基本单位。对工程安全、或效益、或使用功能有显著影响的单元工程称为关键部位单元工程。

1.单元工程的划分原则

(1)按《水利水电工程单元工程施工质量验收评定标准》(SL 631 ~ 637—2012)规定进行划分。

(2)河(渠)道开挖、填筑及衬砌单元工程划分界限宜设在变形缝或结构缝处,长度一般不大于100 m。同一分部工程中各单元工程的工程量(或投资)不宜相差太大。

(3)《水利水电工程单元工程施工质量验收评定标准》(SL 631 ~ 637—2012)中未涉及的单元工程可依据设计结构、施工部署或质量考核要求划分的层、块、段进行划分。

2.单元工程的验收

单元工程的验收以工序检查验收为依据。只有在组成该单元工程的所有工序均已完成,且工序验收资料、原材料材质证明和抽检试验成果、测量资料等所有验收资料都齐全的情况下,才能进行单元工程验收。各种单元工程验收所需的“三检”表、质量检查和评定表、施工质量合格证(开仓证、准灌证等)的试样,按有关专业监理实施细则或监理工程师编制的“验收办法”。

(1)一般单元工程由专业监理工程师或项目施工监理部会同施工单位“三级”质检人员进行验收和质量评定。通常单元工程验收和质量评定情况,可配合月进度款结算每月进行一次汇总。未经验收或质量评为不合格的单元工程,不给予质量签证。对于当月评为不合格的单元工程,施工单位应按监理工程师的处理意见(必要时还应征求设计的意见)进行处理。处理完毕,经监理工程师验收合格,填写缺陷处理验收签证,则该单元工程可列入下个月验收的范围内。

(2)隐蔽工程、关键部位或重要隐蔽单元工程的检查验收,须特别给予重视,由项目监理机构组织设计、业主、施工单位有关人员组成的验收小组进行验收和质量评定,施工单位“三级质检”合格后,填写好三级质检表,填报验收申请报项目监理机构申请验收。项目监理机构在接到验收申请后,审查工序验收资料、原材料材质证明和抽检试验成果、测量资料等是否符合要求,如符合要求,则组织联合验收小组进行现场检查及验收签证。

(3)对于有质量缺陷或发生施工事故的单元工程,应记录出现缺陷和事故的情况、原因、处理意见、处理情况和对处理结果的鉴定意见,作为单元工程验收资料的一部分。

(4)对于出现质量事故的单元工程,则应按照事故处理程序的有关规定执行。工程质量事故处理后,应由项目法人委托具有相应资质等级的工程质量检测单位检测后,按照处理方案的质量标准,重新进行工程质量评定。

(5)单元工程施工质量合格标准应按照《单元工程施工质量验收评定标准》或合同约定的合格标准执行。当达不到合格标准时,应及时处理。处理后的质量等级按下列规定确定:

①全部返工重做的,可重新评定质量等级。

②经加固补强并经设计和监理单位鉴定能达到设计要求时,其质量评为合格。

③处理后部分质量指标仍达不到设计要求时,经设计复核,项目法人及监理单位确认能满足安全和使用功能要求,可不再进行处理;或经加固补强后,改变外形尺寸或造成永久性缺陷的,经项目法人、监理及设计确认能基本满足设计要求,其质量可定为合格,但应按规定进行质量缺陷备案。

(6)单元工程验收资料的原件、复印件份数及其移交时间等,按项目法人的归档要求执行。

(二)分部工程验收

分部工程是指在一个建筑物内能组合发挥一种功能的建筑安装工程,是组成单位工程的部分。对单位工程安全、功能或效益起决定性作用的分部工程称为主要分部工程。

1. 分部工程的划分原则

(1)枢纽工程,土建部分按设计的主要组成部分划分;金属结构及启闭机安装工程和机电设备安装工程按组合功能划分。

(2)堤防工程,按长度或功能划分。

(3)引水(渠道)工程中的河(渠)道按施工部署或长度划分。大、中型建筑物按设计主要组成部分划分。

(4)除险加固工程,按加固内容或部位划分。

(5)同一单位工程中,各个分部工程的工程量(或投资)不宜相差太大,每个单位工程中的分部工程数目,不宜少于5个。

2. 分部工程的验收

分部工程验收应由项目法人(或委托监理单位)主持。验收工作组应由项目法人、勘测、设计、监理、施工、主要设备制造(供应)商等单位的代表组成。运行管理单位可根据具体情况决定是否参加。质量监督机构宜派代表列席大型枢纽工程主要建筑物的分部工程验收会议。

大型工程分部工程验收工作组成员应具有中级及其以上技术职称或相应的执业资

格;其他工程的验收工作组成员应具有相应的专业知识或执业资格。参加分部工程验收的每个单位代表人数不宜超过2名。

分部工程具备验收条件时,施工单位应向项目法人提交验收申请报告。项目法人应在收到验收申请报告之日起10个工作日内决定是否同意进行验收。

分部工程验收应具备以下条件:

(1)所有单元工程已经完成;

(2)已完单元工程施工质量经评定全部合格,有关质量缺陷已处理完毕或有监理机构批准的处理意见;

(3)合同约定的其他条件。

分部工程验收应包括以下主要内容:

(1)检查工程是否达到设计标准或合同约定标准的要求;

(2)评定工程施工质量等级;

(3)对验收中发现的问题提出处理意见。

分部工程验收应按以下程序进行:

(1)听取施工单位建设和单元工程质量评定情况的汇报;

(2)现场检查工程完成情况和工程质量;

(3)检查单元工程质量评定及相关档案资料;

(4)讨论并通过分部工程验收鉴定书。

项目法人应在分部工程验收通过之日后10个工作日内,将验收质量结论和相关资料报质量监督机构核备。大型枢纽工程主要建筑物分部工程的验收质量结论应报质量监督机构核定。质量监督机构应在收到验收质量结论之日后20个工作日内,将核备(定)意见书面反馈项目法人。当质量监督机构对验收质量结论有异议时,项目法人应组织参加验收单位进一步研究,并将研究意见报质量监督机构。当双方对质量结论仍然有分歧意见时,应报上一级质量监督机构协调解决。

分部工程验收遗留问题处理情况应有书面记录并有相关责任单位代表签字,书面记录应随分部工程验收鉴定书一并归档。

分部工程验收的成果是分部工程验收鉴定书。正本数量可按参加验收单位、质量和安全监督机构各1份以及归档所需要的份数确定。自验收鉴定书通过之日起30个工作日内,由项目法人发送有关单位,并报送法人验收监督管理机关备案。

(三)单位工程验收

单位工程是指具有独立发挥作用或独立施工条件的建筑物。

1.单位工程的划分原则

(1)枢纽工程,一般以每座独立的建筑物为一个单位工程。当工程规模大时,可将一个建筑物中具有独立施工条件的一部分划分为一个单位工程。

(2)堤防工程,按招标标段或工程结构划分单位工程。规模较大的交叉联结建筑物及管理设施以每座独立的建筑物为一个单位工程。

(3)引水(渠道)工程,按招标标段或工程结构划分单位工程。大、中型引水(渠道)建筑物以每座独立的建筑物为一个单位工程。

(4)除险加固工程,按招标标段或加固内容,并结合工程量划分单位工程。

2. 单位工程的验收

单位工程验收应由项目法人主持。验收工作组应由项目法人、勘测、设计、监理、施工、主要设备制造(供应)商、运行管理等单位的代表组成,必要时,可邀请上述单位外的专家参加。

单位工程验收工作组成员应具有中级及其以上技术职称或相应的执业资格,每个单位代表人数不宜超过3名。

单位工程完工并具备验收条件时,施工单位应向项目法人提出验收申请报告。项目法人应在收到验收申请报告之日起10个工作日内决定是否同意进行验收。

项目法人组织单位工程验收时,应提前通知质量和安全监督机构。主要建筑物单位工程验收应通知法人验收监督管理机关。法人验收监督管理机关可视情况决定是否列席验收会议,质量和安全监督机构应派员列席验收会议。

单位工程验收应具备以下条件:

(1)所有分部工程已完建并验收合格;

(2)分部工程验收遗留问题已处理完毕并通过验收,未处理的遗留问题不影响单位工程质量评定并有处理意见;

(3)合同约定的其他条件。

单位工程验收应包括以下主要内容:

(1)检查工程是否按批准的设计内容完成;

(2)评定工程施工质量等级;

(3)检查分部工程验收遗留问题的处理情况及相关记录;

(4)对验收中发现的问题提出处理意见。

单位工程验收应按以下程序进行:

(1)听取工程参建单位工程建设有关情况的汇报;

(2)现场检查工程完成情况和工程质量;

(3)核查分部工程验收有关文件及相关档案资料;

(4)讨论并通过单位工程验收鉴定书。

需要提前投入使用的单位工程应进行单位工程投入使用验收。单位工程投入使用验收应由项目法人主持,根据工程具体情况,经竣工验收主持单位同意,单位工程投入使用验收也可由竣工验收主持单位或其委托的单位主持。

项目法人应在单位工程验收通过之日起10个工作日内,将验收质量结论和相关资料报质量监督机构核定。质量监督机构应在收到验收质量结论之日起20个工作日内,将核定意见反馈项目法人。当质量监督机构对验收质量结论有异议时,项目法人应组织参加验收单位进一步研究,并将研究意见报质量监督机构。当双方对质量结论仍然有分歧意见时,应报上一级质量监督机构协调解决。

单位工程验收的成果是单位工程验收鉴定书。正本数量可按参加验收单位、质量和安全监督机构、法人验收监督管理机关各1份以及归档所需要份数确定。自验收鉴定书通过之日起30个工作日内,由项目法人发送有关单位并报送法人验收监督管理机关备案。

(四)合同工程完工验收

施工合同约定的建设内容完成后,应进行合同工程完工验收。当合同工程仅包含一个单位工程(分部工程)时,宜将单位工程(分部工程)验收与合同工程完工验收一并进行,但应同时满足相应的验收条件。

合同工程完工验收应由项目法人主持。验收工作组应由项目法人以及与合同工程有关的勘测、设计、监理、施工、主要设备制造(供应)商等单位的代表组成。

合同工程具备验收条件时,施工单位应向项目法人提出验收申请报告。项目法人应在收到验收申请报告之日起20个工作日内决定是否同意进行验收。

合同工程完工验收应具备以下条件:

(1)合同范围内的工程项目和工作已按合同约定完成;

(2)工程按规定进行了有关验收;

(3)观测仪器和设备已测得初始值及施工期各项观测值;

(4)工程质量缺陷已按要求进行处理;

(5)工程完工结算已完成;

(6)施工现场已经进行清理;

(7)需移交项目法人的档案资料已按要求整理完毕;

(8)合同约定的其他条件。

合同工程完工验收应包括以下主要内容:

(1)检查合同范围内工程项目和工作完成情况;

(2)检查施工现场清理情况;

(3)检查已投入使用工程运行情况;

(4)检查验收资料整理情况;

(5)鉴定工程施工质量;

(6)检查工程完工结算情况;

(7)检查历次验收遗留问题的处理情况;

(8)对验收中发现的问题提出处理意见;

(9)确定合同工程完工日期;

(10)讨论并通过合同工程完工验收鉴定书。

合同工程完工验收的成果是合同工程完工验收鉴定书。正本数量可按参加验收单位、质量和安全监督机构以及归档所需要份数确定。自验收鉴定书通过之日起30个工作日内,应由项目法人发送有关单位,并报送法人验收监督管理机关备案。

(五)阶段验收

阶段验收应包括枢纽导(截)流验收、水库下闸蓄水验收、引(调)排水工程通水验收、水电站(泵站)首台机组启动验收、部分工程投入使用验收以及竣工验收主持单位根据工程建设需要增加的其他验收。

阶段验收由竣工验收主持单位或其委托的单位主持。阶段验收委员会应由验收主持单位、质量和安全监督机构、运行管理单位的代表以及有关专家组成;必要时,可邀请地方政府及有关部门参加。工程参建单位应派代表参加阶段验收，并作为被验收单位在验收鉴定书上签字。

工程建设具备阶段验收条件时，项目法人应提出阶段验收申请报告。阶段验收申请报告应由法人验收监督管理机关审查后转报竣工验收主持单位，竣工验收主持单位应自收到申请报告之日起20个工作日内决定是否同意进行阶段验收。

阶段验收应包括以下主要内容：

(1)检查已完工程的形象面貌和工程质量；

(2)检查在建工程建设情况；

(3)检查未完工程的计划安排和主要技术措施落实情况，以及是否具备施工条件；

(4)检查拟投入使用工程是否具备运用条件；

(5)检查历次验收遗留问题的处理情况；

(6)鉴定已完工程施工质量；

(7)对验收中发现的问题提出处理意见；

(8)讨论并通过阶段验收鉴定书。

大型工程在阶段验收前，验收主持单位根据工程建设需要，可成立专家组先进行技术预验收。

阶段验收工作程序参照竣工验收工作程序规定进行。

阶段验收的成果是阶段验收鉴定书。正本数量按参加验收单位、法人验收监督管理机关、质量和安全监督机构各1份以及归档所需要的份数确定。自验收鉴定书通过之日起30个工作日内，由验收主持单位发送有关单位。

(六)专项验收

工程竣工验收前，应按有关规定进行专项验收。专项验收主持单位应按国家和相关行业的有关规定确定。项目法人应按国家和相关行业主管部门的规定，向有关部门提出专项验收申请报告，并做好有关准备和配合工作。专项验收应具备的条件、验收的主要内容、验收程序以及验收成果性文件的具体要求等应执行国家及相关主管部门有关规定。

专项验收成果性文件应是工程竣工验收成果性文件的组成部分。项目法人提交竣工验收申请报告时，应附相关专项验收成果性文件复印件。

(七)竣工验收

竣工验收应在工程建设项目全部完成并满足一定运行条件后1年内进行。不能按期进行竣工验收的，经竣工验收主持单位同意，可以适当延长期限，但最长不应超过6个月。

竣工验收应具备以下条件：

(1)工程已按批准设计全部完成；

(2)工程重大设计变更已经有审批权的单位批准；

(3)各单位工程能正常运行；

(4)历次验收所发现的问题已基本处理完毕；

(5)各专项验收已通过；

(6)工程投资已全部到位；

(7)竣工决算已通过竣工审计，审计意见中提出的问题已整改并提交了整改报告；

(8)运行管理单位已明确,管理养护经费已基本落实;

(9)质量和安全监督工作报告已提交,工程质量达到合格标准;

(10)竣工验收资料已准备就绪。

工程有少量建设内容未完成,但不影响主体工程正常运行且能符合财务有关规定,项目法人已对尾工作出安排的,经竣工验收主持单位同意可进行竣工验收。

竣工验收应按以下程序进行:

(1)项目法人组织进行竣工验收自查;

(2)项目法人提交竣工验收申请报告;

(3)竣工验收主持单位批复竣工验收申请报告;

(4)进行竣工技术预验收;

(5)召开竣工验收会议;

(6)印发竣工验收鉴定书。

1.竣工验收自查

申请竣工验收前,项目法人应组织竣工验收自查。自查工作应由项目法人主持,勘测、设计、监理、施工、主要设备制造(供应)商以及运行管理单位等代表参加。

竣工验收自查应包括以下主要内容:

(1)检查有关单位的工作报告;

(2)检查工程建设情况,评定工程项目施工质量等级;

(3)检查历次验收、专项验收的遗留问题和工程初期运行所发现问题的处理情况;

(4)确定工程尾工内容及其完成期限和责任单位;

(5)对竣工验收前应完成的工作作出安排;

(6)讨论并通过竣工验收自查工作报告。

项目法人组织工程竣工验收自查前,应提前10个工作日通知质量和安全监督机构,同时向法人验收监督管理机关报告。质量和安全监督机构应派员列席自查工作会议。项目法人应在完成竣工验收自查工作之日起10个工作日内,将自查的工程项目质量结论和相关资料报质量监督机构。

竣工验收自查的成果是竣工验收自查工作报告。参加竣工验收自查的人员应在自查工作报告上签字。项目法人应自竣工验收自查工作报告通过之日起30个工作日内,将自查报告报法人验收监督管理机关。

2.工程质量抽样检测

根据竣工验收的需要,竣工验收主持单位可以委托具有相应资质的工程质量检测单位对工程质量进行抽样检测。项目法人应与工程质量检测单位签订工程质量检测合同。检测所需费用由项目法人列支,质量不合格工程所发生的检测费用由责任单位承担。

工程质量检测单位不应与参与工程建设的项目法人、设计、监理、施工、设备制造(供应)商等单位隶属同一经营实体。

根据竣工验收主持单位的需要和项目的具体情况,项目法人应负责提出工程质量抽样检测的项目、内容和数量,经质量监督机构审核后报竣工验收主持单位核定。

工程质量检测单位应按照有关技术标准对工程进行质量检测,按合同要求及时提出质量检测报告并对检测结论负责。项目法人应自收到检测报告 10 个工作日内将检测报告报竣工验收主持单位。

对抽样检测中发现的质量问题,项目法人应及时组织有关单位研究处理。在影响工程安全运行以及使用功能的质量问题未处理完毕前,不应进行竣工验收。

3. 竣工技术预验收

竣工技术预验收应由竣工验收主持单位组织的专家负责。技术预验收专家组成员应具有高级技术职称或相应的执业资格,成员的 2/3 以上来自工程非参建单位。工程参建单位代表应参加技术预验收,负责回答专家组提出的问题。

竣工技术预验收专家组可下设专业工作组,并在各专业工作检查意见的基础上形成竣工技术预验收工作报告。

竣工技术预验收应包括以下主要内容:

(1)检查工程是否按批准的设计完成;

(2)检查工程是否存在质量隐患和影响工程安全运行的问题;

(3)检查历次验收、专项验收的遗留问题和工程初期运行中所发现问题的处理情况;

(4)对工程重大技术问题作出评价;

(5)检查工程尾工安排情况;

(6)鉴定工程施工质量;

(7)检查工程投资、财务情况;

(8)对验收中发现的问题提出处理意见。

竣工技术预验收应按以下程序进行:

(1)现场检查工程建设情况并查阅有关工程建设资料;

(2)听取项目法人、设计、监理、施工、质量和安全监督机构、运行管理等单位工作报告;

(3)听取竣工验收技术鉴定报告和工程质量抽样检测报告;

(4)专业工作组讨论并形成各专业工作组意见;

(5)讨论并通过竣工技术预验收工作报告;

(6)讨论形成竣工验收鉴定书初稿。

竣工技术预验收工作报告应是竣工验收鉴定书的附件。

4. 竣工验收

竣工验收委员会可设主任委员 1 名,副主任委员以及委员若干名,主任委员应由验收主持单位代表担任。竣工验收委员会应由竣工验收主持单位、有关地方人民政府和部门、有关水行政主管部门和流域管理机构、质量和安全监督机构、运行管理单位的代表以及有关专家组成。工程投资方代表可参加竣工验收委员会。

项目法人、勘测、设计、监理、施工和主要设备制造(供应)商等单位代表参加竣工验收,负责解答验收委员会提出的问题,并应作为被验收单位代表在验收鉴定书上签字。

竣工验收会议应包括以下主要内容和程序:

(1)现场检查工程建设情况及查阅有关资料;

(2)召开大会,进行以下内容:

①宣布竣工验收委员会委员名单;

②观看工程建设声像资料;

③听取工程建设管理工作报告;

④听取竣工技术预验收工作报告;

⑤听取验收委员会确定的其他报告;

⑥讨论并通过竣工验收鉴定书;

⑦验收委员会委员和被验收单位代表在竣工验收鉴定书上签字。

工程项目质量达到合格以上等级的,竣工验收的质量结论意见应为合格。

竣工验收的成果是竣工验收鉴定书。正本数量应按验收委员会组成单位、工程主要参建单位各1份以及归档所需要份数确定。自鉴定书通过之日起30个工作日内,应由竣工验收主持单位发送有关单位。

二、工程验收阶段监理工作

(一)工程验收阶段监理机构的主要职责

监理机构应按照国家和水利部的有关规定做好各时段工程验收的监理工作,其主要职责如下:

(1)协助发包人制订各时段验收工作计划。

(2)编写各时段工程验收的监理工作报告,整理监理机构应提交和提供的验收资料。

(3)参加或受发包人委托主持分部工程验收,参加阶段验收、单位工程验收、竣工验收。

(4)督促承包人提交验收报告和相关资料并协助发包人进行审核。

(5)督促承包人按照验收鉴定书中对遗留问题提出的处理意见完成处理工作。

(6)验收通过后及时签发工程移交证书。

(二)工程验收各阶段监理机构的主要工作

1.分部工程验收监理机构的主要工作

(1)在承包人提出验收申请后,监理机构应组织检查分部工程的完成情况并审核承包人提交的分部工程验收资料。监理机构应指示承包人对提供的资料中存在的问题进行补充、修正。

(2)监理机构应在分部工程的所有单元工程已经完建且质量全部合格、资料齐全时,提请发包人及时进行分部工程验收。

(3)监理机构应参加或受发包人委托主持分部工程验收工作,并在验收前准备应由其提交的验收资料和提供的验收备查资料。

(4)分部工程验收通过后,监理机构应签署或协助发包人签署分部工程验收鉴定书,并督促承包人按照分部工程验收鉴定书中提出的遗留问题及时进行完善和处理。

2.单位工程验收监理机构的主要工作

(1)在单位工程验收前,监理机构应督促承包人提交单位工程验收施工管理工作报告和相关资料,并进行审核,指示承包人对报告和资料中存在的问题进行补充、修正。

(2)在单位工程验收前,监理机构应协助发包人检查单位工程验收应具备的条件,检验分部工程验收中提出的遗留问题的处理情况，并参加单位工程质量评定。

(3)对于投入使用的单位工程，在验收前，监理机构应审核承包人因验收前无法完成、但不影响工程投入使用而编制的尾工项目清单，以及已完工程存在的质量缺陷项目清单及其延期完工、修复期限和相应施工措施计划。

(4)督促承包人提交针对验收中提出的遗留问题的处理方案和实施计划，并进行审批。

(5)投入使用的单位工程验收通过后，监理机构应签发工程移交证书。

3. 合同工程完工验收监理机构的主要工作

(1)当承包人按施工合同约定或监理指示完成所有施工工作时，监理机构应及时提请发包人组织合同项目完工验收。

(2)监理机构应在合同项目完工验收前，按规定整编资料，提交合同项目完工验收监理工作报告。

(3)监理机构应在合同项目完工验收前，检验前述验收后尾工项目的实施和质量缺陷的修补情况；审核拟在保修期实施的尾工项目清单；督促承包人按有关规定和施工合同约定汇总、整编全部合同项目的归档资料，并进行审核。

(4)督促承包人提交针对已完工程中存在质量缺陷和遗留问题的处理方案和实施计划，并进行审批。

(5)验收通过后，监理机构应按合同约定签发合同项目工程移交证书。

4. 阶段验收监理机构的主要工作

(1)监理机构应在工程建设进展到基础处理完毕、截流、水库蓄水、机组启动、输水工程通水及堤防工程汛前，以及除险加固工程过水等关键阶段之前，提请发包人进行阶段验收的准备工作。

(2)如需进行技术性初步验收，监理机构应参加并在验收时提交和提供阶段验收监理工作报告和相关资料。

(3)在初步验收前，监理机构应督促承包人按时提交阶段验收施工管理工作报告和相关资料，并进行审核，指示承包人对报告和资料中存在的问题进行补充、修正。

(4)根据初步验收中提出的遗留问题处理意见，监理机构应督促承包人及时进行处理，以满足验收的要求。

5. 竣工验收监理机构的主要工作

(1)监理机构应参加工程项目竣工验收前的初步验收工作。

(2)作为被验收单位参加工程项目竣工验收，对验收委员会提出的问题作出解释。

任务二 工程保修期的监理

一、工程保修期的起算、延长和终止

工程保修期是指从工程移交证书中注明之日起，至有关规定或施工合同约定的保修时限止的时段。保修期的起算、延长和终止规定如下：

(1)监理机构应按有关规定和施工合同约定,在工程移交证书中注明保修期的起算日期。

(2)若保修期满后仍存在施工期的施工质量缺陷未修复或有施工合同约定的其他事项,监理机构应在征得发包人同意后,作出相关的工程项目保修期延长的决定。

(3)保修期或保修期延长期满,承包人提出保修期终止申请后,监理机构在检查承包人已经按照施工合同约定完成全部工作,且经检验合格后,应及时办理工程项目保修期终止事宜。

二、工程保修期监理主要工作

建筑物完建后未通过完工验收正式移交发包人以前,监理机构应督促承包人负责管理和维护。对通过单位工程和阶段验收的工程项目,承包人仍然具有维护、照管、保修等合同责任,直至完工验收,在合同工程项目通过工程完工验收后,及时通知、办理并签发工程项目移交证书。工程项目移交证书颁发之后,管理工程的责任由发包人承担。

保修期监理主要工作内容如下:

(1)对尾工项目实施监理,并为此办理支付签证。

(2)监督承包人对已完建设工程项目中所存在的施工质量缺陷进行处理。若该质量缺陷是由发包人的使用或管理不周造成的,监理机构应受理承包人提出的追加费用支付申请。在承包人未能执行监理工程师的指示或未能在合理时间内完成工作时,监理机构可建议发包人雇用他人完成质量缺陷修复工作,并协助发包人处理由此所发生的费用。

(3)协助发包人检查验收尾工项目,督促承包人按施工合同约定的时间和内容向发包人移交整编好的工程资料。

(4)签发工程款最终支付凭证。

(5)签发工程项目保修期终止证书。

(6)若保修期满后仍存在施工期施工质量缺陷未修复,监理机构应继续指示承包人完成修复工作,并待修复工作完成且经检验合格后,再颁发项目工程保修期终止证书。

(7)保修期间监理机构应适时予以调整,除保留必要的人员和设施外,其他人员和设施可撤离,或将设施移交发包人。

任务三　监理档案资料整编

一、工程验收资料归档及监理档案资料管理

(一)建立档案资料管理制度

监理机构应在合同工程项目开工前,建立档案资料管理制度(包括归档范围、要求以及档案资料的收集、整编、查阅、复制、利用、移交和保密等各项内容)。指定专人随工程施工和监理工作进展,及时做好监理资料的收集、整理和管理工作。

总监理工程师应定期对监理档案资料管理工作进行检查,督促承包人按合同规定做好工程档案资料管理工作。

1. 工程验收应提供的资料

工程验收应提供的资料，见表 4-1。

表 4-1　工程验收应提供的资料目录

序号	资料名称	分部工程验收	单位工程验收	合同工程完工验收	机组启动验收	阶段验收	技术性预验收	竣工验收	提供单位
1	工程建设管理工作报告		√	√	√	√	√	√	项目法人
2	工程建设大事记						√	√	项目法人
3	拟验工程清单、未完工程清单、未完工程的建设安排及完成时间		√	√	√	√	√	√	项目法人
4	技术预验收工作报告				☆	☆	√	√	专家组
5	验收鉴定书（初稿）				√	√	√	√	项目法人
6	度汛方案			☆	√	√	√	√	项目法人
7	工程调度运用方案					√	√	√	项目法人
8	工程建设监理工作报告		√	√	√	√	√	√	监理单位
9	工程设计工作报告		√	√	√	√	√	√	设计单位
10	工程施工管理工作报告		√	√	√	√	√	√	施工单位
11	运行管理工作报告						√	√	运行管理单位
12	工程质量和安全监督报告				√	√	√	√	质安监督机构
13	竣工验收技术鉴定报告						☆	☆	技术鉴定单位

续表 4-1

序号	资料名称	分部工程验收	单位工程验收	合同工程完工验收	机组启动验收	阶段验收	技术性预验收	竣工验收	提供单位
14	机组启动试运行计划文件		√	√	√	√	√	√	施工单位
15	机组试运行工作报告				√				施工单位
16	重大技术问题专题报告					☆	☆	☆	项目法人

注:符号"√"表示应提供,符号"☆"表示"宜提供"或"根据需要提供"。

监理机构应按国家、省或有关部门颁布的关于工程档案管理的规定、发包人要求和监理合同文件规定,做好包括合同文本文件、发包人指示文件、施工文件、设计文件和监理文件等必须归档的档案资料的分类建档和管理。监理工程师在验收承包人的档案时,应重点检查承包人的自检表格和报告的格式、签章、代码是否规范。

2. 工程验收应准备的备查资料

工程验收应准备的备查资料,见表 4-2。

表 4-2　工程验收应准备的备查资料目录

序号	资料名称	分部工程验收	单位工程验收	合同工程完工验收	机组启动验收	阶段验收	技术性预验收	竣工验收	提供单位
1	前期工作文件及批复文件		√	√	√	√	√	√	项目法人
2	主管部门批文		√	√	√	√	√		设计单位
3	招标投标文件		√	√	√	√	√	√	设计单位
4	合同文件		√	√	√	√	√	√	项目法人
5	工程项目划分资料	√	√	√	√	√	√	√	项目法人
6	单元工程质量评定资料	√	√	√	√	√	√	√	项目法人
7	分部工程质量评定资料		√	☆	√		√	√	项目法人

续表 4-2

序号	资料名称	分部工程验收	单位工程验收	合同工程完工验收	机组启动验收	阶段验收	技术性预验收	竣工验收	提供单位
8	单位工程质量评定资料		√	☆			√	√	项目法人
9	工程外观质量评定资料		√				√	√	项目法人
10	工程质量管理有关文件	√	√	√	√	√	√	√	参建单位
11	工程安全管理有关文件	√	√	√	√	√	√	√	参建单位
12	工程施工质量检验文件	√	√	√	√	√	√	√	施工单位
13	工程监理资料	√	√	√	√	√	√	√	监理单位
14	施工图纸设计文件		√		√	√	√	√	设计单位
15	工程设计变更资料	√	√	√	√	√	√	√	设计单位
16	竣工图纸		√	√		√	√	√	施工单位
17	征地移民有关文件		√			√	√	√	承担单位
18	重要会议记录	√	√	√	√	√	√	√	项目法人
19	质量缺陷备案表	√	√	√	√	√	√	√	监理机构
20	安全、质量事故资料	√	√	√	√	√	√	√	项目法人
21	阶段验收鉴定书						√	√	项目法人
22	竣工决算及审计资料						√	√	项目法人

续表 4-2

序号	资料名称	分部工程验收	单位工程验收	合同工程完工验收	机组启动验收	阶段验收	技术性预验收	竣工验收	提供单位
23	工程建设中使用的技术标准	√	√	√	√	√	√	√	参建单位
24	工程建设标准强制性条文	√	√	√	√	√	√	√	参建单位
25	专项验收有关文件						√	√	项目法人
26	安全、技术鉴定报告					√	√	√	项目法人
27	其他档案资料	根据需要由有关单位提供							

注：符号“√”表示应提供，符号“☆”表示“宜提供”或“根据需要提供”。

(二)工程监理资料主要归档内容

(1)监理规划及监理实施细则。

(2)分包单位资格报审表。

(3)进场通知。

(4)合同项目开工申请单。

(5)合同项目开工令。

(6)施工进度计划申报表。

(7)施工进场设备报验单。

(8)施工组织及人员计划。

(9)工程项目负责人申报表。

(10)施工质检员资质认证申报表。

(11)施工测量成果报审单。

(12)工程变更通知。

(13)监理通知。

(14)质量事故处理资料。

(15)会议纪要。

(16)监理日志、监理大事记。

(17)监理月报。

(18)施工设计图纸核查意见单。

(19)资金流计划申报表。

(20)相关其他表单。

由项目监理部总监负责组织监理资料的归档整理工作，并负责审核、签字验收；由总监理工程师负责将监理档案资料按发包人要求规定，在委托监理合同完成或监理服务期满后向发包人移交。

（三）向监理单位上交的主要档案内容

（1）监理合同。

（2）监理规划及实施细则。

（3）监理月报及考勤表。

（4）工程监理工作报告。

（5）监理业务考核手册。

（6）监理相关的其他内容。

（四）监理单位档案卷组的方法

（1）以单位工程按归档的内容进行组卷。

（2）卷组文件应按专业和形成资料的时间排序编写卷内目录。

（3）档案的规格、图纸的折叠与装订执行国家或地方标准。

（4）送交监理单位总工程师审阅，并与档案管理员办理交接手续。

二、水利工程建设档案资料的整编

（一）单位工程资料整编的内容

单位工程资料整编共有如下五卷。

1. 工程开工建设卷

工程开工建设主要资料有：

（1）可行性研究报告及有关单位批文。

（2）地质、勘察、水文、气象等设计基础资料。

（3）初步设计及批复，其他设计文件。

（4）工程计划批准文件。

（5）征用土地批准文件及附件。

（6）征地补偿和移民安置资料。

（7）工程招标文件（招投标书单附）。

（8）工程承发包合同及协议书。①设计合同；②施工合同；③监理合同；④监督书。

（9）开工报告批准文件。

（10）项目法人质量检查体系及施工单位质量保证体系登记文件。

（11）项目划分及批准文件。

（12）其他有关资料（由项目法人负责协调处理的相关事宜的材料）。

2. 工程管理及施工技术卷

工程管理及施工技术主要资料有：

（1）工程建设有关会议记录，记载重大事件的声像资料及文字说明。

（2）工程监理资料（监理指示、监理文件等）。

（3）施工图纸、设计变更、施工技术说明及要求、图纸会审记录或纪要、工程更改洽商单、通知单，材料、零部件、设备代用审批单（页数较多施工图可单附）。

(4)施工组织设计,施工计划、方案、工艺、措施。

(5)工程建设大事记。

(6)工程施工大事记。

(7)工程施工日记。

(8)重大事故处理记录。

(9)质量监督部门的检查处理记录。

(10)施工过程中的来往函件。

(11)其他有关资料(施工中涉及的技术资料)。

(12)工程运用和度汛方案。

(13)工程运用及调度方案。

3. 工程鉴定检测卷

工程鉴定检测主要资料有:

(1)设备产品出厂资料、图纸说明书、测绘验收、安装调试、性能鉴定及试运行等资料。

(2)施工定位测量、水工建筑物测试及沉陷、位移、变形等观测记录。

(3)各种原材料、构件质量鉴定、检查检测试验资料。

(4)各种试验报告单(含发包人试验单,抽检报告单)。

(5)其他相关检测资料。

4. 工程验收报告单卷

工程验收报告单主要资料有:

(1)拟验工程清单、未完工程清单、未完成工程建设安排及完成工期、存在的问题及解决建议。

(2)工程建设管理工作报告。

(3)工程监理工作报告。

(4)工程设计工作报告。

(5)工程施工管理工作报告。

(6)重大技术问题专题报告。

(7)工程运行管理准备工作报告。

(8)工程建设征地补偿及移民安置工作报告。

(9)工程竣工决算报告。

(10)工程竣工审计资料。

(11)竣工档案资料自查报告。

(12)其他有关资料(验收中涉及的各类报告资料)。

(13)竣工图纸(页数较多可单附)。

(14)工程照片(发包人自存、验收主持单位两套资料必备,按照片档案要求整理成册,单附)。

5. 工程验收质量评定卷

工程验收质量评定主要资料有:

(1)隐蔽工程验收记录。

(2)单元工程质量评定资料(含各种单元资料)。

(3)分部工程质量评定资料。

(4)单位工程质量核定资料。

(5)其他有关资料(验收涉及的相关资料)。

(二)工程资料整编的要求

1. 卷内资料印制要求

(1)资料应由发包人异地存档两份,其中一份须是原件。

(2)分发有关单位的资料第五卷(工程验收质量评定卷)的(1)~(4)必须是原件,复印无效。

(3)资料较多时可分卷装订,但需用代号注明。

2. 卷内资料签字盖章要求

(1)卷内资料签字及记录必须用碳素墨水、蓝黑墨水或油墨印刷,如用铅笔、圆珠笔、纯蓝墨水填写无效。

(2)卷内资料由责任人签字部位必须由责任人签字或加盖个人名章,如有空缺无效。

(3)卷内资料由责任单位签字盖章部位必须由责任单位责任人签字并加盖单位公章,缺一无效。

(4)卷内资料的填写必须全面真实,并注明日期。

3. 卷皮书写及装订要求

(1)卷皮一律采取档案部门统一规格的牛皮纸卷皮,用线绳装订。

(2)卷皮书写一律采用微机打字,字体及型号应符合有关规定。

(3)各卷装订完毕后,统一装入纸壳档案盒。档案盒封面名称用微机白纸打字后粘贴,其书写字体及型号符合统一要求。

(4)归卷整理完整、干净、整齐。

4. 各种资料用纸规格要求统一为 A4 纸

(1)各卷内必须设全套总目录。

(2)资料归档必须统一编排页码,用打印机打印。

5. 其他要求

(1)各种验收资料编写必须按照《水利水电建设工程验收规程》(SL 223—2008)要求执行。

(2)单位工程完工验收前,除单位工程质量核定意见,工程质量评定报告、单位工程验收鉴定书、工程档案资料自查报告外,其他资料必须齐全,否则不能进行质量等级核定及完工验收。

(3)除单位工程质量评定报告、验收鉴定书外,其他相关资料必须在工程竣工前准备完毕以备验收检查。其资料不完备的,不予进行工程质量评定及竣工验收。

(4)整个工程项目完成后,对各阶段完成的单位工程资料,按照项目划分的构架或先后完成的时间,进行统一排序归档,工程项目归档设一总卷。总卷内目录要清晰、有条理,工程资料整编及归档要求,参照规定的各项要求。

6. 档案填写规则。

(1)数字。用阿拉伯数字(1、2、3、…、9、0),单位使用国家法定计量单位、规定的符号表示(MPa、m、t 等)。

(2)合格率。用百分数表示,小数点后保留一位,如恰为整数,则小数点后以 0 表示。例如:95.0%。

(3)改错。将错误用斜线划掉,在其右上方填写正确文字(或数字),禁止用改正液涂、贴纸重写、橡皮擦、刀片刮或用墨水涂黑等方法。

(4)表头填写。

①单位工程、分部工程名称。按项目划分确定名称填写。

②单元工程名称、部位。填写该单元名称(中文名称或编号)、部位可用桩号、高程等表示。

③承包人。填写与发包人签订承建合同的承包人全称。

④单元工程量。填本单元主要工程量。

⑤检验(评定)日期。年,填写 4 位数;月,填写实际月份(1 ~ 12 月);日,填写实际日期(1 ~ 31 日)。

(5)质量标准中,凡有"符合设计要求"者,应注明设计具体要求(如内容较多,可附页说明);凡有"符合规范要求"者,应标出所执行规范的名称及编号。

(6)检验记录。文字记录应真实、准确、简练。数字记录应准确、可靠,小数点后保留位数应符合有关规定。

(7)设计值按施工图填写,实测填写实际检测数据,而不是偏差值。当实测数据多时,可填写实测组数、实测值范围(最小值至最大值)、合格数。

(8)如实际工程无该项内容应在相应检验栏内用斜线"/"表示。

(9)单元(工序)工程表尾填写。

①建设监理单位由负责该项目的监理人员复核质量等级并签字。

②表尾所有签字人员,必须由本人按照身份证上的姓名签字,不得使用化名,也不得由旁人代签名。

职业能力实训

实训一　基本知识训练

一、单项选择题

1. 发包人收到工程竣工报告后(　　)天内,组织专家验收组,制订验收方案。

A. 7　　B. 14

C. 28　　D. 56

2. 按照施工合同的规定,从开工之日起至(　　)止的日历天数为承包人的施工期,据此与合同工期比较判定承包人是提前竣工还是延误竣工。

A. 承包人提请竣工验收前自检合格日　B. 承包人提供竣工资料和竣工验收报告日
C. 开始竣工检验日　D. 竣工验收合格工程师在检验记录签字日

3. 某设备安装施工合同约定的开工日为2月1日。由于土建承包人延误竣工，导致安装承包人实际于2月10日开工。安装承包人在5月1日安装完毕并向工程师提交了竣工验收报告，5月10日开始进行5天启动连续试车，结果表明施工安装有缺陷。安装承包人按照工程师的指示进行了调试工作，并于5月25日再次提交请求验收报告。5月26日再次试车后表明安装工作满足合同规定的要求，参与试车有关各方于6月1日签署了同意移交工程的文件。应以(　　)的时间与合同工期比较，判定承包人是提前竣工还是延误竣工。

A. 2月1日至5月10日　B. 2月1日至5月25日
C. 2月10日至5月26日　D. 2月10日至6月1日

4. 根据《水利水电建设工程验收规程》(SL 223—2008)的规定，验收资料的制备由(　　)负责统一组织，有关单位按其要求及时完成。

A. 质量监督机构　B. 项目法人的主管部门
C. 项目法人　D. 监理单位

5. 根据《水利水电建设工程验收规程》(SL 223—2008)的规定，(　　)应有水利水电工程质量监督单位的工程质量评价意见。

A. 单元工程验收、分部工程验收　B. 分部工程、单位工程验收
C. 单位工程、阶段验收　D. 单位工程验收、竣工验收

6. 根据《水利水电建设工程验收规程》(SL 223—2008)的规定，竣工验收必须有(　　)的工程质量评定报告；竣工验收委员会在其基础上鉴定工程质量等级。

A. 施工单位　B. 监理单位
C. 质量监督单位　D. 设计单位

7. 根据《水利水电建设工程验收规程》(SL 223—2008)的规定，阶段验收由(　　)主持。阶段验收委员会由项目法人、设计、施工、监理、质量监督、运行管理、有关上级主管等单位组成，必要时应邀请地方政府及有关部门参加。

A. 承包单位　B. 项目法人
C. 分部验收主持单位　D. 竣工验收主持单位

8. 水库等工程蓄引水前，必须进行蓄引水(阶段)验收。验收前，应按照水利部有关规定对工程进行(　　)。通过后，才可以进行验收。

A. 质量核定　B. 外观质量评定
C. 技术性预验收　D. 蓄水安全鉴定

9. 根据《水利水电建设工程验收规程》(SL 223—2008)的规定，在竣工验收前已经建成并能够发挥效益，需要提前投入使用的单位工程，在投入使用前应进行投入使用验收。投入使用验收由(　　)主持。

A. 承包单位　B. 项目法人
C. 分部验收主持单位　D. 竣工验收主持单位

10. 工程截流验收由项目法人会同有关(　　)政府主管部门共同组织工程截流验收

委员会进行,验收成果是工程截流验收鉴定书。

A. 省级　　B. 市级

C. 县级　　D. 本级

11. 根据《堤防工程施工质量评定与验收规程(试行)》(SL 239—1999)的规定和要求,单元工程(或工序)质量达不到合格标准时,必须及时处理。其质量等级按下列规定确定:全部返工重做的,质量等级(　　);经加固补强并经鉴定能达到设计要求的,其质量(　　)。

A. 合格,合格　　B 重新评定,合格

C. 重新评定,重新评定　　D. 合格,重新评定

12. 根据《堤防工程施工质量评定与验收规程(试行)》(SL 239—1999)的规定和要求,工程竣工验收前,项目法人应委托(　　)以上水行政主管部门认定的水利工程质量检测单位对工程质量进行一次抽检。

A. 省级　　B. 市级

C. 县级　　D. 本级

13. 单位工程的观感质量应由验收人员进行现场检查,最后由(　　)确认。

A. 总监理工程师　　B. 建设单位代表

C. 设计单位代表　　D. 各单位验收人员共同

14. 在项目竣工验收阶段,监理机构应(　　)。

A. 作为被验单位参加竣工

B. 组织竣工验收

C. 作为竣工验收委员单位参加竣工验收

D. 不参加竣工验收

15. 根据《水利工程建设项目档案管理规定》(水办[2005]480 号)的有关规定,水利工程档案的保管期限分为(　　)。

A. 永久、长期、短期三种　　B. 长期、中期、短期三种

C. 长期、短期两种　　D. 永久、临时两种

16. 工程档案的归档时间,可由项目法人根据实际情况确定。可分阶段在单位工程或单项工程完工后向项目法人归档,也可在主体工程全部完工后向项目法人归档。整个项目的归档工作和项目法人向有关单位的档案移交工作,应在工程竣工验收后(　　)个月内完成。

A. 3　　B. 6

C. 9　　D. 12

17. 监理文件档案的更改应由原制定部门相应责任人执行,涉及审批程序的,由(　　)审批。

A. 监理公司技术负责人　　B. 总监理工程师

C. 原审批责任人　　D. 档案管理责任人

18. 项目监理机构的监理文件档案换发新版时,应由(　　)负责将原版本收回作废。

A. 总监理工程师　　B. 专业监理工程师

C. 信息管理部门　　D. 监理单位档案室

19. 建设工程档案是指(　　)。

A. 在工程设计、施工等阶段形成的文件

B. 工程竣工验收后,真实反映建设工程项目施工结果的图样

C. 在工程立项、勘察、设计、招标等工程准备阶段形成的文件

D. 工程建设活动中直接形成的具有归档保存价值的文字、图表、声像等各种形式的历史记录

20. 对施工单位工程文件的形成、积累、立卷归档工作进行监督、检查是(　　)的职责。

A. 建设单位和施工总承包单位　　B. 监理单位和施工总承包单位

C. 建设单位和监理单位　　D. 地方城建档案管理部门

21. 监理单位对建设工程文件档案资料的管理职责是(　　)。

A. 收集和整理工程准备阶段、竣工验收阶段形成的文件,立卷归档

B. 提请当地城建档案管理部门对工程档案进行预验收

C. 对施工单位的工程文件的形成、积累、立卷归档进行监管、检查

D. 负责组织竣工图的绘制工作

22. 需要建设单位长期保存、监理单位短期保存的监理文件是(　　)。

A. 监理月报总结　　B. 不合格项目通知

C. 月付款报审与支付　　D. 工程延期报告及审批

23.《建设工程文件归档整理规范》(GB/T 50328—2001)规定,建设单位应短期保存的监理文件是(　　)。

A. 月付款报审与支付　　B. 分包单位资质材料

C. 有关进度控制的监理通知　　D. 工程开工/复工审批表

24. 按照《建设工程文件归档整理规范》(GB/T 50328—2001)的规定,属于建设单位短期保存的文件是(　　)。

A. 监理实施细则　　B. 不合格项目通知

C. 供货单位资质材料　　D. 月付款报审与支付凭证

二、多项选择题

1. 在单位工程或子单位工程质量验收时,应对其是否符合设计和规范要求及总体质量水平作出评价,其综合验收结论由参加验收的(　　)共同商定。

A. 建设单位　　B. 设计单位

C. 监理单位　　D. 工程质量监督机构

E. 施工单位

2. 在工程质量验收各层次中,总监理工程师可以组织或参与(　　)的验收。

A. 检验批　　B. 分项工程

C. 分部工程　　D. 单位工程

E. 子单位工程

3. 工程验收包括(　　)。

A. 分部工程验收　　B. 阶段验收

C. 单位工程验收　　D. 竣工初步验收

E. 竣工验收

4. 根据《水利水电建设工程验收规程》(SL 223—2008)的规定,验收资料分为(　　)。

A. 归档史料　　B. 所需提供资料

C. 所需备查资料　　D. 保存资料

E. 参建单位资料

5. 根据《建设工程文件归档整理规范》(GB/T 50328—2001)的规定,建设工程归档文件应符合的质量要求和组卷要求有(　　)。

A. 归档的工程文件一般应为原件

B. 工程文件应采用耐久性强的书写材料

C. 所有竣工图均应加盖竣工验收图章

D. 竣工图可按单位工程、专业等组卷

E. 不同载体的文件一般应分别组卷

6. 归档工程文件的组卷要求有(　　)。

A. 归档的工程文件一般应为原件

B. 案卷不宜过厚,一般不超过 40 mm

C. 案卷内不应有重份文件

D. 既有文字材料又有图纸的案卷,文字材料排前,图纸排后

E. 建设工程由多个单位工程组成时,工程文件按单位工程组卷

7. 根据《建设工程文件归档整理规范》(GB/T 50328—2001)的规定,建设工程档案验收应符合的要求有(　　)。

A. 列入城建档案管理部门档案接收范围的工程,建设单位在组织工程竣工验收前,应提请城建档案管理部门对工程档案进行验收

B. 国家、省市重点工程项目或一些特大型、大型工程项目的预验收和验收,必须有地方城建档案管理部门参加

C. 对不符合技术要求的建设工程档案,一律直接退回编制单位进行改正、补齐

D. 监理单位对编制报送工程档案进行业务指导、督促和检查

E. 地方城建档案管理部门负责工程档案的最后验收

8. 建设工程档案移交应符合的要求包括(　　)。

A. 列入城建档案管理部门接收范围的工程,建设单位在工程竣工验收后 3 个月内向城建档案管理部门移交一套符合规定的工程档案

B. 停建、缓建工程的工程档案,暂由建设单位保管

C. 工程档案的质量由建设单位进行检查验收

D. 对改建、扩建和维修工程,由建设单位修改和完善工程档案

E. 建设单位在组织工程竣工验收前,应向城建档案管理部门移交工程档案,办理

移交手续

9. 建设工程文件包括(　　)。

A. 工程准备阶段文件　　B. 材料试验汇总表

C. 监理文件　　D. 竣工验收文件

E. 监理细则

实训二　案例分析

1. 某实行监理的工程,建设单位与总承包单位按《建设工程施工合同(示范文本)》签订了施工合同,总承包单位按合同约定将一专业工程分包。

施工过程中发生下列事件:

事件1:工程开工前,总监理工程师在熟悉设计文件时发现部分设计图纸有误,即向建设单位进行了口头汇报。建设单位要求总监理工程师组织召开设计交底会,并向设计单位指出设计图纸中的错误,在会后整理会议纪要。

在工程定位放线期间,总监理工程师指派专业监理工程师审查分包单位资格报审表及相关资料,安排监理员到现场复验总承包单位报送的原始基准点、基准线和测量控制点。

事件2:由建设单位负责采购的一批材料,因规格、型号与合同约定不符,施工单位不予接收保管,建设单位要求项目监理机构协调处理。

事件3:专业监理工程师现场巡视时发现,总承包单位在某隐蔽工程施工时,未通知项目监理机构即进行隐蔽。

事件4:工程完工后,总承包单位在自查自评的基础上填写了工程竣工报验单,连同全部竣工资料报送项目监理机构,申请竣工验收。总监理工程师认为施工过程均按要求进行了验收,便签署了竣工报验单,并向建设单位提交了竣工验收报告和质量评估报告,建设单位收到该报告后,即将工程投入使用。

问题:

(1)分别指出事件1中建设单位、总监理工程师的不妥之处,写出正确做法。

(2)事件1中,专业监理工程师在审查分包单位的资格时,应审查哪些内容?

(3)针对事件2,项目监理机构应如何协调处理?

(4)针对事件3,写出总承包单位的正确做法。

(5)分别指出事件4中总监理工程师、建设单位的不妥之处,写出正确做法。

2. 某实行监理的工程,建设单位通过招标选定了甲施工单位,施工合同中约定:施工现场的建筑垃圾由甲施工单位负责清除,其费用包干并在清除后一次性支付;甲施工单位将混凝土钻孔灌注桩分包给乙施工单位。建设单位、监理单位和甲施工单位共同考察确定商品混凝土供应商后,甲施工单位与商品混凝土供应商签订了混凝土供应合同。

施工过程中发生下列事件:

事件1:甲施工单位委托乙施工单位清除建筑垃圾,并通知项目监理机构对清除的建筑垃圾进行计量。因清除建筑垃圾的费用未包含在甲、乙施工单位签订的分包合同中,乙施工单位在清除完建筑垃圾后向甲施工单位提出费用补偿要求。随后,甲施工单位向项目监理机构提出付款申请,要求建设单位一次性支付建筑垃圾清除费用。

事件2:在混凝土钻孔灌注桩施工过程中,遇到地下障碍物,使桩不能按设计的轴线施工。乙施工单位向项目监理机构提交了工程变更申请,要求绕开地下障碍物进行钻孔灌注桩施工。

事件3:项目监理机构在钻孔灌注桩验收时发现,部分钻孔灌注桩的混凝土强度未达到设计要求,经查是商品混凝土质量存在问题。项目监理机构要求乙施工单位进行处理,乙施工单位处理后,向甲施工单位提出费用补偿要求。甲施工单位以混凝土供应商是建设单位参与考察确定的为由,要求建设单位承担相应的处理费用。

问题:

(1)事件1中,项目监理机构是否应对建筑垃圾清除进行计量?是否应对建筑垃圾清除费签署支付凭证?说明理由。

(2)事件2中,乙施工单位向项目监理机构提交工程变更申请是否正确?说明理由。写出项目监理机构处理该工程变更的程序。

(3)事件3中,项目监理机构对乙施工单位提出要求是否妥当?说明理由。写出项目监理机构对钻孔灌注桩混凝土强度未达到设计要求问题的处理程序。

(4)事件3中,乙施工单位向甲施工单位提出费用补偿要求是否妥当?说明理由。甲施工单位要求建设单位承担相应的处理费用是否妥当?说明理由。

项目五 水利工程监理系列文件

【学习目标】

1. 能理解监理大纲、监理规划、监理实施细则、监理记录、监理报告、监理日志的作用。
2. 能掌握监理大纲、监理规划、监理实施细则、监理报告编写的依据、要点及内容。
3. 能掌握监理记录和监理日志的内容。
4. 能具备监理员和监理工程师资格培训及考试的基本知识。

任务一 监理大纲

一、监理大纲编写的作用

监理大纲是指在监理招标投标阶段,监理单位投标为承揽监理业务而编制的监理方案性文件,是监理投标书的重要组成部分。

监理单位编制监理大纲的主要作用有:

(1)使项目法人认可监理大纲中的监理方案,其目的是让项目法人信服本监理单位能胜任该项目的监理工作,从而承揽到监理业务。

(2)是监理单位对所承揽的监理项目,而组建的监理机构为以后开展监理工作制订方案、编制监理规划的基础和依据。

二、监理大纲编写的依据

(1)国家和行业有关工程建设监理的政策、法律、法规。

(2)建设单位提供的勘察、设计文件。

(3)建设单位的工程监理招标文件。

(4)监理单位监理人员的资历与资质情况。

(5)监理单位的质量保证体系认证资料。

(6)监理单位的技术装备和经营业绩。

三、监理大纲的主要内容

监理单位应根据项目法人发布的建设项目监理招标文件,项目的特点、规模,以及监理单位自身的条件和以往承担工程项目监理的经验编写监理大纲。一般应主要包括以下几点:

(1)监理单位拟派往监理项目的主要监理人员,并对这些人员的资格情况进行介绍;其中,介绍拟派驻的项目总监理工程师的情况至关重要,这往往决定监理单位承揽监理业务的成效。

(2)监理单位根据项目法人所提供的和自己初步掌握的工程信息,制订准备采用的监理方案。具体包括:监理项目的监理组织机构方案,质量、投资、进度三大目标控制方案,工程建设所涉及的合同管理方案,监理组织机构在监理过程中进行组织协调的方案等。

(3)监理单位明确说明将提供给项目法人的反映监理阶段性成果的文件,这有助于监理单位承揽到建设监理业务。

通常监理大纲的具体内容包括:工程项目概况,监理工作范围及监理目标,监理机构的组织形式,质量控制的主要任务、内容及措施,投资控制的主要任务、内容及措施,进度控制的主要任务、内容及措施,合同管理的主要任务、内容及措施,信息管理与档案管理的主要任务、内容及措施,安全管理与环境保护的主要任务、内容及措施,组织协调的主要任务、内容及措施,监理报告目录,其他等。

任务二　监理规划

一、监理规划编写的作用

监理规划是指在监理单位与发包人签订监理合同之后,由总监理工程师主持编制,并经监理单位技术负责人同意的用以指导监理机构全面开展监理工作的指导性文件。

监理规划编写的主要作用有:

(1)监理规划的基本作用是指导项目监理机构全面开展监理工作。项目监理机构制订的监理规划应包括:确定监理目标,制订监理计划,安排目标控制、合同管理、信息管理、安全管理、组织协调等各项工作,并确定各项工作的方法和手段等。

(2)监理规划是建设单位检查监理单位履行监理合同的重要依据。

(3)监理规划是建设行政管理部门对监理单位监督管理的主要依据。

国家有关法规规定:建设行政管理部门依法对工程监理单位实施监督、管理和指导,对其管理水平、人员素质、监理业绩、专业配套和技术装备等进行核查与考评,以确认它的资质等级,同时建设行政管理部门还对工程监理单位实行资质年检制度。

二、监理规划编写的要点及依据

(一)监理规划编写的要点

(1)总监理工程师亲自主持编制,各监理人员要参加或熟悉监理规划的编制,掌握监理规划的内容和要求。

(2)监理规划应对监理的计划、组织、程序、方法等作出表述。

(3)监理规划应在监理大纲的基础上,根据工程的需要及发包人的委托,结合承包人报批的施工组织设计、施工进度计划编写,具有针对性,突出监理工作的预控性,针对不同情况制定相应的对策。

(4)监理规划应体现“三控制、三管理、一协调”内容,并注重内容的可行性和操作性。

(5)监理规划的具体内容应根据不同工程项目的性质、规模、工作内容等具体情况编制,格式和条目可有所不同。

(6)监理规划应随着建设工程项目的进展或合同变更不断补充、修改与完善。

(二)监理规划编写的依据

(1)工程项目的自然条件、社会条件和经济条件等外部环境调查研究资料。

(2)工程建设方面的有关法律、法规、规章,技术标准。

(3)政府批准的工程建设文件、设计文件。

(4)建设工程委托监理合同。

(5)项目业主的正当要求。

(6)项目监理大纲。

(7)工程实施过程中输出的有关信息。

三、监理规划的主要内容

(一)总则

(1)工程项目基本情况。简述工程项目的名称、性质、等级、建设地点、自然条件与外部环境,工程项目组成及规模、特点,工程项目建设目的。

(2)工程项目主要目标。工程项目总投资及组成、计划工期(包括项目阶段性目标的计划开工日期和完工日期)、质量目标。

(3)工程项目组织。工程项目主管部门、发包人、质量监督机构、设计单位、承包人、监理单位、材料设备供货人的简况。

(4)监理工程范围和内容。发包人委托监理的工程范围和服务内容等。

(5)监理主要依据。列出开展监理工作所依据的法律、法规、规章,国家及部门颁发的有关技术标准,批准的工程建设文件,以及有关合同文件、设计文件等的名称、文号等。

(6)监理组织。现场监理机构的组织形式与部门设置,部门分工与协作,主要监理人员的配置和岗位职责等。

(7)监理工作基本程序。

(8)监理工作主要方法和主要制度。制定技术文件审核与审批、工程质量检验、工程计量与付款签证、会议、施工现场紧急情况处理、工作报告、工程验收等方面的监理工作具体方法和制度。

(9)监理人员守则和奖惩制度。

(二)工程质量控制

(1)质量控制的原则。

(2)质量控制的目标。根据有关规定和合同文件,明确合同项目各项工作的质量要求和目标。

(3)质量控制的内容。根据监理合同,明确监理机构质量控制中的主要工作内容和任务。

(4)质量控制的措施。明确质量控制程序和质量控制方法,并明确质量控制点、质量控制要点与难点。

(5)明确监理机构所应制定的质量控制制度。

(三)工程进度控制

(1)进度控制的原则。

(2)进度控制的目标。根据工程基本资料,建立进度控制目标体系,明确合同项目进度的控制性目标。

(3)进度控制的内容。根据监理合同,明确监理机构在施工中进度控制中的主要工作内容。

(4)进度控制的措施。明确合同项目进度控制程序、控制制度和控制方法。

(四)工程投资控制

(1)投资控制的原则。

(2)投资控制的目标。依据施工合同,建立投资控制体系。

(3)投资控制的内容。根据监理合同,明确投资控制的主要工作内容和任务。

(4)投资控制的措施。明确工程计量方法、程序和工程支付程序以及分析方法;明确监理机构所需制定的工程支付与合同管理制度。

(五)合同管理

(1)变更的处理程序和监理工作方法。

(2)违约事件的处理程序和监理工作方法。

(3)索赔的处理程序和监理工作方法。

(4)担保与保险的审核和查验。

(5)分包管理的监理工作内容与程序。

(6)争议的调解原则、方法与程序。

(7)清场与撤离的监理工作内容。

(六)信息管理

(1)信息管理程序、制度及人员岗位职责。

(2)文档清单及编码系统。

(3)文档管理计算机管理系统。

(4)文档信息流管理系统。

(5)文件资料归档系统。

(6)现场记录的内容、职责和审核。

(7)现场指令、通知、报告内容和程序。

(七)安全管理与环境保护

(1)安全管理的依据、程序、制度及人员岗位职责。

(2)安全监理管理体系。

(3)安全管理的内容、方法与措施。

(4)环境保护的内容、方法与措施。

(八)组织协调

(1)监理机构协调工作的主要内容。

(2)协调工作的原则与方法。

（九）工程验收与移交

监理机构在工程验收和移交中工作的内容与程序。

（十）保修期监理

（1）工程保修期的起算、终止和延长的依据与程序。

（2）保修期监理的主要工作内容。

（十一）监理设施

（1）制订现场交通、通信、试验、办公、食宿等设施设备的使用计划。

（2）制定交通、通信、试验、办公等设施使用的规章制度。

（十二）其他根据合同项目需要应包括的内容

（略）

任务三　监理实施细则

一、监理实施细则编写的作用

监理实施细则是指由监理工程师负责编制，并经总监理工程师批准的用以实施某一项目或某一专业监理工作的操作性文件。

监理实施细则是监理工作中的重要文件，用来指导具体监理工作，是监理单位重要的存档材料。监理实施细则一般应按照施工进度要求在相应工程开始施工前，由专业监理工程师编制并经总监理工程师批准。监理实施细则一般要分专业编写。监理实施细则是在监理规划的基础上，根据项目实际情况对各项监理工作的具体实施和操作要求的具体化、详细化。

监理实施细则是项目监理工作实施的技术依据，它落实了项目计划、规范了施工行为、明确了专业分工和职责，可以协调施工过程中的矛盾。

二、监理实施细则编写的要点及依据

（一）监理实施细则编写的要点

监理实施细则编写时，应严格执行国家的标准、规范、规程并考虑项目的自身特点，对技术指标量化、细化，使其具有可操作性，具体编写要点如下：

（1）监理实施细则应在专业工程施工前，由专业监理工程师主持编制完成，相关监理人员参与，并经总监理工程师批准。

（2）监理实施细则应符合监理规划的基本要求，充分体现工程专业特点和合同约定的要求，具有明显的针对性。

（3）监理实施细则应体现工程总体目标的实施和有效控制，明确控制措施和方法，具有可行性和可操作性。

（4）监理实施细则应突出监理工作的预控性，充分考虑可能发生的各种情况，针对不同情况制定相应的对策和措施，突出监理工作的事前审批、事中监督和事后检验。

（5）监理实施细则应根据实际情况按进度、分阶段进行编制，但要注意前后的连续性、一致性。

(6)监理实施细则应分专业编写,要注意各个监理实施细则间的衔接与配套,以组成系统、完整的监理实施细则体系。

(7)在监理实施细则条文中,应具体写明采用的规程、规范、标准,设计文件的名称、文号,报告、报表的格式。

(8)监理实施细则可根据工程实施情况进行补充、修改和完善。

(9)监理实施细则的主要内容及条款可随工程不同而有所调整。

(二)监理实施细则编写的依据

(1)国家有关法律法规。

(2)勘察、设计等技术文件与图纸。

(3)施工合同文件。

(4)监理规划。

(5)监理机构已批准的施工组织设计及技术措施。

(6)细则适用范围内有关的技术标准、规程、规范。

三、监理实施细则的主要内容

监理实施细则的主要内容一般包括监理项目的特点、监理工作的流程、监理工作控制的要点及目标值、监理工作的方法及措施。具体到各个阶段的监理实施细则的编制,应各有侧重。

(一)总则

(1)编制依据。包括施工合同文件、设计文件与图纸、监理规划、经监理机构批准的施工组织设计及技术措施(作业指导书),由生产厂家提供的有关材料、构配件和工程设备的使用技术说明,工程设备的安装、调试、检验等技术资料。

(2)适用范围。写明该监理实施细则适用的项目或专业。

(3)负责该项目或专业工程的监理人员及职责分工。

(4)适用工程范围内使用的全部技术标准、规程、规范的名称、文号。

(5)发包人为该项工程开工和正常进展应提供的必要条件。

(二)开工审批内容和程序

(1)单位工程、分部工程开工审批程序和申请内容。

(2)混凝土浇筑开仓审批程序和申请内容。

(三)质量控制的内容、措施和方法

(1)质量控制标准与方法。根据技术标准、设计要求、合同约定等,具体明确工程质量的质量标准、检验内容以及质量控制措施,明确质量控制点及旁站监理方案等。

(2)材料、构配件和工程设备质量控制。具体明确材料、构配件和工程设备的运输、储存管理要求,报验、签认程序,检验内容与标准。

(3)工程质量检测试验。根据工程施工实际需要,明确对承包人检测试验室配置与管理的要求,对检测试验的工作条件、技术条件、试验仪器设备、人员岗位资格与素质、工作程序与制度等方面的要求;明确监理机构检验的抽样方法或控制点的设置、试验方法、结果分析以及试验报告的管理。

(4)施工过程质量控制。明确施工过程质量控制要点、方法和程序。

(5)工程质量评定程序。根据规程、规范、标准、设计要求等,具体明确质量评定内容与标准,并写明引用文件的名称与章节。

(6)质量缺陷与质量事故处理程序。

(四)进度控制的内容、措施和方法

(1)进度目标控制体系。该项工程的开工、完工时间,阶段目标或里程碑时间,关键节点时间。

(2)进度计划的表达方法。如横道图、柱状图、网络图(单代号、双代号、时标)、关联图、“S”曲线、“香蕉”图等,应满足合同要求和控制需要。

(3)施工进度计划的申报。明确进度计划(包括总进度计划、单位工程进度计划、分部工程进度计划、年度计划、月计划等)的申报时间、内容、形式、份数等。

(4)施工进度计划的审批。明确进度计划审批的职责分工、要点、时间等。

(5)施工进度的过程控制。明确施工进度监督与检查的职责分工;拟定检查内容(包括形象进度、劳动效率、资源、环境因素等);明确进度偏差分析与预测的方法和手段(如采用的图表、计算机软件等);制定进度报告、进度计划修正与赶工措施的审批程序。

(6)停工与复工。明确停工与复工的程序。

(7)工期索赔。明确控制工期索赔的措施和方法。

(五)投资控制的内容、措施和方法

(1)投资目标控制体系。投资控制的措施和方法;各年的投资使用计划。

(2)计量与支付。计量与支付的依据、范围和方法;计量申请与付款申请的内容及应提供的资料;计量与支付的申报、审批程序。

(3)实际投资额的统计与分析。

(4)控制费用索赔的措施和方法。

(六)合同管理的内容和程序

(1)工程变更管理。明确变更处理的监理工作内容与程序。

(2)索赔管理。明确索赔处理的监理工作内容与程序。

(3)违约管理。明确合同违约管理的监理工作内容与程序。

(4)工程担保。明确工程担保管理的监理工作的内容。

(5)工程保险。明确工程保险管理的监理工作内容。

(6)工程分包。明确工程分包管理的监理工作内容与程序。

(7)争议的解决。明确合同双方争议的调解原则、方法与程序。

(8)清场与撤离。明确承包人清场与撤离的监理工作内容。

(七)信息管理的内容和程序

(1)信息管理体系。包括设置管理人员及职责,制定文档资料管理制度。

(2)编制监理文件格式、目录。制定监理文件分类方法与文件传递程序。

(3)通知与联络。明确监理机构与发包人、承包人之间通知和联络的方式及程序。

(4)监理日志。制定监理人员填写监理日志制度,拟定监理日志的格式、内容与管理办法。

(5)监理报告。明确监理月报、监理工作报告和监理专题报告的内容与提交的时间、程序。

(6)会议纪要。明确会议纪要记录要点和发放程序。

(八)安全管理与环境保护的内容、措施和方法

(1)监理机构内部的施工安全控制措施。

(2)承包人应建立的施工安全保证体系。

(3)工程不安全因素分析与预控措施。

(4)环境保护的内容与措施。

(九)工程验收与移交的内容和程序

(1)分部工程验收程序与监理工作内容。

(2)阶段验收程序与监理工作内容。

(3)单位工程验收程序与监理工作内容。

(4)合同项目完工验收程序与监理工作内容。

(5)工程移交程序与监理工作内容。

(十)其他根据项目或专业需要应包括的内容

(略)

任务四 监理记录

一、监理记录的作用

监理记录是对监理工作的各项活动、决定、问题及环境条件的全面记载,是监理过程中的重要基础工作,在很大程度上反映出监理工作的质量。

监理记录可以用来在任何时间对工程进行评估或作为判断依据,解决各种纠纷和索赔,给施工单位定出公平的报酬,还有助于为设计人员及工程验收人员提供翔实的资料。总之,监理记录既是项目监理机构行政管理、内部管理的工具,又是监督施工单位按合同要求施工的重要依据。

二、监理记录的种类与内容

监理记录可分为如下四大类。

(一)历史性记录

1.会议记录

会议记录是各类会议的记录,如第一次工地会议、工地例会、专题工作会议、现场协调会等会议记录。

2.监理员日报表

监理员日报表是监理员每天现场监理记录,包括当天的施工内容,当天参加施工的人员(工种、数量、施工单位等),当天施工用的机械的名称和数量等,当天发现的施工质量问题，当天的施工进度和计划进度的比较（若发生进度拖延，应说明原因），当天天气综合评语，其他说明及应注意的事项等。监理员日报表应采用标准表格进行填写上报，并依次编号。监理员日报表应交给监理工程师一份。

监理员要做好现场记录，现场记录通常记录以下内容：

（1）现场监理人员对所监理工程范围内的机械、劳力的配备和使用情况做详细记录。如：承包人现场人员和设备的配置是否同计划所列的一致；工程质量和进度是否因人员或设备不足而受到影响，受到影响的程度如何；是否缺乏专业施工人员或专业施工设备，承包商有无替代方案；承包商施工机械完好率和使用率是否令人满意；维修车间及设施如何，是否存储有足够的备件等。

（2）记录气候及水文情况：每天的最高、最低气温，降雨和降雪量，风力，河流水位；有预报的雨、雪、台风及洪水到来之前对永久性或临时性工程所采取的保护措施；气候、水文的变化影响施工及造成损失的细节，如停工时间、救灾的措施和财产的损失等。

（3）记录承包商每天工作的范围，完成工程数量，以及开始和完成工作的时间；记录出现的技术问题，采取了怎样的措施进行处理，效果如何，能否达到技术规范的要求等。

（4）对工程施工中每步工序完成后的情况作简单描述，如此工序是否已被认可，对缺陷的补救措施或变更情况等做详细记录。监理人员在现场对隐蔽工程应特别注意记录。

（5）记录现场材料供应和储备情况：每一批材料的到达时间、来源、数量、质量、存储方式和抽样检查情况等。

（6）对于一些必须在现场进行的试验，现场监理人员进行记录并分类保存。

3. 监理工程师日志

监理工程师日志是监理工程师的个人笔记，应记录每天作业的重大决定、对施工单位的指示、发生的纠纷及解决的办法、与工程有关的特殊问题、参观工地及有关细节、与施工单位的口头协议、总监理工程师的指示或协商、对下级的指示、工程主要进度或问题。

4. 监理日志

监理日志是项目监理部日常记录，动态地反映出监理工程的实际施工全貌和监理部工作成效，监理日志填写前就要做好相关信息的收集工作，将全部工作内容草拟后整理入册。填写时用词要简洁达意，书写清楚工整。监理日志记录的内容如下：

（1）气候方面。主要包括当日最高、最低气温，当日降雨（雪）量，当天的风力，因气候原因损失的施工工时等。

（2）进度方面。主要包括当日的施工内容、部位、进度，施工人员工种、数量等，施工投入使用的机械设备名称、数量等，以及当日实际施工进度与计划施工进度的比较。若发生施工延期或暂停施工应说明原因，如停电、停水、不利气候条件等。

（3）当日进场的原材料名称、数量、产地、拟用部位及见证取样情况。对进场的原材料根据其外包装标识，对照产品合格证、使用说明书、质保书等核实无误后，登记入监理日志。在数量方面，必要时进行复核；需要进行见证取样的，应及时取样送检，并将取样数量、部件及取样送检人记录清楚。该部分内容应与材料/设备/构配件报验单闭合。

（4）混凝土、砂浆试块的留置、数量、取样部位，配合比检查结果。混凝土、砂浆试块取样要记录清楚取样部位、组数、取样人；在记录时要强调监理日志中的试块取样日期、部位，必须要做到与旁站记录、平行检测和试验报告单相吻合。

(5)分部、分项验收情况。要记录清楚验收参加人员、验收时间及结果。及时记录验收、巡视中发现的问题，以及处理意见和处理结果。工序验收情况是监理日志中可记载内容最丰富的部分；分部工程记录参验的建设、勘察、设计、施工、监理各方人员到位情况及验收结论；分项工程验收应记录监理方、施工方参加人员及验收中发现的问题。对于发现的问题无论是下达了口头通知或书面通知都应记录进日志，并应与监理通知单(回复单)相闭合。

(6)记录当日签发的工程报验表、监理工作联系单、监理通知等，汇总概括收发文情况。

(7)记录当日处理设计变更、费用索赔、工程款支付内容。设计变更可以由工程参建方任一方提出，经设计方认可后必须由总监理工程师签发至施工方执行；对索赔处理记录索赔事件发生的时间及原因，施工方提出索赔意向和索赔报告的时间与概要内容及监理部作出的答复。

(8)监理例会、专题会议的主要议题摘要。

(9)施工现场安全施工检查情况以及对安全隐患的处理意见。

(10)有关口头洽商、指示。包括监理方与建设单位的洽商意见，对施工方的口头指示，以及项目总监对监理部人员的指示等。

监理日志在记录中要注意时效性，每日完成的监理工作要在当日记录，不能拖延；监理日志记录的内容不能空洞、泛泛而谈，应客观、真实；在填写日志时还要注意闭合问题，日志的内容不仅要与监理通知、旁站记录、平行检测记录及相关报验资料等闭合，自身也要闭合。监理日志应由专人每日填写，总监理工程师每日阅示；应妥善保管日志，按月装订成册。

5. 监理月(季)报

监理月(季)报是监理工程师为总监理工程师和建设单位准备的工程报告。应包括工程进度情况、工程价款及支付情况、工程延误及主要原因、遇到的重要问题或困难、重要纠纷和争议、异常天气情况等内容。

6. 监理巡视记录

监理巡视记录主要记录监理人员巡视工程现场时发现的主要问题及对问题的处理意见。

7. 天气记录

天气记录记录每天的温度变化、风力、雨雪情况及其他特殊天气情况，还应记录因天气变化而损失的工作时间。如果工地范围较大，则应多选择几个有代表性的施工单位进行天气观察记录。

8. 对施工单位的指示

监理工程师或总监理工程师对施工单位的指示应以正式函件表达为主。此外，工地指示和口头指示也较为常用，均应做好记录，同时应记录口头指示得到正式确认的方式和时间。还有许多指示体现在各种监理表格中，对此也要留意。口头指示必须得到书面确认方才有效。

9. 给施工单位的图纸

经审核的图纸和补充图纸的发送均应全面记录，以免遗漏而延误工程和施工单位提出索赔。

10. 施工单位的报告或通知

施工单位除正式例行报告和报表外,日常工作中的各种正式函件、口头通知、报告均应做记录。

(二)工程量及工程款支付记录

1. 工程量记录

工程量记录是为了核对财务支出数额,因而必须以计量结果为标准,根据计量结果进行统计和分析。

工程量记录往往表现在系列计量表格中,这些表格可以参照标准表格格式。

工程量记录的数值必须是工程师和施工单位双方同意认可的数据。

归档的工程量记录可以另编表格累计,也可以直接复制有关的计量单和计量汇总表。

2. 工程款支付记录

本记录主要记录工程款支付情况,包括每月净支付数额以及各类款项的支出额,这些数据都体现在月付款证书中,当然月付款证书也可以事后由工程师修改,应予注意。计日工、设计变更、洽商、索赔、材料预付款等项目都可以单独编制统计表。

工程款支付记录表可以单独成册归档,有些项目还需编制专门的工程款支付月报。记录与报表,应分类编号后归档。

(三)质量记录

工程质量记录可分为以下三类:

(1)试件、试样、样品抽样记录。

(2)试验、检验结果分析记录。

(3)各种质量验收记录。

工程质量记录具体内容如下:

(1)工作内容的简单叙述。如进行了哪些试验,结果如何等。

(2)承包商试验人员配备情况。如试验人员配备与承包商计划所列是否一致,数量和素质是否满足工作需要,增减或更换试验人员的建议。

(3)对承包商试验仪器、设备配备、使用和调动情况记录,需增加新设备的建议。

(4)监理试验室与承包商试验室所做同一试验,其结果有无重大差异,原因如何。

(四)竣工记录

竣工记录既有助于施工过程的控制,也有利于最后的竣工验收工作。竣工记录应包括施工过程中的验收记录和竣工验收阶段的记录两部分。竣工验收阶段的记录应包括验收检查、验收试验、验收评定及验收资料各方面的内容。

任务五 监理报告

监理报告是指建设单位、监理单位、施工单位之间的工作表格或报告的总称。通常施工承包人用表 CB01 ~ 36、监理机构用表 JL01 ~ 44(见附录三"施工监理工作常用表格目录");由监理机构提交的监理报告包括监理月报、监理专题报告、监理工作报告、监理工作总结报告。

一、监理报告编写的要点

(1)监理月报应全面、真实地反映当月工程现状和监理工作情况,编制周期与支付周期同步。

(2)监理专题报告针对施工监理中某项特定的专题撰写。专题事件持续时间较长时,监理机构可提交关于该专题事件的中期报告。

(3)在进行监理范围内各类工程验收时,监理机构应按规定提交相应的监理工作报告。监理工作报告应在验收工作开始前完成。

(4)监理工作结束后,监理机构应在以前各类监理报告的基础上编制全面反映所监理项目情况的监理工作总结报告。监理工作总结报告应在结清监理费用后56日内发出。

(5)监理报告应由总监理工程师负责组织编制,审核签字、盖章后,报送发包人和监理单位。

(6)监理报告应真实反映工程或事件状况、监理工作情况,做到内容全面、重点突出、语言简练、用词标准、数据准确,并附必要的图表、照片和音像片。

二、监理月报的主要内容

(1)本月工程描述。

(2)工程质量控制。包括本月工程质量状况及影响因素分析、工程质量问题处理过程及采取的控制措施等。

(3)工程进度控制。包括本月施工资源投入、实际进度与计划进度比较、对进度完成情况的分析、存在的问题及采取的措施等。

(4)工程投资控制。包括本月工程计量、工程款支付情况及分析、本月合同支付中存在的问题及采取的措施等。

(5)合同管理其他事项。包括本月施工合同双方提出的问题、监理机构的答复意见和工程分包、变更、索赔、争议等处理情况,以及对存在的问题采取的措施等。

(6)施工安全和环境保护。包括本月施工安全措施执行情况、安全事故及处理情况、环境保护情况、对存在的问题采取的措施等。

(7)监理机构运行状况。包括本月监理机构人员及设施、设备情况,尚需发包人提供的条件或解决的情况等。

(8)本月监理小结。包括对本月工程质量、进度、计量与支付、合同管理其他事项、施工安全、监理机构运行状况的综合评价。

(9)下月监理工作计划。包括监理工作重点,在质量、进度、投资、合同其他事项和施工安全等方面需采取的预控制措施等。

(10)本月工程监理大事记。

(11)其他应提交的资料和说明事项等。

三、监理专题报告的主要内容

(1)事件描述。

(2)事件分析。包括事件发生的原因及责任分析、事件对工程质量与安全影响分析、事件对施工进度影响分析和事件对工程费用影响分析。

(3)事件处理。包括承包人对事件处理的意见、发包人对事件处理的意见、设计单位对事件处理的意见、其他单位或部门对事件处理的意见、监理机构对事件处理的意见以及事件最后处理方案或结果。如果为中期报告,应描述截至目前事件处理的现状。

(4)对策与措施。为避免此类事件再次发生或其他影响合同目标实现事件的发生,监理机构的意见和建议。

(5)其他应提交的资料和说明事项等。

四、监理工作报告的主要内容

(1)验收工程概况。包括工程特性、合同目标、工程项目组成等。

(2)监理规划。包括监理制度的建立、组织机构的设置与主要工作人员、检测采用的方法和主要设备等。

(3)监理过程。包括监理合同履行情况和监理过程情况。

(4)监理效果。

①质量控制监理工作成效及综合评价;

②投资控制监理工作成效及综合评价;

③进度控制监理工作成效及综合评价;

④施工安全与环境保护监理工作成效及综合评价。

(5)经验与建议。

(6)其他需要说明或报告事项。

(7)其他应提交的资料和说明事项等。

(8)附件。

①监理机构的设置与主要工作人员情况表;

②工程监理大事记。

五、监理工作总结报告的主要内容

监理工作结束后,监理机构应在以前各类监理报告的基础上编制全面反映所监理项目情况的监理工作总结报告。监理工作总结报告应在结清监理费用56日内发出。

(1)监理工程项目概况。包括工程特性、合同目标、工程项目组成等。

(2)监理工作综述。包括监理机构设置与主要工作人员,监理工作内容、程序、方法,监理设备情况等。

(3)监理规划执行、修订情况的总结评价。

(4)质量控制监理工作成效及综合评价。

(5)投资控制监理工作成效及综合评价。

(6)进度控制监理工作成效及综合评价。

(7)合同管理工作成效及综合评价。

(8)信息管理工作成效及综合评价。

(9)安全管理与环境保护监理工作成效及综合评价。

(10)经验与建议。

(11)工程监理大事记。

(12)其他需要说明或报告事项。

(13)其他应提交的资料和说明事项等。

任务六 监理日志

一、监理日志填写的要点

监理日志是工程实施过程中监理工作的原始记录和最真实的工作依据,是项目监理部监理工作状况的综合反映,是监理的工作量及价值的体现,是记录施工人员素质、能力和技术水平的体现。监理日志填写的要点如下:

(1)监理日志作为监理的工程跟踪资料是监理资料的重要组成部分,能动态地反映出监理工程的实际施工全貌和监理部工作成效,其内容必须真实、准确、全面。

(2)监理日志由监理机构指定专人填写,按月装订成册。

(3)监理日志可分项目监理日志和专业监理日志,每个工程项目必须设项目监理日志,对于专业不复杂的工程项目,可只设项目监理日志。项目监理日志和专业监理日志不分层次,平行记载并归档。

(4)专业监理日志由专业监理工程师填写并签字,总监理工程师定期检查。项目监理日志可与主要专业(如土建专业)监理日志合并,由项目总监理工程师或项目总监理工程师指定专人当日填写,项目总监理工程师每日签阅。

二、监理日志记录的内容

(一)日期及气象情况

记录当天日期、气温及天气情况(分上午、下午及晚上)。主要包括当日最高、最低气温;当日降雨(雪)量;当天的风力;气候条件不仅影响工程进度,而且也影响工程质量,因此需要详细记录气候情况。

(二)项目施工工作情况

1. 施工进度情况

记录当天施工部位、施工内容、施工进度、施工班组及作业人数、施工投入使用的机械设备数量、名称。施工进度除应记录本日开始的施工内容、正在施工的内容及结束的施工内容外,还应记录留置试块的编号(与施工部位对应)。重要的隐蔽工程验收、施工试验、检测等应予摘要记录,以备检索。若发生施工延期或暂停施工,应说明原因。要深入施工现场对每天的进度计划进行跟踪检查,检查施工单位各项资源的投入和施工组织情况,并详细记录进监理日志。

2. 建筑材料情况

记录当天建筑材料(含构配件、设备)进场情况,填写材料(含构配件、设备)名称、规格型号、数量、产地、所用部位、取样送检委托单号、试验合格与否(补填)、验证情况、不合格材料处理等。对进场的原材料应详细记入监理日志。需要进行见证取样的,应及时取样送检,并将取样数量、部位及取样送检人记录清楚。

3. 施工机械情况

记录当天施工机械运转情况,填写机械名称、规格型号、数量及机械运转是否正常,若出现异常,应注明原因。

(三)项目监理工作情况

(1)现场质量、安全等问题的发现和处理。

监理人员应做好旁站、巡视和平行检验等现场工作。现场监理工作要深入、细致,这样才能及时发现问题、解决问题,监理人员应在当天现场检查工作结束后,按不同施工部位、不同工序进行分类整理,并按时间顺序记录当日主要监理工作及监理在现场发现和预见到的问题,并应逐条记录监理所采取的措施及处理结果,对于当日没有结果的问题,应在以后的监理日志中得到明确反映。

(2)当日收发文号、收发文的主题以及重要文件的内容摘要,包括收到的各方要求、请示来文和当日签发的监理指令(如指令单、通知单、联系单)、监理报表(各种施工单位报审表及监理签证等),并应逐一说明监理落实处理上述收发文的情况。

(3)有关会议纪要及工程变更洽商摘要。

(4)本项目重要监理事件的记录。

(5)其他事宜。

监理机构的监理日志表,见表5-1。

表5-1　监理日志表

填写人:________　　　　日　期:______年____月____日

天气	白天		夜晚	
施工部位、施工内容、施工形象				
施工质量检验、安全作业情况				
施工作业中存在的问题及处理情况				
承包人的管理人员及主要技术人员到位情况				
施工机械投入运行和设备完好情况				
其他				

说明:本表由监理机构指定专人填写,按月装订成册。

三、监理日志记录注意事项

(1)准确记录日期、气象情况。

有些监理日志往往只记录时间,而忽视气象记录,其实气象情况与工程质量有直接关系。因此,监理日志除写明日期,还应详细记录当日气象情况(包括气温、晴、雨、雪、风力等天气情况)及因天气原因而延误的工期情况。

(2)做好现场巡查,真实、准确、全面地记录工程相关问题。

监理人员在书写监理日记之前,必须做好现场巡查,增加巡查次数,提高巡查质量,巡查结束后按不同专业、不同施工部位进行分类整理,最后工整地书写监理日记,并做记录人的签名工作。记录监理日记时,要真实、准确、全面地反映与工程相关的一切问题(包括“三控制、三管理、一协调”)。

(3)监理日志应注意监理事件的“闭合”。

监理人员在记监理日志时,往往只记录工程存在的问题,而没有记录问题的解决,从而存在“缺口”。发现问题是监理人员经验和观察力的表现,而解决问题是监理人员能力和水平的体现,是监理的价值所在。在监理工作中,并不只是发现问题,更重要的是怎样科学合理地解决问题。所以,监理日记要记录好发现的问题、解决的方法以及整改的过程和程度。监理日志应记录所发现的问题、采取的措施及整改的过程和效果,使监理事件圆满“闭合”。

(4)关心安全文明施工管理,做好安全检查记录。

监理人员在施工现场的安全检查、监理属于委托监理合同服务的内容,所以监理人员应多关心、多提醒操作工人安全文明施工,认真做好检查记录,从而保证监理工作的正常开展。

(5)监理日志的内容应严谨真实、书写工整、规范用语。

监理日志体现了记录人对各项活动、问题及其相关影响的表达。文字如处理不当,比如错别字多,涂改明显,语句不通,不符逻辑,或用词不当、用语不规范、采用日常俗语,等等,都会产生不良后果。语言表达能力不足的监理人员在日常工作中要多熟悉图纸、规范,提高技术素质,积累经验,掌握写作要领,严肃认真地记录好监理日志。

(6)监理日志记录后,应及时交项目总监理工程师检查,以便及时沟通和了解,并按月装订成册。

项目案例

案例一　山东省日照市东港区圈村水库除险加固工程监理规划

1　总则

1.1　工程项目基本概况

圈村水库位于日照市东港区，本水库设计洪水标准20年一遇，校核洪水标准200年一遇；溢洪道消能防冲设计洪水标准10年一遇。设计水库大坝坝顶长235 m，坝顶宽4.5 m，坝顶高程为68.0 m，防浪墙高0.6 m，宽0.5 m。大坝渗漏段防渗灌浆。设计溢洪道长105 m，开挖、整修、护砌，进口为宽顶堰，控制段底宽5 m。放水洞位于大坝桩号0+178处，现状为ϕ300混凝土涵管，进口底高程59.5 m，出口底高程59.2 m。进出口维修改造，改建原坝后闸阀，增设3个蝶阀及伸缩器，配套蝶阀室。整修、硬化防汛路1 300 m，新建管理房60 m^2。

本期工程主要建设内容有主坝工程、放水洞工程、溢洪道工程、防汛路工程、办公管理工程、金属结构设备及安装工程等。

1.2　工程项目主要目标

1.2.1　工程项目总投资及组成

总投资218.83万元，中标合同价153.12万元。

1.2.2　工期目标

2012年3月13日开工，2012年6月12日完工，施工总工期92日历日。

1.2.3　质量目标

工程施工质量达到优良。

1.3　工程项目组织

工程项目组织见表5-2。

表5-2

序号	工程项目组织机构	单位名称	工程负责人	
			姓名	职务
1	发包人	日照市东港区水利局	×××	×××
			×××	×××
2	设计单位	日照水利勘测设计院有限公司	×××	×××
3	承包人	临沂水利工程处	×××	×××
4	监理单位	日照水源建设监理有限公司	×××	×××

1.4 监理工程范围和内容

1.4.1 监理工程范围

按照监理合同,承担日照市东港区圈村水库除险加固工程施工阶段监理。

1.4.2 监理工作内容

(1)协助发包人进行工程招标和签订工程建设合同。

(2)全面管理工程建设合同,就承包人选择的分包单位资格进行审查批准。

(3)督促发包人按工程建设合同的规定,落实必须提供的施工条件,检查工程承包人的开工准备工作,并在检查与审查合格后签发工程开工令。

(4)审批承包人提交的施工组织设计、施工进度计划、施工技术措施、作业规程、工艺试验成果、临建工程设计以及使用的原材料等。

(5)签发补充设计文件、技术规范等,答复承包人提出的建议和意见。

(6)工程进度控制:根据工程建设合同总进度计划,编制控制性进度目标和年度施工计划,并审查批准承包人提出的施工实施进度计划和检查其实施情况。督促承包人采取确实措施,实现合同的工期目标要求。当实施进度发生较大偏差时,及时向发包人提出调整控制性进度计划的建议意见,经发包人批准后,完成进度计划的调整。

(7)施工质量控制:审查承包人的质量保证体系和措施,核实质量文件;依据工程建设合同文件、设计文件、技术标准,对施工的全过程进行检查,对重要工程部位和主要工序进行跟踪监督。以单元工程为基础,按水利部《水利水电基本建设工程单元工程质量等级评定标准》和《水利水电工程施工质量评定规程》的要求,对承包人评定的工程质量等级进行复核。

(8)工程投资控制:协助发包人编制投资控制目标;审查承包人提交的资金流计划;审核承包人完成的工程量和单价费用,并签发计量和支付凭证;受理索赔申请,进行索赔调查和谈判,并提出处理意见;处理工程变更,下达工程变更令。

(9)施工安全监督:检查施工安全措施、劳动防护和环境保护措施,并提出建议;检查防洪度汛措施并提出建议;参加重大的安全事故调查。

(10)主持监理合同授权范围内工程建设各方的协调工作,编制施工协调会议纪要。

(11)协助发包人按国家规定进行工程各阶段验收及竣工验收,审查设计单位和承包人编制的竣工图纸和资料。

(12)信息管理:做好施工现场记录与信息反馈;按照监理合同附件的要求编制监理月、年报;按期整编工程资料和工程档案,做好文、录、表、单的日常管理,并在期限届满时移交发包人。

(13)其他相关工作。

1.5 监理主要依据

(1)国家和部门颁布的有关法律、法规。

(2)现行工程建设技术标准。

(3)已批准的设计文件。

(4)招标、投标文件。

(5)委托监理合同。

(6)施工承包合同。

(7)承包人报批的施工组织设计和施工进度计划等技术文件。

主要法律、法规、技术标准一览表见表5-3。

表5-3　主要法律、法规、技术标准一览表

序号	名称	文号	备注
1	中华人民共和国建筑法		
2	中华人民共和国合同法		
3	中华人民共和国招标投标法		
4	建设工程质量管理条例		
5	建设工程安全生产管理条例		
6	工程建设标准强制性条文　房屋建筑部分		
7	工程建设标准强制性条文　水利工程部分		
8	通用硅酸盐水泥	GB 175—2007	
9	混凝土强度检验评定标准	GB/T 50107—2010	
10	建设边坡工程技术规范	GB 50330—2002	
11	建设工程文件归档整理规范	GB/T 50328—2001	
12	建设工程施工现场供用电安全规范	GB 50194—93	
13	建筑机械使用安全技术规程	JGJ 33—2012	
14	建筑基坑支护技术规程	JGJ 120—2012	
15	建筑施工安全检查标准	JGJ 59—2011	
16	建筑施工扣件式钢管脚手架安全技术规范	JGJ 130—2011	
17	普通混凝土配合比设计规程	JGJ 55—2011	
18	砌体结构工程施工质量验收规范	GB 50203—2011	
19	砌体工程现场检测技术标准	GB/T 50315—2011	
20	水电水利工程工程量计算规定	DL/T 5088—1999	
21	水电水利工程施工安全防护设施技术规范	DL 5162—2002	
22	水工混凝土试验规程	DL/T 5150—2001	
23	水利工程建设项目施工监理规范	SL 288—2003	
24	水利水电工程等级划分及洪水标准	SL 252—2000	
25	水利水电工程施工测量规范	SL 52—93	
26	水利水电工程施工组织设计规范(试行)	SL 303—2004	
27	水利水电建设工程验收规程	SL 223—2008	

注:表中未列出的,按国家和行业现行有关法律、法规、规章和技术标准执行。

1.6　监理组织

1.6.1　监理机构组织形式

根据日照市东港区圈村水库除险加固工程的特点和具体情况，日照市东港区圈村水库除险加固工程项目监理部采取直线职能制的组织形式。本工程项目监理机构设总监理工程师一名，下设现场监理组、安全监督组，与之配套的还有公司总部设置的技术部、资料室等辅助部门。监理机构组织框图如图5-1所示。

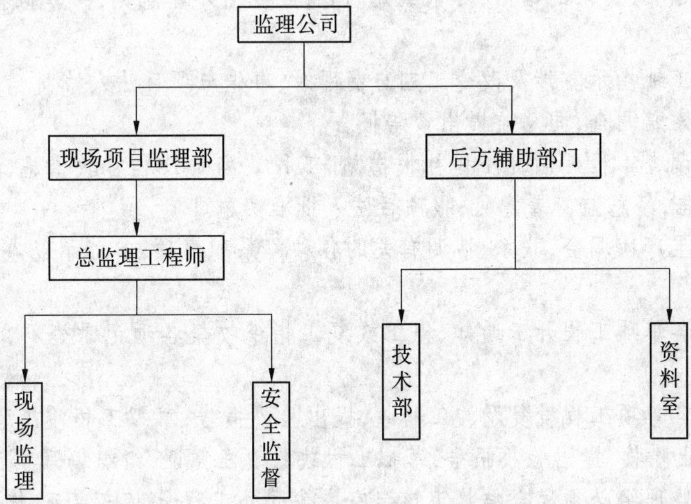

图5-1　日照市东港区圈村水库除险加固工程项目监理机构组织框图

1.6.2　部门职责分工

1.6.2.1　现场项目监理部

现场项目监理部实行总监理工程师负责制，全面负责履行委托监理合同。下设的各专业监理组在总监理工程师的指导下开展监理工作。

(1)现场监理工程师常驻施工现场，现场监理人员在总监主持编写的监理规划指导下，严格按照规程、规范和技术文件的要求，对工程项目进行监理。

(2)对授权的工程承包合同进行全面的监督与管理。当出现危及生命、财产和工程安全的紧急事件时，可不受承包合同的限制，向承包人下达指令，以尽快解除不安全因素和减少损失。如果上述情况不应由承包人负责，应同时提出对承包人补偿的建议，并应及时报告总监。

(3)组织设计单位对承包人进行技术交底，审核施工图纸，审查设计修改通知，报总监签发。

(4)依照合同文件，组织审查承包人提出的施工组织设计或施工措施设计，设备材料和资金计划，报总监签发。

(5)监督承包人按合同文件及有关技术规范、标准和设计图纸进行施工，监督施工程序和施工进度。

(6)组织审查承包人使用的材料和工艺试验报告，并进行合格签证。施工过程中，组织监督承包人的检验测试和监测工作。按照合同和技术规范、标准，指示承包人进行取样送检,必要时可随时进行抽查。

(7)审批承包人的月进度报告,包括完成的工程项目、实物工程量,工程形象、设备使用量、材料消耗、劳力使用量、管理人员出勤情况等,并向总监理提交月进度报告。

(8)审核承包人的月进度支付申请,包括完成工程量收方和计算、单价、预付款的支付和扣还、物价浮动、滞留金扣除与归还、计日工计算、附加工程费计算、补偿与索赔费用计算等,并草拟月进度付款凭证与各工程项目的质量评价,呈总监签发,办理支付。

(9)审批承包人发来的信函,对于重大问题,应提出处理意见,并草拟答复信函,报总监审查签发。

(10)签发工地指示。涉及改变工期与费用时,事先与项目法人协商。

(11)组织索赔调查,向总监提出索赔报告。

(12)组织调查工程延期责任和补救措施、工程缺陷责任和补救措施,与承包人协商后提出处理报告,经总监签署意见;报项目法人批准实施。

(13)主持生产协调会,联系、协调有关的各种关系和事项,参加承包人有关的生产和安全会议。

(14)签署各单项工程开工通知、停工或复工指令收集各项记录资料,做好汇总分析工作。

(15)组织各单项工程批复及竣工验收,提出验收报告,草拟工程竣工验收凭证,组织工程维护期终止验收,提出验收报告,草拟工程缺陷责任凭证,组织编写项目施工大事记。

(16)现场监理组必须配合结算审核组完成合同外工程量审核签证,核实月进度完成工程量及竣工结算工程量的复核;配合试验组对施工原材料、半成品、成品进行现场取样抽检、测试。提供试件、样品等;配合资料室工作,提供现场有关月报、记录、通知、纪要、竣工验收必备图纸资料等。

1.6.2.2 后方辅助部门

由公司总部设置的辅助机构,主要职责是辅助现场项目监理部工作。

1)技术部

审查监理规划及主要监理工作文件,派驻及调整现场监理人员,检查项目部的监理工作,审核竣工结算。协助、指导总监解决施工监理过程中出现的各种专业技术难题。

2)资料室

负责公司的文件档案管理工作,为项目监理部提供必要的监理技术标准及监理资料,指导项目监理部的监理资料整理及归档工作。

1.6.3 主要监理人员的配置和岗位职责

1.6.3.1 主要监理人员的配置

日照市东港区圈村水库除险加固工程监理人员配置总监及专业监理工程师。

1.6.3.2 总监理工程师的职责和权限

(1)主持编制监理规划,制定监理机构规章制度,审批监理实施细则,签发监理机构的文件。

(2)确定监理机构各部门职责分工及各级监理人员职责权限,协调监理机构内部工作。

(3)指导监理工程师开展工作。负责本监理机构中监理人员的工作考核,调换不称职的监理人员;根据工程建设进展情况,调整监理人员。

(4)主持审核承包人提出的分包项目和分包人,报发包人批准。

(5)审批承包人提交的施工组织设计、施工措施计划、施工进度计划和资金流计划。

(6)组织或授权监理工程师组织设计交底,签发施工图纸。

(7)主持第一次工地会议,主持或授权监理工程师主持监理例会和监理专题会议。

(8)签发进场通知、合同项目开工令、分部工程开工通知、暂停施工通知和复工通知等重要监理文件。

(9)组织审核付款申请,签发各类付款证书。

(10)主持处理合同违约、变更和索赔等事宜,签发变更和索赔的有关文件。

(11)主持施工合同实施中的协调工作,调解合同争议,必要时对施工合同条款作出解释。

(12)要求承包人撤换不称职或不宜在本工程工作的现场施工人员或技术、管理人员。

(13)审核质量保证体系文件并监督其实施;审批工程质量缺陷的处理方案;参与或协助发包人组织处理工程质量及安全事故。

(14)组织或协助发包人组织工程项目的分部工程验收、单位工程完工验收、合同项目完工验收,参加阶段验收、单位工程投入使用验收和工程竣工验收。

(15)签发工程移交证书和保修责任终止证书。

(16)检查监理日志;组织编写并签发监理月报、监理专题报告、监理工作报告;组织整理监理合同文件和档案资料。

1.6.3.3　监理工程师的职责和权限

(1)参与编制监理规划,编制监理实施细则。

(2)预审承包人提出的分包项目和分包人。

(3)预审承包人提交的施工组织设计、施工措施计划、施工进度计划和资金流计划。

(4)预审或经授权签发施工图纸。

(5)核查进场材料、构配件、工程设备的原始凭证、检测报告等质量证明文件及其质量情况。

(6)审批分部工程开工申请报告。

(7)协助总监理工程师协调参建各方之间的工作关系。按照职责权限处理施工现场发生的有关问题,签发一般监理文件。

(8)检验工程的施工质量,并予以确认或否认。

(9)审核工程计量的数据和原始凭证,确认工程计量结果。

(10)预审各类付款证书。

(11)提出变更、索赔及质量和安全事故处理等方面的初步意见。

(12)按照职责权限参与工程的质量评定工作和验收工作。

(13)收集、汇总、整理监理资料,参与编写监理月报,填写监理日志。

(14)施工中发生重大问题和遇到紧急情况时,及时向总监理工程师报告、请示。

(15)指导、检查监理员的工作。必要时可向总监理工程师建议调换监理员。

1.6.3.4　监理员的职责和权限

(1)核实进场原材料质量检验报告和施工测量成果报告等原始资料。

(2)检查承包人用于工程建设的材料、构配件、工程设备使用情况,并做好现场记录。

(3)检查并记录现场施工程序、施工工法等实施过程情况。

(4)检查和统计计日工情况。核实工程计量结果。

(5)核查关键岗位施工人员的上岗资格。检查、监督工程现场的施工安全和环境保护措施的落实情况,发现异常情况及时向监理工程师报告。

(6)检查承包人的施工日志和试验室记录。

(7)核实承包人质量评定的相关原始记录。

1.7　监理工作基本程序

监理工作基本程序见图5-2～图5-5。

工序或单元工程质量控制监理工作程序图、工程质量评定监理工作程序图、工程进度控制监理工作程序图、工程款支付监理工作程序图、工程变更监理工作程序图、工程索赔处理监理工作程序图,分别见附录二图2～图7。

1.8　监理工作主要方法和主要制度

1.8.1　监理工作主要方法

日照市东港区圈村水库除险加固工程项目监理部主要采取如下监理工作方法:

(1)现场记录。监理机构认真、完整记录每日施工现场的人员、设备和材料、天气、施工环境以及施工中出现的各种情况。

(2)发布文件。监理机构采用通知、指示、批复、签认等文件形式进行施工全过程的控制和管理。

(3)旁站监理。监理机构按照监理合同约定,在施工现场对工程项目的重要部位和关键工序的施工,实施连续性的全过程检查、监督与管理。

(4)巡视检验。监理机构对所监理的工程项目进行的定期或不定期的检查、监督和管理。

(5)跟踪检测。在承包人进行试样检测前,监理机构对其检测人员、仪器设备以及拟订的检测程序和方法进行审核;在承包人对试样进行检测时,实施全过程的监督,确认其程序、方法的有效性以及检测结果的可信性,并对该结果确认。

(6)平行检测。监理机构在承包人对试样自行检测的同时,独立抽样进行的检测,核验承包人的检测结果。

(7)协调解决。监理机构对参加工程建设各方之间的关系以及工程施工过程中出现的问题和争议进行调解。

1.8.2　主要监理工作制度

1.8.2.1　施工图纸会审及设计交底制度

在工程开工之前,监理工程师会同施工单位及设计单位复查设计图纸,广泛听取意见,避免图纸中的差错、遗留,以及修改不合理的部位。

监理工程师要督促、协助组织设计单位向施工单位进行施工设计图纸的全面技术交底(设计意图、施工要求、质量标准、技术措施),并根据讨论决定的事项作出书面纪要交设计、施工单位执行。

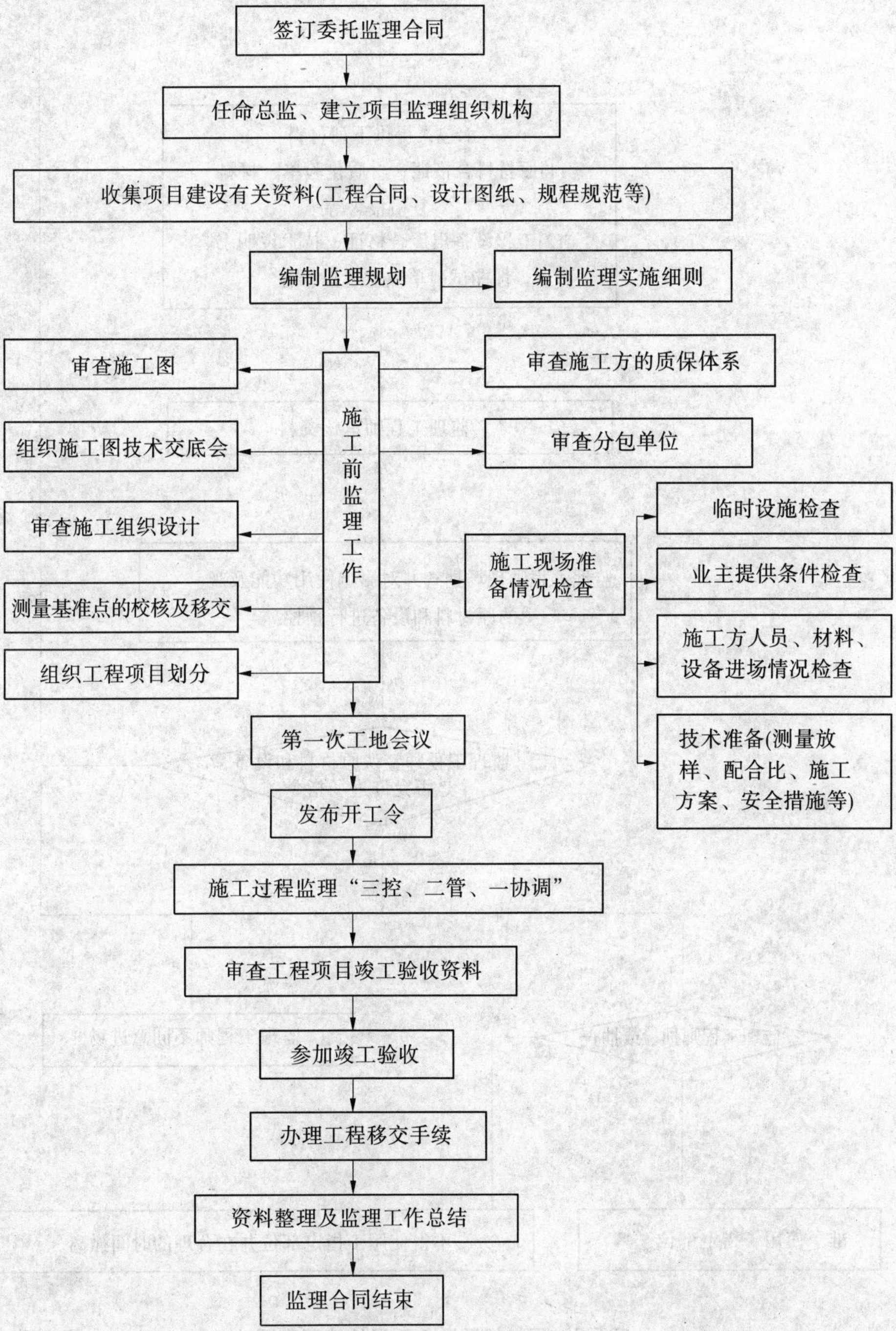

图 5-2 监理总流程图

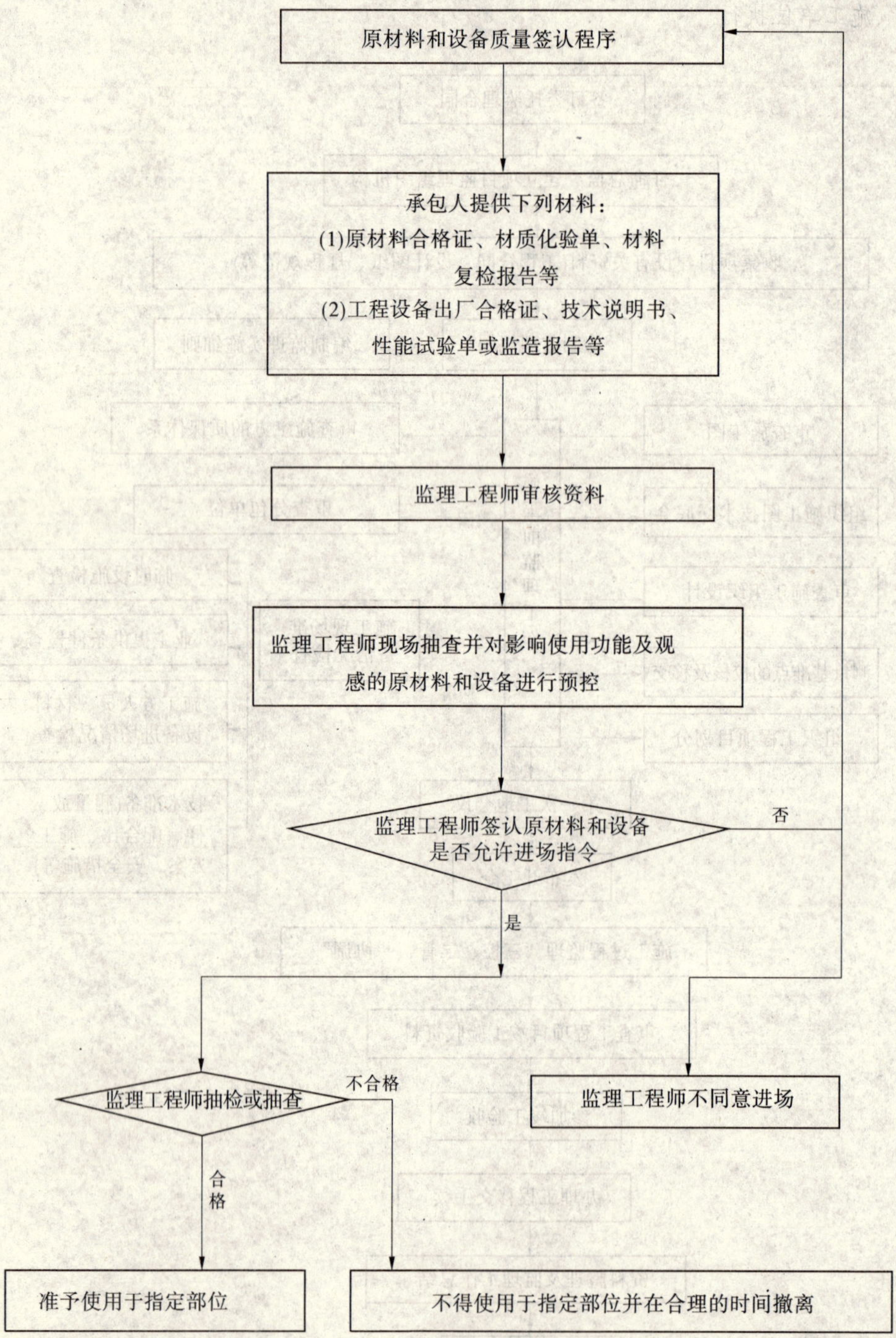

图5-3　原材料及设备质量签认程序图

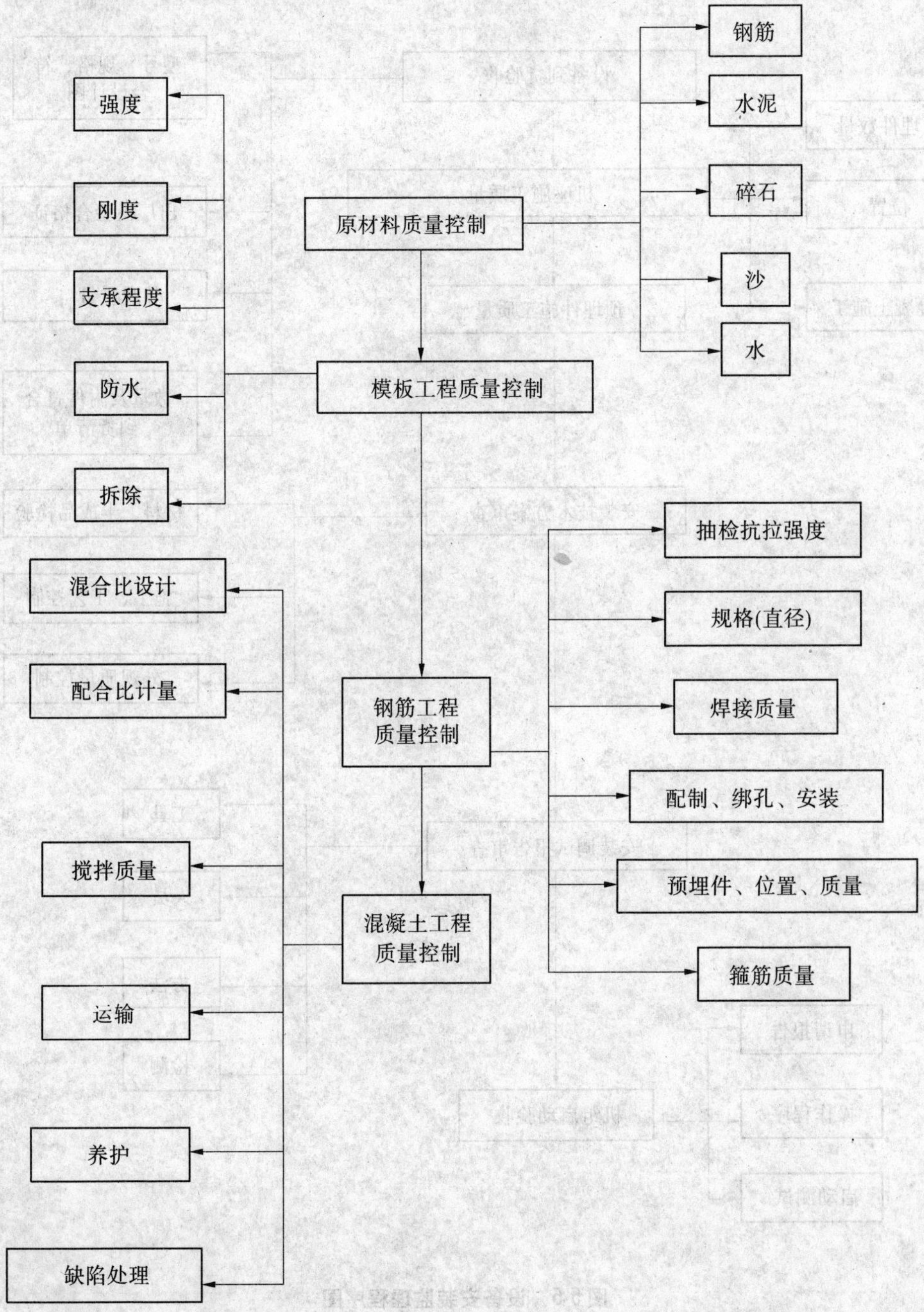

图 5-4　混凝土(钢筋混凝土)施工质量控制监理程序图

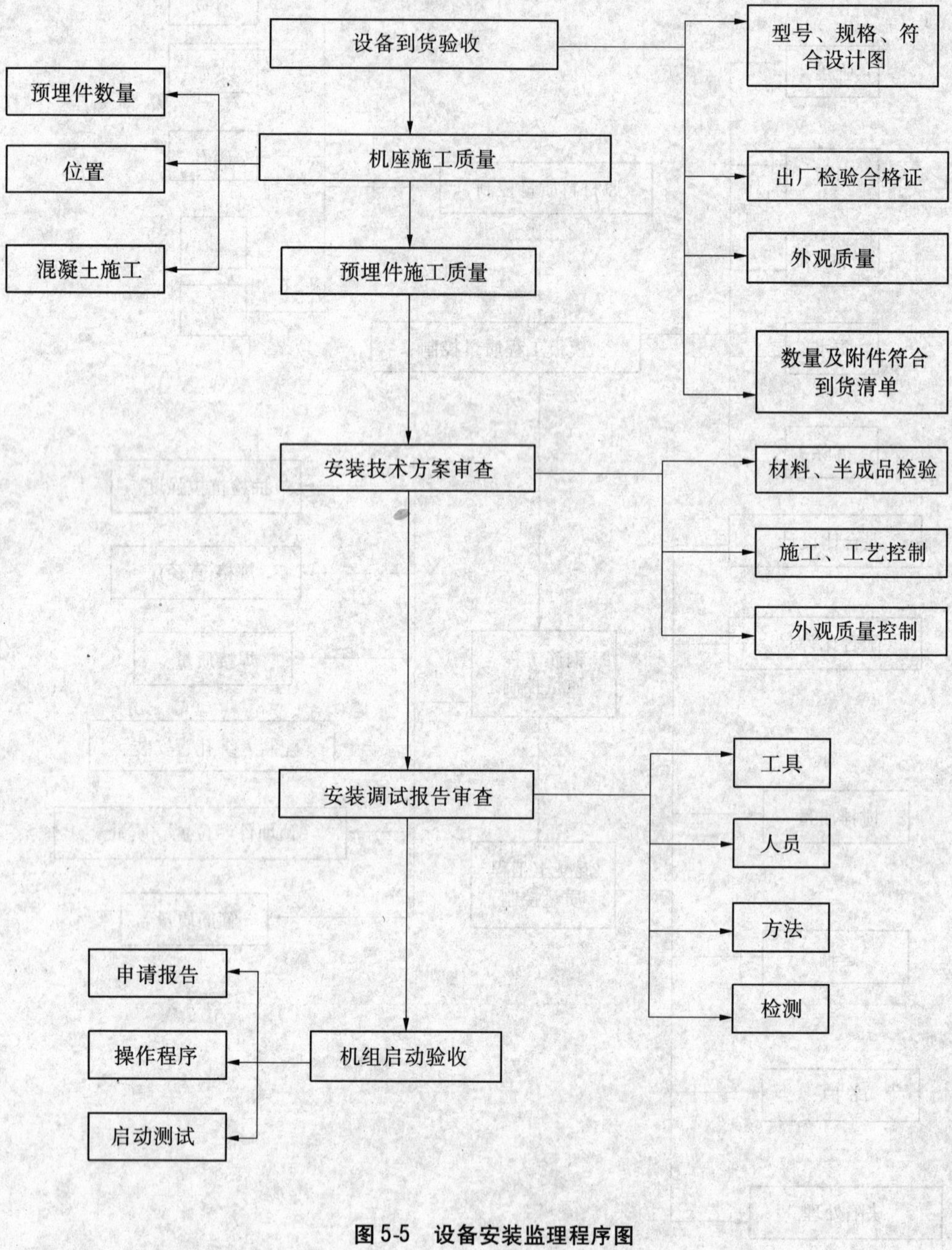

图 5-5　设备安装监理程序图

1.8.2.2　施工组织设计审核制度

工程开工前，承包单位必须完成施工组织设计的编制及内部自审批准工作，填写施工技术方案申报表报送项目监理部，由监理部审核批准后遵照组织施工。

1.8.2.3　工程开工审批制度

当单位工程的主要施工准备工作已完成时，施工单位可提出合同项目开工申请表，经监理工程师现场落实后,即可由总监签发合同项目开工令。

1.8.2.4 工程材料、半成品质量检验制度

分部工程施工前,监理人员应审阅进场材料和构件的出厂合格证、材质证明、试验报告等。对于有疑问的主要材料或按规定必须试验的材料进行抽样,在监理工程师的监督下,使用施工单位设备或交有资格的检测单位进行复查,不准使用不合格材料。

1.8.2.5 重要隐蔽工程、关键部位质量联合检验制度

隐蔽以前,施工单位应根据《工程质量评定验收标准》进行自检,并将评定资料报监理工程师。施工单位应将需检查的隐蔽工程在隐蔽前两日提出计划报监理工程师,监理工程师应排出计划,通知施工单位进行隐蔽工程检查,重点部位或重要项目应会同施工、设计单位共同检查签认。

1.8.2.6 旁站监理制度

监理人员按照监理合同约定,在施工现场对隐蔽工程、重要部位及关键工序的施工,实行连续性的全过程检查、监督与管理。

1.8.2.7 设计变更处理制度

如因设计图错漏,或发现实际情况与设计不符时,由提议单位提出变更设计申请,经施工、设计、监理三方会勘同意后进行变更设计,由设计方填写变更设计通知单。监理审核无误后签发。

1.8.2.8 工程质量检验与验收制度

承包人每完成一道工序或一个单元工程,自检合格后监理机构进行复核检验。上道工序或上一单元工程未经复核检验或复核检验不合格,不得进行下道工序或下一单元工程施工。

在承包人提交验收申请后,监理机构对其是否具备验收条件进行审核,并根据有关水利工程验收规程或合同约定,参与、组织或协助发包人组织工程验收。

1.8.2.9 现场协调会及会议纪要签发制度

监理机构建立工地月例会和周例会,定期主持召开由参建各方负责人参加的会议,会上通报工程进展情况,检查上次监理例会中有关决定的执行情况,分析当前存在的问题,提出问题的解决方案或建议,明确会后应完成的任务。监理机构编写会议纪要并签发与会单位。

1.8.2.10 施工现场紧急情况报告制度

监理机构针对施工现场可能出现的紧急情况编制处理程序、处理措施等文件。当发生紧急情况时,应立即向发包人报告,并指示承包人立即采取有效紧急措施进行处理。

1.8.2.11 工程款支付审签制度

工程进度款按月支付,所有申请付款的工程量均应进行计量并经监理机构确认。未经监理机构签证的付款申请,发包人不应支付。

1.8.2.12 合同外工程签证制度

合同外工程实行签证制度,承包人实施合同外工程须经发包人同意,实施时填报合同外项目工程量签证单,签证单经施工、监理、业主三方联签生效后作为结算依据,每月汇总后填写合同外项目月支付明细表,作为工程价款月支付申请表的附表,一同流转,审批结

算时用。

1.8.2.13 监理月报制度

监理机构每月初向发包人提交上月监理月报,月报内容主要有7点,具体如下:

(1)工程概况:本月工程概况、本月施工基本情况。

(2)本月工程形象进度。

(3)工程进度:本月实际完成情况与计划进度比较;对进度完成情况及采取措施效果的分析。

(4)工程质量:本月工程质量分析,本月采取的工程质量措施及效果。

(5)工程计量与工程款支付:工程量审核情况,工程款审批情况及月支付情况,工程款支付情况分析,本月采取的措施及效果。

(6)合同其他事项的处理情况:工程变更、工程延期、费用索赔。

(7)本月监理工作小结:对本月进度、质量、工程款支付等方面情况的综合评价,本月监理工作情况,有关本工程的建议和意见,下月监理工作的重点。

1.8.2.14 监理资料管理制度

安排专人管理监理资料,与工程同步整理监理资料,及时分类归档。为规范资料的整理,本工程资料统一使用A4纸。

1.9 监理人员守则和奖惩制度

1.9.1 监理人员守则

(1)遵纪守法,坚持求实、严谨、科学的工作作风,全面履行义务,正确运用权限,勤奋、高效地开展监理工作。

(2)努力钻研业务,熟悉和掌握建设项目管理知识和专业技术知识,提高自身素质和技术、管理水平。

(3)提高监理服务意识,增强责任感,加强与工程建设有关各方的协作,积极、主动开展工作,尽职尽责,公正廉洁。

(4)未经许可,不得泄露与本工程有关的技术和商务秘密,并应妥善做好发包人所提供的工程建设文件资料的保存、回收及保密工作。

(5)除监理工作联系外,不得与承包人和材料、工程设备供货人有其他业务关系和经济利益关系。

(6)不得出卖、出借、转让、涂改、伪造资格证书或岗位证书。

(7)监理人员只能在一个监理单位注册。未经注册单位同意不得承担其他监理单位的监理业务。

(8)遵守职业道德,维护职业信誉,严禁徇私舞弊。

1.9.2 奖惩制度

(1)监理人员无正当理由旷工,或不向项目总监理工程师请假而私自离开工地,每天罚款500元。

(2)监理人员索要或私自接受被监理方的财物、请吃的,每次罚款2 000元。

(3)监理人员违反监理工作程序或监理工作不到位,发生责任事故,造成严重经济损失的,要承担连带责任。

(4)监理人员受到发包人书面投诉的,每次罚款500元。

2 施工准备阶段的监理工作

2.1 协助业主做好施工准备工作

监理人员在施工准备阶段要认真检查业主责任内的准备工作是否办妥和符合要求,如有不妥应尽早采取措施,督促帮助业主尽快予以完善,以满足开工的实际需要。

(1)检查核对施工图纸。

一般情况施工图纸已在招标前就完成。而监理单位在进场后,应对施工图纸,包括标准图,进行一次认真的清点核对。如果施工图纸不够齐全,不能满足施工的需要,则应尽快与设计院联系,查明原因,尽快落实补图时间。这个时间应与承包人的施工准备及开工时间相协调。如全部出齐图纸有困难,应根据施工进度需要要求设计单位列出供图时间表,可先将开工急需的施工图纸出齐。但图纸一定要配套,即建筑、结构、设备的预留孔洞图都应配齐。

(2)检查开工前需要办理的各类手续。

譬如,委托质量监督、检测试验单位。

(3)检查施工现场及"三通一平"工作。

(4)尽快向施工单位办理有关交接工作。

为了帮助施工单位尽快进入工作,加快施工准备工作,监理公司应会同业主尽早将施工现场的有关情况向施工单位办理交接工作,主要内容包括:

①施工场地。

②水源、电源接入点。

③水准点坐标点交接。

④占道及开路口的批准文件,具体位置及注意事项。

⑤地下电缆、水管等管线线路情况。

⑥按合同规定份数向施工单位移交施工图纸、地质勘察报告及有关技术资料。

2.2 熟悉设计文件

在设计交底前,总监理工程师应组织监理人员熟悉设计文件,并对图纸中存在的问题通过建设单位向设计单位提出书面意见和建议。

2.3 主持召开施工图纸会审技术交底会议

设计图纸中难免会出现这样或那样的问题,故应于施工前主持召开施工图纸会审技术交底会议,组织设计单位、承包人进行施工图纸会审,尽可能早地发现图纸中的差错、不足,以减少不必要的浪费与损失。会后起草施工图交底会会议纪要。

(1)图纸会审主要审查下面几个关键环节:

①核对设计图纸是否符合国家有关技术政策、标准、规范和批准的设计文件精神。

②图纸及设计说明是否完整、清楚、明确、齐全,图中尺寸、坐标、标高是否正确,相互间有无矛盾。

③建筑、结构与设备安装之间在平面与空间上有无重大矛盾。

④有无特殊结构,如有,其设计深度是否足够,施工单位的技术装备条件能否完成。

⑤图中涉及的特殊材料及配件本地能否供应,要求的品种、规格、数量是否满足需要。

⑥图中有无表述含糊之处。

(2)技术交底与图纸会审由监理公司代表业主进行,做好图纸会审记录并整理编写成图纸会审纪要,交由参加图纸会审各方会签,设计院审定盖章后,下发施工单位实施。

2.4 审查施工组织设计(方案)

工程项目开工前,总监理工程师应组织专业监理工程师审查承包单位报送的施工组织设计(方案),提出审查意见,并经总监理工程师审核、批复后报建设单位。

(1)对于施工组织设计的审查应注意掌握如下八条原则:

①施工组织设计应符合当前国家基本建设的方针与政策,突出“质量第一、安全第一”的原则。

②施工组织设计应与施工合同条件相一致。

③施工组织设计中的施工程序和顺序,应符合施工工艺学的原则和本工程的特点,对冬雨季施工应制定有效措施,且在工序上有所考虑。

④施工组织设计应优先选用目前先进成熟的施工技术,而这些新技术的使用对本工程的质量、安全与造价有利。

⑤施工组织设计应采用流水施工方法和网络计划技术,做到均衡连续施工。

⑥施工机构的选用配备应经济合理,满足工期与质量等要求。

⑦施工平面图的布置与地貌环境、建筑平面协调一致,并符合紧凑合理、文明安全、节约方便的原则。

⑧降低成本,确保质量和安全的措施齐全可行。

(2)对于施工组织设计的审查应该抓住施工方案与施工方法、施工进度计划及施工总平面布置三个重点。

①施工方案与施工方法的审查。

A. 审查施工程序与顺序有无不妥。

B. 审查选用的施工机械是否满足工程需求。

C. 主要施工方法的审查。

D. 审查技术组织措施。

a. 质量保证措施。

b. 安全生产措施。

②施工进度计划。

对施工进度计划的审查应突出以下几个重点:

A. 施工进度计划的开工、竣工时间,即工期应与合同要求相一致,应与监理单位编制的综合进度控制计划相吻合,计划安排上留有一定的调节余地。

B. 检查施工进度计划图中所描述的施工程序、顺序与施工组织设计以及相应的技术、工艺、组织要求是否一致。

C. 审查每一个施工过程的持续时间有无不当,这个时间应与机械设备、劳力调配及材料半成品供应计划相一致。

D. 对该进度计划均衡特征及工期费用特征作出评价。

③审查施工总平面布置。

施工总平面的审查掌握三个原则,即布局科学合理、满足施工使用要求、费用低。

2.5 审查承包人现场项目管理机构体系

工程项目开工前,总监理工程师应审查承包人现场项目管理机构的质量管理体系、技术管理体系和质量保证体系,确能保证工程项目施工质量时予以确认。对质量管理体系、技术管理体系和质量保证体系应审核以下内容:

(1)质量管理、技术管理和质量保证的组织机构。

(2)质量管理、技术管理制度。

(3)专职管理人员和特种作业人员的资格证、上岗证。

2.6 审查施工测量成果

监理工程师应按以下要求对承包单位报送的测量放线控制成果及保护措施进行检查,符合要求时,专业监理工程师对承包单位报送的施工测量成果予以签认:

(1)检查承包单位专职测量人员的岗位证书及测量设备检定证书。

(2)复核控制桩的校核成果、控制桩的保护措施以及平面控制网、高程控制网和临时水准点的测量成果。

2.7 审查材料及混凝土配合比

本工程需要的水泥、河沙与石子等原材料的质量需要经过科学的检验手段才能确认。混凝土、砂浆配合比,由于技术上的要求,需要的时间更长一些。这些工作必须于施工准备阶段完成,才能满足开工后的需要,所以监理工程师首先要做的一件工作,就是督促施工单位尽早、尽快开始原材料的调查选点和混凝土配合比的试配工作,并配合施工单位及时做好原材料材质的认证工作和混凝土配合比的审批工作。

同意使用的配合比应向施工单位发出"混凝土配合比批准使用通知书",施工单位应按批准的配合比,严格计量、投料和搅拌,不得随意变更,需要变更时应重新申报。

2.8 签发开工令

监理工程师应审查承包单位报送的合同项目开工申请表及相关资料,具备以下开工条件时,由总监理工程师签发合同项目开工令,并报建设单位:

(1)施工许可证已获政府主管部门批准;

(2)征地拆迁工作能满足工程进度的需要;

(3)施工组织设计已获总监理工程师批准;

(4)承包单位现场管理人员已到位,机具、施工人员已进场,主要工程材料已落实;

(5)进场道路及水、电、通信等已满足开工要求。

2.9 组织召开第一次工地会议

工程项目开工前,监理机构主持召开的第一次工地会议。

第一次工地会议应包括以下主要内容:

(1)建设单位、承包单位和监理单位分别介绍各自驻现场的组织机构、人员及其分工;

(2)建设单位根据委托监理合同宣布对总监理工程师的授权;

(3)建设单位介绍工程开工准备情况;

(4)承包单位介绍施工准备情况;

(5)建设单位和总监理工程师对施工准备情况提出意见及要求;

(6)总监理工程师介绍监理规划的主要内容;

(7)研究确定各方在施工过程中参加工地例会的主要人员,召开工地例会周期、地点及主要议题。

第一次工地会议纪要由项目监理机构负责起草,并经与会各方代表会签。

3 工程质量控制

3.1 质量控制原则

工程项目按设计完成,满足安全和使用功能要求。

3.2 质量控制目标

质量控制目标为工程施工质量达到合格。

为达此目标,监理机构主要工作内容为审查承包人的质量保证体系和措施,核实质量文件;依据工程建设合同文件、设计文件、技术标准,对施工的全过程进行检查,对主要工程部位和主要工序进行跟踪监督。以单元工程为基础,按水利部《水利水电基本建设工程单元工程质量等级评定标准》和《水利水电工程施工质量评定规程》的要求,对承包人评定的工程质量等级进行复核。上述工作由本机构的监理工程师监督,会同承包人的专职质检人员、总工程师、施工员共同完成。考核标准为:单元工程质量全部合格,分部工程质量全部合格,原材料和中间产品质量全部合格,单位工程全部合格,且施工中未发生过较大及其以上质量事故,施工质量检验资料齐全。

3.3 质量控制内容

依据合同文件,批准的设计图纸和文件,国家现行的有关法规、规程规范和技术标准,对项目的施工全过程进行事前、事中和事后的检查、监督、控制与管理,排除影响工程质量的各种不利因素,促使工程建设质量目标符合合同、批准的设计文件、技术规范和验收标准及使用要求,符合合格标准。

3.4 质量控制措施

3.4.1 质量控制的工作程序

拟定本工程施工质量控制工作程序见图5-6。

3.4.2 承包人现场项目管理机构体系审查措施

3.4.2.1 质量保证体系审查措施

(1)工程承包合同签订后,在工程施工实施前,要求承包人将其组织机构、组成人员及资质,为经理、副经理、总工和职能部门人员以及职能部门的职责报监理审查,具体内容看其是否符合合同和投标承诺。

审查特殊工种的施工人员名单,其有效证件的原件是否满足项目施工要求,真实有效。

审查承包人建立和健全质量保证体系,主要审核其专职质检人员配置情况,是否建立了完善的质量检查制度和程序,承包人对专职质保人员和施工人员是否进行了培训、交底,有无培训记录。

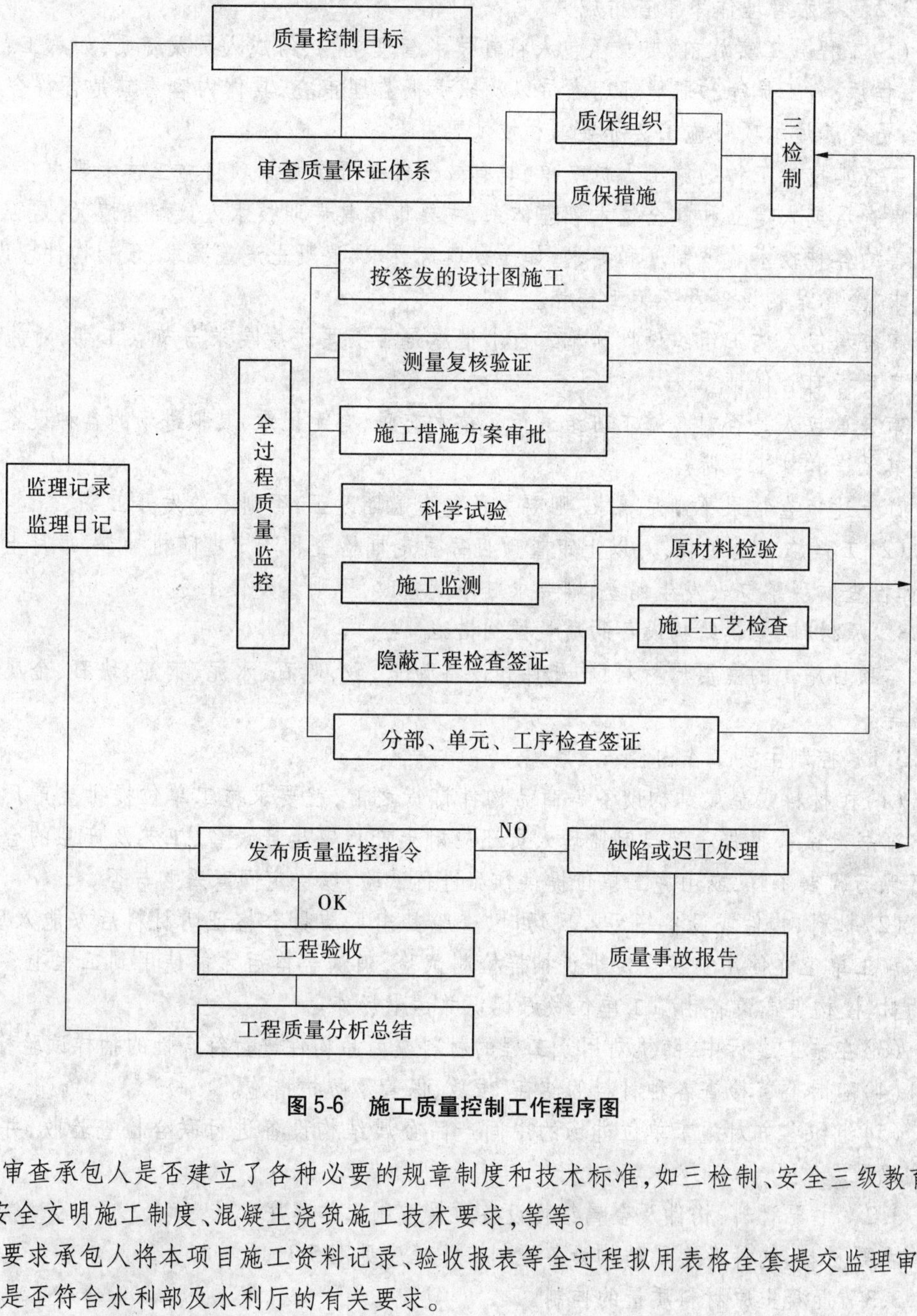

图5-6　施工质量控制工作程序图

审查承包人是否建立了各种必要的规章制度和技术标准，如三检制、安全三级教育制度、安全文明施工制度、混凝土浇筑施工技术要求，等等。

要求承包人将本项目施工资料记录、验收报表等全过程拟用表格全套提交监理审查，看其是否符合水利部及水利厅的有关要求。

上述项目的审查结果如不满足要求，则要求承包人限期改正，否则不签发开工令。

(2)工程施工实施过程中，对以上开工前审查项目每月定期检查和不定期的随机抽查，并将检查结果及时上报业主，如检查发现承包人各种配置严重背离其合同和投标承诺，各种制度和技术标准形同虚设，则监理应与业主协商，签发停工令，令承包人限期整改。

3.4.2.2　技术管理体系审查措施

(1)工程施工实施前,要求承包人将其技术管理机构、组成人员及资质,如总工、副总工、工程师、施工员等和职能部门人员以及职责报监理审查,具体内容看其是否符合投标承诺,是否满足本项目施工实际要求和技术要求。

审查其技术工种的施工人员名单,其有效证件是否满足本项目施工技术要求。

审查承包人建立和健全技术管理体系,主要审核其专职技术人员配置情况,是否建立了完善的各种技术管理制度和要求,如土方填筑要求、混凝土浇筑要求、预制构件埋设、安装要求、金属结构设备及安装工程等。

审查承包人施工组织设计和施工技术措施是否满足进度要求与节点工期,对施工质量优良目标有否保证。

审查承包人是否对各施工班组进行了技术交底、有无记录,其拟进场的各种设备是否满足其承诺和施工实际。

如上述审查结果不满足要求,则要求承包人限期改正,否则不签发开工令。

(2)工程施工全过程,对以上审查项目每月定期检查和不定期随机抽查,每月上报业主,如检查发现承包人发生偏差,则要求其限期整改,否则签发停工令。

3.4.3　原材料、金属结构设备的质量控制措施

本项目施工的主要原材料、构配件和设备为土、砂、碎石、水泥、钢筋、块石、金属结构设备等。

3.4.3.1　控制主要工作内容

(1)在材料或金属结构设备等商品构件订货之前,就要求施工单位提供生产厂家的合格证书及试验报告。必要时监理人员还应对生产厂家生产设备、工艺及产品的合格率进行现场调查了解,或由施工单位提供样品进行试验,以决定同意采购与否。

(2)材料、构件或设备等运入现场时,查验其出厂质量合格证明材料后方能入库,并监督施工单位在使用前按规定进行抽样检测试验,确认合格后才能使用到工程上。不合格的材料、构件或设备由施工单位做好标识并运出场外。

(3)在施工进行中,随机对用于工程的材料或商品构件进行符合性的抽样试验检查。

(4)随时监督检查各种材料的储存、堆放、保管及防护措施。

(5)组织各方对施工单位进场的中间产品金属结构设备进行联合检查验收,并作出详细记录。

3.4.3.2　主要材料、构件及金属结构设备质量控制工作程序

主要材料、构件及金属结构设备控制工作程序见图5-3。

3.4.3.3　混凝土原材料质量的控制

1)水泥

水泥进场时,施工单位必须向监理工程师提交出厂质量证明书,并对其品种、强度等级包装(或散包包号)、出厂日期等检查验收。同时,对进场的每批水泥,使用前施工单位必须按有关规程规范的要求抽样复检,并提交检验报告给监理工程师审查。袋装水泥在运输和贮存时应防止受潮。水泥如果受潮或存放时间超过一个月,应至少每月重新取样检验一次,并按其复检结果确认能否使用。

2)粗细骨料

混凝土工程中使用的砂、碎(卵)石料要按规定抽样检验,检验结果合格,并报监理机构审核后方可进入施工现场,已运进施工现场的材料,经检验不合格的,令其退出现场,坚决杜绝不合格的材料用于工程施工。

3.4.3.4　工程使用钢材质量控制

(1)进场时进行外观检查和核验出厂合格证明材料,确认无误后方准入库,并做好标识。

(2)督促施工单位使用前按有关规程规范要求抽样复检,并审查复检试验报告,确认合格后方准使用到工程上。

(3)检查库存、制作和场内转运等环节,若发生锈蚀或损坏等情况,则令施工单位进行处理。

3.4.3.5　进场设备的控制措施

对用于工程的各种设备,在设备出厂前,要求生产厂家提交产品合格证、试验报告以及用于生产设备的材质证明和检验报告。设备运到工地后,由监理机构组织发包人、质监、设计、安装设备生产厂家进行开箱验收和外观检查。设备如有缺陷则要求生产厂家进行处理,如有严重缺陷或存在质量问题,则退回生产厂家。设备外观检查验收合格后,由参检人员签字认可后方可移交安装单位进行安装。

3.4.3.6　原材料检验要求

表5-4　原材料检验要求表

热处理钢筋	出厂合格证(核对批号、标志、数量)现场取样试验报告	拉力试验	经同规格、同处理方法和同炉(批)号为一批,每批重量不大于50 t,每批按盘(捆)总数10%(但不少于25盘)取样,各截取一根试样
水泥	出厂合格证(核对批号、标志、数量)现场取样试验报告	标准稠度、凝结时间、抗压及抗折强度、细度、安定性	同品种、同标号、同批号、不超过200 t为一批,一批水泥选取平均试样20 kg
砂	现场取样试验报告	含水率、含泥率、云母含量、有机质含量	不超过400 m^3为一批,取样本30~50 kg(人工砂加检查石粉含量)
碎石块石	现场取样试验报告	颗粒级配、比重含水率、含泥量、针片状、软弱颗粒、有机质含量	不超过400 m^3为一批,取样30~50 kg

3.4.4　施工方法和工艺控制措施

3.4.4.1　施工方法的控制

本工程主要施工项目为主坝工程、放水洞工程、溢洪道工程、防汛路工程、办公管理工程、金属结构设备及安装工程等。

对以上项目施工方法的控制，是整个工程质量好坏的关键，其主要控制措施和手段如下：

(1)项目(或部位)施工前，要求承建单位在合同或监理工程师规定的期限内，将施工项目的施工方法、技术方案、工艺流程、施工设备和人员的配置、安全质量保证措施等提交项目监理部，总监理工程师在规定的时间内组织项目(或专业)监理工程师对照合同文件、设计文件及有关教程规范的要求，并结合施工的具体情况进行审查，审查批准后才允许该项目(或部位)正式开工。

(2)项目(或部位)正式施工时，要求承建单位(或施工项目)技术负责人对施工人员进行现场技术交底，并安排施工员跟班指导和监督施工。

(3)监理工程师加强施工过程的巡视检查，及时发现和纠正各种违规行为或存在的问题，保证审定的施工方法、技术方案、工艺流程和安全质量保证措施等贯彻。

3.4.4.2　施工工艺控制

(1)工艺控制措施。

依据技术规范的规定，在动工之前对需要通过试验方能正式施工的分项工程预先进行工艺试验，然后依其试验结果全面指导施工。

①要求施工单位提出工艺试验的方案和细则并予以审查批准；

②工艺试验的机械组合、人员配置、材料、施工程序、预埋观测以及操作法等应有两组以上方案，以便通过试验作出选定；

③监理工程师应对施工单位的工艺试验进行全过程的旁站监理，并应作出详细记录；

④试验结束后应由施工单位提出试验报告，并经监理工程师审查批准。

(2)工艺控制手段。

①基础开挖中，重视开挖程序、安全问题，明确开挖警戒范围；

②必须做好施工排水工作，否则不得转入下道工序施工；

③严格按配合比配制混凝土、砂浆，监理人员随机抽查投料称量偏差，并记录在案；

④混凝土、砂浆运输应避免浆液与骨料离析；

⑤施工单位每月定期将混凝土、砂浆综合评定资料呈报监理，由监理组织综合评定；

⑥加强施工现场巡视检查，及时纠正各种违规施工行为。

3.4.4.3　施工测量放线工艺及质量的控制

工程开工前，监理人向承包人提供测量的基准点、基准线和水准点及其书面资料。承包人应根据上述基准点(线)以及国家测绘标准或本工程精度要求，按照设计文件要求进行测量放线，并做好原始资料的记录和整理工作。为确保测量放线质量，避免造成重大失误和不应有的损失，监理人员要旁站监测。承包人将测量成果资料整理后，以施工测量放线报验单形式报监理机构审核，经监理工程师签字认可方可进行基础开挖施工。

3.4.4.4　开挖工艺及质量的控制

开挖要自上而下进行。在施工过程中，要求承包人及时测放、检查开挖断面及控制开挖面高程。施工过程中发现工程地质、水文地质条件变化或其他实际条件与设计不符时，承包人应及时将有关资料报送监理机构，由监理机构核转设计单位，供变更或修改设计参考。当发生边坡滑塌,或观测资料表明边坡处于危险状态时,监理工程师应立即要求承包人采取相应防范措施,防止事故或事态范围的扩大和延伸。危急时,现场监理人员可下令停工。

3.4.4.5 基础处理控制

基础处理为关键部位,监理人要旁站监督。现场监理人员应旁站监督承包人严格按照设计图准确放线,基础开挖后,做好联合检查验收工作。基础面的地质条件要达到设计要求承载力标准,才能批准下一道工序施工。否则,要按设计要求进行处理后再验收。

3.4.4.6 钢筋混凝土(含混凝土)施工方法和工艺控制措施

(1)按《水工混凝土施工规范》(DL/T 5144—2001)进行质量控制。

(2)重要施工环节质量控制。

①工序质量控制:混凝土浇筑执行监理工程师签发"混凝土浇筑开仓证"和工序交接制度。承包人按设计图(含设计修改、变更通知)要求完成钢筋制安、模板安装等工序作业后,由班组填写"三检表",施工队质检员按"三检表"中的内容进行检查,复检合格后报项目经理部专职质检员检查,终检合格后将"三检表"附在混凝土浇筑开仓报审表连同其他质量合格证明材料报监理机构。监理工程师审核"三检"资料完整性,符合要求则组织设计、发包人(关键部位还应通知质监部门参加)、施工方进行验收。验收合格,监理工程师签署混凝土浇筑开仓报审表,施工方才能进行混凝土浇筑。监理工程师签署混凝土浇筑开仓报审表前,应对各工序质量进行检查和控制。

②配合比计量控制:检查计量工具,符合计量标准,计量操作方法正确,计量准确。

③钢筋制作与安装质量控制:钢筋品种、规格、形式、数量、间距严格按设计文件要求施工。钢筋的加工、接头、安装按《水工混凝土施工规范》(DL/T 5144—2001)中的规定进行检查。还应检查钢筋安装位置和固定方法是否正确,保护层厚度应符合设计要求。采用单面或双面焊接的钢筋,要按规定进行现场取样检验。若采用其他焊接钢筋方式(如电渣压力焊)要有论证,并经试验合格方可使用,并严格控制使用的部位。

④模板到位安装控制:严格按设计建筑物结构尺寸放样安装,模板及支撑构件要满足强度、刚度要求,结构合理,连接拉接可靠。

⑤细部构造质量控制:混凝土止水、伸缩缝安装,根据设计图要求,检查止水片(带)的宽度、长度、高度(牛鼻子)的偏差值是否在允许范围内;伸缩缝的混凝土表面蜂窝麻面是否已处理并填平,表面是否按规范要求成毛面,无乳皮。外露施工铁件是否已割除,铺设材料厚度是否均匀、平整、牢固。

⑥混凝土浇筑质量的控制:控制好水泥标号与混凝土等级之间的合理比值,严格遵守施工规范的最大水灰比的最小水泥用量,严格按试验确定并经监理机构批准的配合比进行施工,并将配合比上牌挂在拌和机旁,严格按称量配料,并保证足够的拌和时间。现场监理要经常检测坍落度,控制使其符合要求。要求承包人选用正确的运输和入仓方法,运输时间不能过长和运输中不能激烈振动,防止漏浆、离析。混凝土按要求取样试验,监理人员旁站见证,对混凝土质量有怀疑的,监理人员要对取样、养护、输送、试压全过程监控。要求施工方采用合适的施工顺序,按合理的分层、分块浇筑;控制混凝土自由下落高度不大于2 m;采用正确的振捣方法,防止漏振和过度振捣。监理人员要随时检查模板及支撑

变形情况,发现问题及时处理,防止漏浆和胀模。混凝土浇筑为关键工序,监理人员要旁站。(接止水后)还应检查新老混凝土结合面是否已凿毛,表面是否清洗洁净,无积水、无积渣杂物,防止出现冷缝。

⑦混凝土浇筑工序质量控制简要表(见表5-5)。

表5-5　混凝土浇筑工序质量控制简要表

常见质量问题	检查方法	控制措施
原材料性能不良	观察、检查及抽样试验	按常用建筑材料质量控制表
混凝土和易性不良(拌和物松散、黏和性差、坍落度不符合要求)、混凝土强度达不到要求,或强度离散和均匀性差	观察、检查及抽样试验	1. 控制水泥强度等级与混凝土等级之间的合理比值,严格遵守施工规范的最大水灰比的最小水泥用量 2. 严格按试验确定并经监理批准的配合比施工,拌和机旁挂牌,严格按称量配料,并保证足够的拌和时间 3. 测定坍落度,控制使其符合要求 4. 选用正确运输及入仓方法,运输时间不能过长和运输中不能激烈振动,防止漏浆 5. 混凝土见证取样试验,试块标准养护
混凝土出现孔洞、表面蜂窝、麻面	观察、检查	1. 采用合适的施工顺序,按合理的分层、分块浇筑 2. 防止运输中漏浆、离析,防止运输、入仓、铺料间歇时间过长,控制混凝土自由下落高度不大于2 m 3. 采用正确的振捣方法,防止漏振和过度振捣 4. 随时检查模板及支撑变形情况,发现问题及时处理,防止漏浆

3.4.4.7　浆砌石工艺及质量的控制

(1)砌石砂浆必须严格按配比投料拌制,宜采用200～350 L搅拌机拌浆,搅拌时间2～2.5 min。

(2)块石应采用符合设计规范要求的石料,不得采用小块石砌筑。

(3)砌筑方法采用先坐浆后放块石,石块尖端向上,并用小块石尖实,砌筑之前应测量,定点放样,校正无误后才能砌筑,砌石时应拉线砌筑,按"平、稳、实、错"的要求进行。即:砌筑平顺直、稳实,浆满石满、砌缝错开,砌筑过程中从选料、砂浆拌和、测量定点放线、勾缝每道工序应按有关规范进行。

(4)砌石工艺流程:选石→铺浆→安放石块→灌浆→捣实→检查质量→养护。

3.4.4.8　土方填筑工艺及质量的控制

(1)监理人监督承包人按制订的施工方案和填筑的工艺流程进行施工。

(2)监理人要审核选定土料场的土料,土料要符合设计要求,贮藏量能满足工程量需要。

(3)要求承包人进行土料填筑试范段试验。通过试范段碾压取得能满足设计要求的各项参数,再铺开施工。通过试验,对选用的土料、土料含水量、土料粒径、铺土厚度、辗压机械型号、施工工艺流程等,检验压实度及各项力学指标能达到设计要求的标准。

(4)施工过程的质量控制:检查填筑面的腐殖土、草树根、杂物要清理干净,基础开挖至设计标高,经过验收合格签证,填土层面要进行刨毛处理。对与堤头接触处、边坡、运输缺口、心墙等部位碾压质量进行重点监控。要监督承包人按批准施工技术方案和工艺流程进行施工。

3.4.4.9 施工工艺过程质量控制一览表

施工工艺过程质量控制一览表见表5-6。

表5-6 施工工艺过程质量控制一览表

序号	项目	质量控制要点	控制手段
1	基础开挖工程	高程、中轴线 开挖范围及边线(从中线向两侧量测)	测量、抽查、复核 测量、量测
2	基础工程	位置(轴线及高度) 外形尺寸 混凝土或砂浆强度	测量、量测 审核配合比、现场取样审核试验报告
3	现浇混凝土工程	轴线、高程及垂直度 断面尺寸 钢筋:数量、直径、位置、接头 混凝土强度:配合比、坍落度、强度	测量 量测 检查、量测 配合比试验、试块、审核试验报告
4	浆砌石工程	砂浆强度等级 毛石强度、质量 伸缩缝处理	砂浆配合比试验 量测 旁站检查
5	干砌石工程	石块强度、质量 石块尺寸 平整度	量测 材质检验 旁站检查
6	填筑工程	填筑料 填筑质量、尺寸	检查、目测 量测
7	金结制作及安装工程	材料强度、质量 焊接质量、平整度、漏焊、虚焊及强度 管线位置、标高、尺寸、安装接头	审核试验报告、目测 检查、超声波检查、探伤、试验 观察、量测

3.4.5 关键部位工程质量控制措施

3.4.5.1 关键部位、关键工序确定

溢洪道工程、主坝加固工程。

3.4.5.2　关键部位、关键工序的质量控制措施和手段

对上述关键部位和关键工序，拟采取如下质量控制措施：

(1)对以上部位及工序实行全过程的旁站监控，及时消除影响工程质量的一切不利因素。

(2)对施工单位的各项施工程序、施工方法、施工工艺以及工程使用材料的质量、机械设备及人员的配备等进行全方位监督和巡视，通过全过程的旁站、逐个环节的检查，以达到对施工质量实施有效监督、控制和管理的目的。

(3)对每道工序结束后，督促施工单位做好"三检"，监理人员及时进行检查和认定，并监督施工单位的试样抽取及施工记录。

关键部位和工序的质量控制手段及要求如下：

(1)溢洪道工程。

钢筋混凝土：混凝土的施工浇筑严格按《水工混凝土施工规范》(DL/T 5144—2001)和《混凝土结构工程质量验收规范》(GB 50204—2002)要求进行施工，结构尺寸是否符合设计要求，高程、平整度等为控制重点。

A. 严格按照《水工混凝土施工规范》(DL/T 5144—2001)和《混凝土结构工程质量验收规范》(GB 50204—2002)(2010 年版)规范施工，所用水泥必须按设计要求。

B. 混凝土的级配应按设计要求实施，施工配合比应通过试验确定。所用水泥进场时应有出厂合格证和试验报告，并严格进行检查验收，进场后按规定抽样复检试验，确认合格后投入使用。使用过程中，当对其质量有怀疑或出厂超过 3 个月的水泥应再次抽样复查试验，并按试验结果确定可否使用。

C. 混凝土所用骨料必须符合规定标准，粗骨料粒径不超过结构面最小尺寸的 1/4，且不得超过钢筋间距的 3/4，对实心板不宜超过板厚的 1/2，且不得超过 50 mm，骨料品种规格应分别堆放，不得混杂。

D. 采用机械拌制混凝土，混凝土用水应符合有关规程规范的要求，不得采用带有酸碱和腐蚀性水。

E. 混凝土的拌和时间应通过试验确定，加料顺序应符合规范要求。

F. 混凝土的运输过程中，不得出现离析现象，如出现离析，应进行二次搅拌。

G. 进行基础混凝土浇筑时，应将杂物清除干净，并作好排水和防水措施。

H. 混凝土浇筑前，必须对模板及其支架、预埋件等进行检查，作好记录，符合设计要求后方能浇筑混凝土。

I. 混凝土自高处倾落的自由高度不得超过 2 m，浇筑中不得出现离析现象，当浇筑高度超过 3 m 时，应采用串筒、溜管式振动溜管使混凝土下落。混凝土浇筑层的厚度，应符合规范要求。当混凝土进行连续浇筑时，其间歇时间宜缩短，应在前层凝结前，将次层混凝土浇筑完毕。

J. 采用插入式振捣器振捣混凝土时，振捣器应垂直插入混凝土中，浇筑上层混凝土时，宜插入下层混凝土中 5 cm 左右，每一振点的时间应使混凝土表面呈现浮浆和不再沉落，振点间距不宜大于振捣器作用半径的 1.5 倍，在浇筑墙及柱边成整体的梁和板时，应在柱和墙浇筑完毕后停歇 1～1.5 h，再进行浇筑。

K. 混凝土的养护。

a. 对已浇筑完毕的混凝土,应在 12 h 内进行覆盖和浇水养护;

b. 采用硅酸盐水泥时,浇水养护时间不得少于7 d,若掺用外加剂时不少于14 d,浇水次数应能保持混凝土处于润湿状态,养护用水与混凝土用水相同。

(2)主坝加固工程。

坝体填筑质量控制以工序控制及施工参数为主要手段,在施工过程中,重点检查以下项目是否符合设计及碾压试验的要求:

A. 坝体填筑施工各工序应按技术规范、碾压试验的要求和报经批准的作业措施计划进行。铺料应分层摊铺,层面如出现明显的凸凹不平整现象时,必须进行整平,才允许进行碾压。靠岸坡或其他边角部位碾压不到的地方应通过碾压试验确定采用其他有效压实机具压实。

B. 坝体填筑材料的级配、含泥量、风化石等软弱岩体储量必须符合设计要求,超过设计标准者,不允许上坝。对于已运至填筑地点的不合格填筑料,承建单位的施工监督人员、质检人员和监理工程师可以拒绝其卸料,已填筑的不合格料必须挖除并运出坝外,填筑料中的超径石必须采取用机械方法解小处理,特殊情况需经监理工程师同意方可采用爆破解小。

C. 坝体内修建的临时施工道路,其材料应按所经过填筑区的质量要求填筑并碾压密实。通过这些临时道路的车辆不能污染坝体内的任何永久性填筑料。

D. 铺料时应采取措施防止发生分离,不允许从高边坡向下卸料,不得发生大块石集中,力求做到粗细石料铺料均匀,防止发生架空现象。

E. 碾压采用进退错距法,在进退方向上一次延伸至整个单元,错距不应大于碾轮宽除以碾压遍数。碾压速度必须符合批准的施工措施的要求。当采用分段碾压时,相邻的两段交接带碾迹应彼此搭接,碾压方向搭接长度应不小于0.3~0.5 m,垂直碾压方向搭接宽度应不小于1~1.5 m。

F. 施工中宜采用退铺法和进占法铺料、平料,以避免颗粒分离。分离严重部位应掺混或挖除处理。

G. 垫层料的铺筑,应向上游坡面法线方向超填30~40 cm。进行水平碾压时,振动碾距上游坝面边缘的距离不宜大于40 cm。垫层填筑每升高15~25 m应进行一次坡面碾压。坡面碾压应按碾压试验确定的碾压机具、方法和碾压参数进行。斜坡碾压前,应以超填的坡面为基础进行修整,修整后的坡面,在法线方向应高出设计线10~15 cm。垫层坡面防护应做到喷摊均匀密实,无空白、无鼓包,表面平整干净。当用水泥砂浆对坡面进行防护时,其砂浆表面在5 m范围内不应高于设计线5 cm和低于设计线8 cm,并同时做好养护。施工过程中应做好施工期排水措施。

H. 下游坡面应随同相应部位坝体填筑进行,边填边护,同步上升。坡面砌石应从相邻的坝后区内的大石块中挑选,并进行加工,砌筑时禁止出现浮塞、叠砌、通缝等现象。完成后的坡面应有均匀的颜色和平整的外观。

3.4.6　工程质量评定和验收

3.4.6.1　质量评定

(1)重要隐蔽单元工程(关键部位单元工程)质量签证:施工承包人在重要隐蔽(关键部位)工程完成后,实施“三检”合格后,将“三检表”提交监理,监理工程师抽查合格后,由监理组织有关发包人、设计、运行管理、施工等各方人员对重要隐蔽工程部位的联合检查验收,待各方代表在重要隐蔽单元工程及关键部位单元工程质量等级签证表签认,方可进行覆盖。同时,监理签认单元(工序)工程施工质量报审表;如承包人未及时通知监理人到场检查,私自将隐蔽部位覆盖,监理人有权指示承包人采用钻孔探测以至揭开进行检查,由此增加的费用和工期延误责任由承包人承担。

关键部位联检工作流程如图5-7所示。

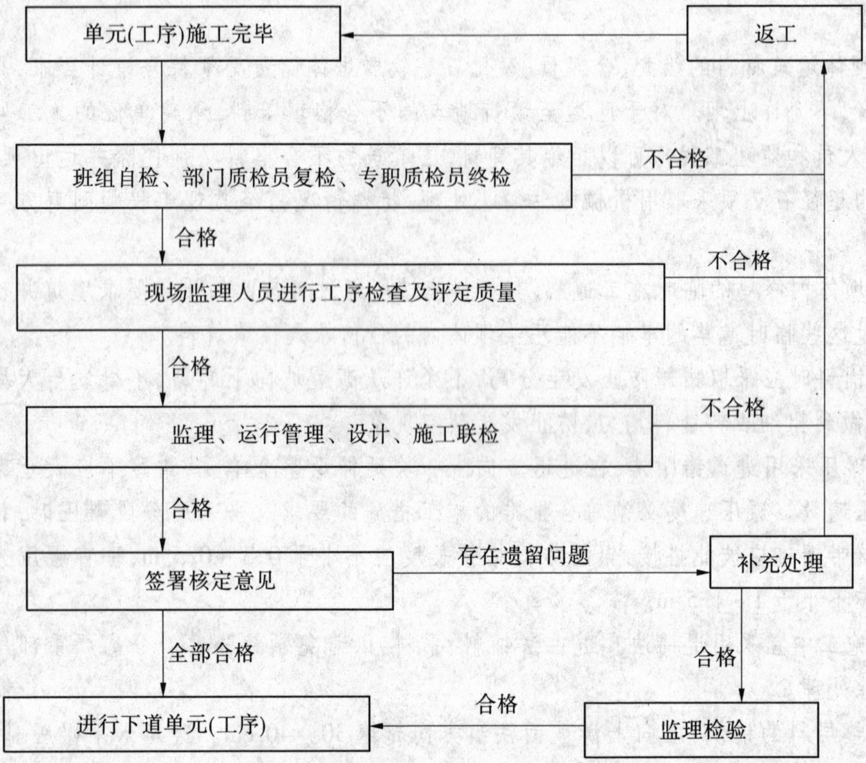

图5-7　关键部位联检工作流程图

(2)工序检查认可:在施工质量的过程控制中,坚持上道工序不经检查合格不准进入下道工序的原则。混凝土开仓前,必须实行由施工承包人的班组自检、部门质检员复检、专职质检员终检的三检制度。当三检合格后,填报施工质量终检合格(开工、仓)证和工程报验单后送交现场监理,现场监理接到单元(工序)工程施工质量报审表后及时进行检查,符合验收条件签署开仓证。不符合验收条件,退回施工承包人进行补充,符合要求后重新申报。检验合格签署意见后方可进入下道工序。

(3)单元工程质量评定,承包人在单元工程施工完成后,根据“三检”填写相应的工序质量评定表评定单元工程质量,报监理机构核定。

(4)对已完建的分部工程,由承包人质检部门根据单元工程质量核定情况和规定进行质量评定,报监理机构审核签证。

(5)机电设备安装前,由监理机构组织发包人、设计、质监、安装、设备厂家代表进行开箱验收和外观检查,经检查合格,由参检人员签字认可方可移交安装。

3.4.6.2 工程验收

(1)工程验收办法包括:工序交接验收、中间验收(重要隐蔽工程和关键部位的开仓验收)、单元工程验收、分部工程验收、单位工程验收、项目的竣工验收。工程验收是在工程质量评定的基础上,依据既定的验收标准,采取相应的手段来检验工程产品的特性是否满足验收标准的过程。

(2)工序交接验收:由施工承包人完成工序施工,实行"三检"后填写相应的工序质量评定表,并以工序施工质量报验单的形式向监理申报,监理现场检验合格后,进入下道工序的施工;否则,进行返工处理。

(3)重要隐蔽工程和关键部位的开仓验收:重要隐蔽工程和关键部位的开仓验收,由施工承包人完成工序施工,实行"三检"后填写相应的工程质量评定表,并以工序施工质量报验单的形式向监理申报,监理现场检验合格后,由监理组织设计、地质(若有重要隐蔽工程)、施工、质监、发包人等各方进行联合开仓检验,检验合格并经参验各人员签认后,方可进入下道工序的施工。

(4)单元工程验收:对已完的单元工程质量由施工承包人质检部门组织评定,填写单元工程施工质量验收评定表,以单元工程施工质量报验单的形式提交监理复核其质量等级。监理核验合格后,进入下一单元单元工程的施工;否则,进行返工处理。

(5)分部工程验收:对已完建的分部工程质量在施工承包人质检部门自评的基础上,提交监理进行复核,并要求承包人制备分部工程验收必须提供的图纸、资料和成果,由监理组织项目法人、质监、设计、施工、运行管理等有关专业技术人员参加验收。分部工程验收通过后,监理机构签署分部工程验收鉴定书,并督促承包人按照分部工程验收鉴定书中提出的遗留问题及时进行完善和处理。

(6)单位工程验收:单位工程质量评定在施工承包人自评的基础上,报监理复核,由质量监督部门核定单位工程质量等级。监理机构协助发包人按照《水利水电建设工程验收规程》(SL 223—2008)主持单位工程投入使用验收或完工验收。

(7)竣工验收和最终验收:完善监理过程资料和编写工程建设监理工作报告,审核施工承包人提交的竣工验收资料,协助发包人完成竣工验收必备的资料和报告。

(8)在竣工验收完成阶段草拟竣工验收证书,经发包人同意后,监理和发包人签发竣工验收证书,并签发工程移交证书。

(9)最终验收在缺陷责任期满,经对遗留工程和质量缺陷处理后检查合格,符合合同要求,由监理和发包人签发最终验收证书和缺陷责任期终止证书。

3.4.7 施工结果控制措施

(1)对施工结果(质量缺陷)的现场处理。

①当因施工而引起的质量缺陷处在萌芽状态时,应及时制止,并要求立即更换不合格的材料、设计或不称职的施工人员;或要求立即改变不正确的施工方法及操作工艺。

②当因施工而引起的质量缺陷已出现时,应立即向施工单位发出暂停施工的指令(先口头后书面),待施工单位采取了能足以保证施工质量的有效措施,并对质量缺陷进行了正确的补救处理后,再书面通知恢复施工。

③当质量缺陷发生在某道工序或单项工程完工以后,而且质量缺陷的存在将对下道工序或分项工程产生质量影响时,监理工程师应在对质量缺陷产生的原因及责任作出了判定并确定了补救方案后,再进行质量缺陷的处理或下道工序的施工。

④在交工使用后的缺陷责任期内发现施工质量缺陷时,监理工程师应及时指令施工单位进行修补、加固或返工处理。

(2)质量缺陷的修补与加固。

①对因施工原因而产生的质量缺陷的修补与加固,应先由施工单位提出修补方案及方法,经监理工程师批准后方可进行;对因设计原因而产生的质量缺陷,应由设计部门提出处理方案及方法,并通过业主单位通知施工单位进行修补。

②修补措施及方法应不降低质量控制指标和验收标准,并应是技术规范允许的或是行业公认的良好工程技术。

③如果已完工程的缺陷,并不构成对工程安全的危害,并能满足设计和使用要求时,经征得业主单位的同意,可不进行加固或变更处理。如工程的缺陷属于施工单位的责任,应通过与业主单位及施工单位的协商,降低对此项工程的支付费用。

4　工程进度控制

4.1　进度控制原则

工程施工进度满足合同文件要求,按时完工。

4.2　进度控制目标

总体目标:2012年3月13日开工,2012年6月13日完工,施工总工期92日历日。

4.3　进度控制的内容

(1)根据本工程控制性进度计划和施工承包合同要求,编制总进度计划和控制性网络计划,确定进度控制关键线路,提出阶段进度目标和重要施工项目控制工期目标。

(2)根据总进度计划编制月进度计划,内容包括:计划完成工程、工程形象、主要措施、供图计划、设备材料供应计划、资金使用计划等,并以此作为实施控制的依据。

(3)审批承建单位呈报的月进度计划,重点核查阶段施工进度计划与总进度计划的符合情况及劳动力、机械设备、材料等资源配置的造就程度。

(4)监督、检查、记录施工进度计划实施的实际情况,包括施工措施、施工条件、劳力和设备的投入量、生产效率等。发现问题,及时发出指令要求施工单位采取措施保证施工按进度计划实施。

(5)协调处理可能影响施工进度的各种因素。

(6)定期进行工程进度分析,对施工进度进行跟踪检查控制,当实际施工进度与总进度要求发生较大偏差时,及时查清原因,并提出修改调整意见,报业主批准后,指导承建单位对施工进度计划进行相应的调整,对施工进度进行动态控制。

(7)按时审核承建单位呈报的月施工进度统计报表,编制监理月进度统计报表报业主,为进度分析提供可靠依据。

(8)督促承建单位加强施工管理,防止出现安全质量事故而影响施工进度。

4.4 进度控制的措施

4.4.1 进度控制工作程序

工程进度控制工作程序见附录二图4。

4.4.2 进度控制措施

影响施工进度的因素较多,按照干扰施工进度的责任及处理应分为两大类:第一类是由于承包人的责任造成的进度拖延;第二类是由承包人责任外的原因造成的进度拖延。

4.4.2.1 实施前的进度计划审查措施

在收到施工单位报送单项开工计划后的7天内给予明确的书面答复,并对如下内容进行检查:

(1)工期和时间安排的合理性。

(2)施工总工期的安排是否符合合同工期。

(3)各施工阶段或单位工程(包括分部或单元工程)的施工顺序和时间安排与材料和设备的进度计划相协调。

(4)易受低温、炎热、雨季等气候影响的工程应安排在适宜的时间,并应采取有效的预防和保护措施。

(5)对节假日及不良气候影响的时间,应有适当的扣除,并留有一定的余地。

(6)施工准备是否可靠。

(7)所需主要材料和设备及配件到场日期有保证。

(8)主要骨干人员及施工设备的配置是否已经落实,是否与投标文件中所报人员和设备相符。

(9)施工测量、材料检查及标准试验的工作是否已经安排;道路、供电、供水等都是否已解决或有可靠的解决方案。

(10)质保体系和环保、安全措施是否完善可靠。

(11)计划目标与施工能力是否相适应。

(12)各阶段或各单位工程计划完成的工程量投资与施工单位的设备和人力实际状况是否相适应。

(13)各项施工方案与施工单位的施工经验和技术水平的实际是否相适应。

(14)关键项目上的施工力量安排与非关键项目上的施工力量安排是否相适应。

4.4.2.2 施工进度计划审查程序

(1)阅读文件、列出问题、进行调查了解。

(2)召开专题会议,提出问题与施工单位进行沟通或澄清。

(3)对有问题的部分进行分析,向施工单位提出修改意见。

(4)复审批准施工单位修改后的进度计划。

4.4.2.3 施工进度控制方法

1)每日检查记录实际施工进度

监理工程师应要求施工单位按单位工程、分部工程或施工点对实际进度进行记录,并

予以检查,以作为掌握工程进度和进行决策的依据。每日进度检查记录应包括以下内容:

(1)当日实际完成及累计完成的工程量。

(2)当日实际参加施工的人力、机械数量及生产效率。

(3)当日施工停滞的人力、机械数量及其原因。

(4)当日施工单位的主管及技术人员到达现场的情况。

(5)当日施工单位的影响工程进度的特殊事件或原因。

(6)当日的天气情况等。

2)每月工程进度报告

监理工程师应要求施工单位根据现场提供的每日施工进度记录,及时进行统计和标记,并通过分析和整理,每月向总监提交一份月工程进度报告,总监审核后汇总作为监理月报的一部分提交给业主单位。月工程进度报告应包括以下主要内容:

(1)概况或总说明:对计划进度情况提出分析。

(2)工程进度:应以工程数量清单所列细目为单位,编制出工程进度累计曲线和完成投资额的进度累计曲线。

(3)工程图片:应显示关键路线上(或主要工程项目上)一些施工活动及进展情况;

(4)财务状况:主要反映工程建设的资金到位、进度款支付、工程变更、价格调整、索赔工程支付及其他财务支出等情况。

(5)其他特殊事项:应主要记述影响工程进度或造成延误的因素及解决措施。

3)进度控制图表

监理工程师应编制和建立各种用于记录、统计、标记、反映实际工程进度与计划工程进度差距的进度控制图及进度统计表,以便随时对工程进度进行分析和评价,并作为要求施工单位加快工程进度、调整进度计划或采取其他合同措施的依据。

4.4.2.4　进度计划的调整措施

1)进度符合计划

在工程实施期间,如果实际进度(尤其是关键线路上的实际进度)与计划进度基本相符,监理工程师不应干预施工单位对进度计划的执行;但应及时掌握影响和妨碍工程进展的不利因素,促进工程按计划进行。

2)进度计划的调整

监理工程师发现工程现场的组织安排、施工顺序或人力和设备与进度计划上的要求有较大不一致时,应要求施工单位对原工程进度计划及资金使用计划予以调整,调整后的工程进度计划应符合工程现场实际,并应保证满足合同工期的要求。

调整工程进度计划,主要是调整关键线路上的施工安排,对于非关键线路,如果实际进度与计划进度的差距并不对关键线路上的实际进度造成不利影响,监理工程师可不必要求施工单位对整个工程进度计划进行调整。

3)加快工程进度

在施工单位没有取得合理延期的情况下,监理工程师认为实际工程进度过慢,将不能按照进度计划预定的竣工期完成工程时,就要求施工单位采取加快的措施,以赶上工程进度计划中阶段目标或总体目标。施工单位提出和采取的加快工程进度的措施必须经过监理工程师批准。批准时应注意以下事项：

(1)只要施工单位提出的加快工程进度的措施符合施工程序并能确保工程质量，监理工程师应予以批准。

(2)因采取加快工程进度措施而增加的施工费用应由施工单位自负。

(3)因增加夜间施工或法定节假日施工而涉及业主单位的附加监督管理(包括监理)费用，应由业主单位、监理工程师及施工单位协商解决。

4)进度计划的延期

由于业主单位或监理工程师的原因，或施工单位在实施工程中遇到不可预见或不可抗力的因素，因而使工程进度延误并批准延期后，监理工程师应要求施工单位对原来的工程进度计划予以调整，并按经审批后的调整计划实施工程。

5)进度计划的延误

由于施工单位的原因造成工程进度的延误，而且施工单位拒绝接受监理工程师加快工程进度的指令，或虽采取了加快工程进度的措施，但仍然不能赶上预期的工程进度并将致使工程在合同工期内难以完成时，监理工程师应对施工单位的施工能力重新进行审查和评价，并应发出书面警告，还应向业主单位提出书面报告，必要时建议对工程的一部分实行强制分割或考虑更换施工单位。

4.4.2.5　工程进度控制要点

(1)根据合同总进度计划，编制控制性进度目标和施工计划，并审查批准承包人提出的施工实施进度计划和检查落实其实施情况。

(2)根据本工程项目特点，本机构拟采用直方图和时标横道图方式按月检查实际进度与计划进度的符合性，重点分析工程进度计划的关键节点、关键线路。

(3)按时提供月进度实施完成情况，当实施进度发生较大偏差时，及时向发包人提出调整进度计划的建议、意见，经发包人批准后，完成进度计划的调整。

5　工程投资控制

5.1　投资控制原则

工程总投资不大于施工图预算总投资。单项工程投资不超过合同金额。

5.2　投资控制的目标

工程投资控制目标：协同项目各方据实核签工程量，确保工程投资。

5.3　投资控制的工作内容

监理机构主要的工作内容为协助发包人编制投资控制目标；审查承包人提交的资金计划；审核承包人完成的工程量和单价费用；并签发计量和支付凭证；受理索赔申请，进行索赔调查和谈判，并提出处理意见；处理工程变更，下达工程变更令。

5.4　投资控制措施

5.4.1　工程计量方法

监理机构严格按照施工合同的通用条款和技术条款中的有关工程计量的规定进行工程计量。

(1)工程计量单位：均采用国家法定单位。

(2)计量方法:各个项目的计量方法,应按合同技术条款的有关规定执行。

①重量计量的计算:钢筋应按监理人批准的钢筋下料表,以直径和长度计算,不计入钢筋损耗和架设定位的附加钢筋量;钢板和型钢钢材按制成件的成型净尺寸和使用钢材规格的标准单位重量计算其工程量,不计其下料损耗量和施工安装等所需的附加钢材用量。施工附加量均不单独计量。

②面积计量的计算:结构面积的计算,应按施工图纸所示结构物尺寸线或监理人批示在现场实际量测的结构物净尺寸线进行计算。

③体积计量的计算:结构物体积计量的计算,按施工图纸所示轮廓线内的实际工程量或按监理人批示在现场量测的净尺寸线进行计算。经监理人批准,大体积混凝土中所设体积小于0.1 m^3 的孔洞、排水管、预埋管和凹槽等工程量不予扣除,按施工图纸和指示要求对临时孔洞进行回填的工程量不重复计量;混凝土工程量的计量,应按监理人签认的已完工程的净尺寸计算;土石方填筑工程量的计量,应按完工验收时实测的工程量进行最终计量。

④长度计量的计算:所有以延米计量的结构物,除施工图纸另有规定,应平行于结构物位置的纵向轴线或基础方向的长度计算。

(3)工程计量。

①工程计量原则:不符合工程承建合同文件要求、未经工程质量检验合格或未按设计要求完成的工程与工作,均不予计量;因承建单位责任与风险,或因为承建单位所需要另外发生的工程量不予计量;按工程承建合同文件规定及监理人员批准的方法、范围、内容和单位进行计量。

②工程计量方式:按单位工程、分部工程、分项工程和单元工程四级项目划分,以单元工程或分项工程为基础,每完成一个单元工程或分项工程经过验收合格后就进行计量。由现场监理人员、业主驻工地代表、施工员三方共同对照设计图纸、设计补充修改通知、原地面测量资料、断面开挖后联检验收资料,现场核实建筑物尺寸,开挖量及回填量。及时核实已经完工的单元或分项工程量。特别是开挖量的土石方比例以及不在现场难以确定的工程量,要现场核算。参加三方签字认可,作为工程月进度款支付和今后工程完工结算的原始依据资料。

③监理人员核实承包人每月完成的工程量及工程进度款申报表。承包人对已完成验收质量合格的单元工程进行准确计量,在每月末随同月付款申请单,按合同工程量清单的项目分列,向总监理工程师提交月报表及有关计量过程的原始资料。监理人员审核承包人报送的资料时,应该对完成项目的工程部位、验收资料、测量资料、断面开挖后联检验收资料、设计图纸、采用的计量公式和方法等方面资料的完整性及准确性进行审核。核实后,将结果报总监理工程师签认,作为进度款支付凭证。

5.4.2 工程款支付

5.4.2.1 工程款支付程序

工程款支付监理工作程序见附录二图5。

5.4.2.2 工程进度款付款

监理人根据承包人报送的月完成的工程量及月进度款申请,经现场监理人核实完成的工程量,按照合同单价及其他规定核定月申请进度款额后,由总监理工程师签发进度款支付凭证。

5.4.2.3 工程结算办法

1)工程结算依据

工程结算的依据有工程施工合同和有关规定,经过批准的施工图,施工修改图或修改通知,原地面测量资料,断面开挖联检资料,预算外费用现场签证,施工竣工图,施工承包人工程量计算、单价分析、竣工结算等原始资料,以及工程预付款、材料预付款、工程月进度款支付的申报材料及付款凭证,年度、月结算等资料。

2)工程结算审核

监理人首先对工程结算的每项依据原始资料进行核对分析其可靠性、真实性和准确性。首先审核施工承包人申报的工程量计算的准确性,工程量计算的依据资料要齐全,手续要完备,要有依据,资料之间不能有矛盾。如承包人绘制的竣工图,监理人要审查其真实性,要符合设计图纸或补充修改设计图纸要求。绘制的竣工图要经现场监理签字认可;土石方开挖量计算断面要符合设计断面、测量数据及联检断面尺寸。审核工程量计算的准确性,检查有无重复计算、多算或无计算依据的工程量。其次是对工程费用计算的审核。单价分析审核:有计算依据,分析采用的数据符合有关编制概(预)算定额规定。

3)完工结算

工程竣工通过验收合格移交后,监理人对承包人提交的完工结算资料进行认真审核后,写出审核意见,与承包人协商基本一致,将审核意见报业主审批作为完工结算的依据。业主在规定时间内向承包人支付应该支付的工程余款。

4)最终结清

工程达到规定的保修期后,监理人组织有关人员对工程检查复检,认为符合要求后,由承包人提交最终结算的申报材料,监理人对申报材料复核后签字认可,报业主最后审批作为最终结算凭证,业主按规定时间办理工程移交手续,结清工程余款。

5.4.3 投资控制的经济措施

(1)及时对计划费用和实际开支作出对比分析,向合同双方提出投资控制的合理化建议。

(2)工程计量应以合同文件、批准的设计图纸和文件为依据,计量必须以经监理工程师确认的数量为准。

(3)对施工承包合同文件(包括招标文件)中有具体工程量清单的项目,监理工程师必须按工程量清单标明的单价和核实的计量办理;对暂估数量的清单栏目,必须严格控制工程数量;对暂定金额的清单栏目,监理工程师应根据实际情况,部分动用、全部动用或根本不动用该项费用;当因工程变更引起实际费用超出清单限额时,必须输完整手续;对以时间为单位的清单栏目,监理工程师必须根据工程实施的具体情况严格掌握。

(4)计量原则:不符合合同文件、批准的设计文件要求的工程项目不得计量;按合同文件所规定的方法、范围、内容、单位计量;按监理工程师同意的计量方法计量。

5.4.4 投资控制的技术措施

(1)认真分析和研究施工方案与工序关系,合理配置资源,使资源均衡。审核施工单位的施工组织设计,按合同文件要求组织施工,避免不必要的赶工费。

(2)熟悉设计文件及合同价构成因素,找出工程费用最易突破的部分和环节作为投资控制的重点。该工程的工程费用最易突破的部位和环节是基础开挖及处理、导流围堰,应着重控制其工程量和工期,同时应与设计及业主单位研究是否可以进一步优化设计。

(3)慎重对待工程变更和设计修改,应事先作好技术经济合理性分析,以控制由此增加的工程费用。

(4)分析工程质量与投资的关系,以求满足工程质量要求情况下投资最省,避免片面追求高质量的现象。

(5)做好各种现场施工条件变化的记录和核签工作,如基础地质条件、气象条件、停电、停水等,为费用签证提供可行依据。

5.4.5 投资控制的合同措施

(1)协助业主单位完善施工承包合同,在合同中明确计量和支付等的办法和程序,避免因合同漏洞引起事后的争议。

(2)预测工程风险和可能发生索赔的原因,制定防范对策,减少施工单位向业主单位索赔事件的发生。

(3)提醒业主单位及时支付进度款,并及时做好合同规定属于甲方的工作,全面履约,不要违约造成对方索赔。

(4)按合同规定,及时对已完工程进行验收和计量,以作为支付进度款的依据。

(5)公正、合理地处理不可预见情况的索赔。

5.4.6 投资风险分析及防范对策

5.4.6.1 风险分析

影响工程投资增加的因素较多,影响本工程投资的主要因素如下:

(1)施工进度计划滞后,进度计划控制不好。

(2)原材料产地选择不当也会增加工程费用。

(3)由于承包人责任外的因素影响造成索赔,也可能增加工程投资。

5.4.6.2 防范对策

(1)审查施工进度计划的合理性、科学性和可行性。

(2)审查施工组织设计采用的施工技术方案所配置的施工机械设备、材料供应计划、管理措施及作业人数等能否满足施工进度要求。

(3)按照承包人编制施工进度计划,监理部编制施工进度计划控制横道图,分时段和分工程部位进行检查控制。发现施工进度滞后计划进度,监理部及时召开有关方参加的施工进度协调会议,分析原因,采取措施进行补救或调整进度计划。

(4)监理人监督承包人要按审查批准的施工组织设计选定的施工方案实施。

(5)要求承包人编制较详细的资金使用计划和材料供需旬、月计划。甲方要保证资金到位,满足施工进度的需要,施工需要的原材料采购供应要保证满足进度要求。

(6)监理人要审查和监督资金使用计划与材料采购计划实施。

(7)预测承包人责任外的因素:如超常规气象因素发生,外界环境干扰造成工期延误等各种因素可能发生,做好防范对策,尽可能减少索赔费用。

5.4.7 投资控制要点

(1)熟悉设计文件,审查施工预算,了解工程量项目、预算定额,严格量测承包人完成的工程量,按合同单价进行计量支付,尤其对合同外工程量的签证应及时通报业主并加以严审。

(2)严格审核工程变更、设计修改所增加的工程费用,按合同及有关文件签发进度款支付凭证。

(3)做好承包人提出的工程费率索赔的原始记录,索赔金额计算准确、证据确凿。

(4)审查承包人提交的资金流计划,处理工程变更,下达工程变更令。

(5)分析工程投资风险并向业主提出规避风险的建议。

6 合同管理

6.1 变更的处理程序和监理工作方法

6.1.1 变更的处理程序

变更的处理程序见附录二图6。

6.1.2 变更的监理工作方法

(1)设计变更的内容。

乙方对原设计进行变更,须经甲方代表或监理工程师同意,并由甲方取得相应的批准。甲方对原设计变更,在取得有关批准后,向乙方发出变更通知,乙方按通知进行变更,否则乙方有权拒绝变更。

双方办理变更、洽商后,乙方按甲方代表或监理工程师要求,可进行下列变更:

①增减合同中约定的工程数量;

②更改有关工程的性质、质量、规格;

③更改有关部分的标高、基线、位置和尺寸;

④增加工程需要的附加工作;

⑤改变有关工程的施工时间和顺序。

(2)变更处理原则。

发生了合同约定的变更后,乙方应在规定的时间内按下列方法提出变更价格或延长工期,报甲方代表或监理工程师批准后调整合同价款和竣工日期:

①合同中已有适用于变更工程的价格,按合同已有的价格计算,变更合同价款;

②合同中只有类似于变更情况的价格,可以此为基础确定变更价格,变更合同价款;

③合同中没有类似和适用的价格,由乙方提出适当的变更价格,送甲方批准后执行;

④变更需要延长工期时,应按有关规定办事。

(3)变更引起本合同工程或部分工程的施工组织和进度计划发生实质性变动,以致影响本项目和其他项目的单价或合价时,发包人和承包人都有权要求调整本项目和其他项目的单价或合价,监理人应与发包人和承包人协商确定。

(4)完工结算时,如果出现全部变更工作引起合同价格增减金额超过15%,除按以上原则增减金额外,还需对合同价格进行调整,其调整金额由监理人与发包人和承包人协商解决。如果协商后未达成一致意见,则应由监理人在进一步调查工程实际情况后提出调整意见，征得发包人同意后将调整结果通知承包人。

6.2 违约事件的处理和监理工作方法

6.2.1 承包人违约的处理

对于承包人违约，监理机构应依据施工合同约定进行下列工作：

(1)在及时进行查证和认定事实的基础上，对违约事件的后果作出判断。

(2)及时向承包人发出书面警告，限其在收到书面警告后的规定时限内予以弥补和纠正。

(3)在承包人收到书面警告的规定时限内仍不采取有效措施纠正其违约行为或继续违约，严重影响工程质量、进度，甚至危及工程安全时，监理机构应限令其停工整改，并在规定时限内提交整改报告。

(4)在承包人继续严重违约时，监理机构应及时向发包人报告，说明承包人违约情况及其可能造成的影响。

当发包人向承包人发出解除合同通知后，监理机构应协助发包人按照合同约定派员进驻现场接收工程，处理解除施工合同后的有关合同事宜。

6.2.2 发包人违约的处理

对于发包人违约，监理机构应依据施工合同约定进行下列工作：

(1)由于发包人违约，致使工程施工无法正常进行，在收到承包人书面要求后，监理机构应及时与发包人协商，解决违约行为，赔偿承包人的损失，并促使承包人尽快恢复正常施工。

(2)在承包人提出解除施工合同要求后，监理机构应协助发包人尽快进行调查、认证和澄清工作，并在此基础上，按有关规定和施工合同约定处理解除施工合同后的有关合同事宜。

6.3 索赔的处理程序和监理工作方法

6.3.1 索赔的处理程序

索赔的处理程序见附录二图7。

6.3.2 索赔的监理工作方法

6.3.2.1 分析引起索赔的原因

在施工承包合同履行过程中，由于现场条件复杂，影响因素多，以及原来的设计、合同文件不可能完美无缺，因此引起索赔的原因很多，主要有以下几方面：

(1)发包人违约。

(2)合同缺陷。

(3)不利自然条件和客观障碍。

(4)监理工程师指令。

监理工程师指令通常表现为监理工程师指令承包人加速施工。

(5)国家政策及法律、法令变更。

(6)其他承包人干扰。

6.3.2.2 可以索赔的费用

(1)所发生的费用应该是承包人履行合同所必需的，即如果没有该费用支出，就无法合理履行合同,无法使工程达到合同要求。

(2)给予补偿后,应该是承包人处于发生索赔事项情况下的同等有权或无权地位(承包人在投标中所确立的地位),即承包人不因索赔事项的发生而额外受益或额外受损。

6.3.2.3 不允许索赔的费用

(1)承包人的索赔准备费用。

(2)工程保险费用。

(3)因合同变更或索赔事项引起的工程计划调整、分包合同修改等费用。

(4)因承包人的不适当行为而扩大的损失。

(5)索赔金额在索赔处理期间的利息。

6.3.2.4 索赔费用的计算

索赔费用的计算方法应根据《水利水电工程施工合同》的规定进行。

6.3.2.5 监理工程师对索赔的审查与合理处理

监理工程师对索赔要求的审查和合理处理,是施工阶段投资控制的一个重要方面,包括以下主要工作。

1)承包人向发包人的索赔

(1)审定索赔权。

工程施工索赔的法律依据,是该工程项目的合同文件,也要参照有关施工索赔的法规。监理工程师在评审承包人的索赔报告时,首先要审定承包人的索赔要求有没有合同法律依据,即有没有该项索赔权。

(2)事态调查和索赔报告分析。

①分析索赔事项。

对承包人索赔事项进行分析的目的是,从施工的实际情况出发,对发生的一系列变化对施工的影响,进行客观的可能状态分析,从而判断承包人索赔要求的合理程度。即在因受到干扰而发生索赔事项的条件下,对承包人造成的可能损失款额或工期,进行客观公正的评价。在进行索赔事项可能状态的分析时,要根据承包人提出的索赔原因和论证资料,以及索赔事项发生时的政治、经济、社会和物价等情况,进行综合分析,计算出在正常、公正的条件下所引起的经济损失或工期延误。

②仔细分析索赔报告。

监理工程师应对索赔报告仔细审核,包括合同根据、事实根据、证明材料、索赔计算、照片和图表等,在此基础上提出明确的意见或决定,正式通知承包人。

2)发包人向承包人的索赔

发包人向承包人的索赔是针对承包人向发包人而言的,他是对要求索赔者的反措施,是变被动为主动的一个策略性行动。当然,无论是发包人向承包人的索赔还是承包人向发包人索赔,都应以该工程项目的施工承包合同文件为依据,决不是无根据的讨价还价,更不是无理取闹。

6.4 合同争议的调解

6.4.1 友好协商解决

友好协商解决工作首先主要委托给监理工程师,发生争议后,要求合同双方首先向监

理工程师提出,监理工程师作出公正的决定后,与合同双方进行协商。友好协商解决可采用下面两种方式:

(1)监理工程师与争议双方反复协商,达成双方均可接受的解决办法,由监理工程师出面正式决定,通知合同双方照办。

(2)邀请中间人调解,沟通双方的意见,再通过友好协商达成一致的解决办法。

监理工程师在接到任何一方争端申诉以后,应在84天内做出自己的决定,并正式通知争议的双方。如果在84天内监理工程师做不出决定,或争议双方的任何一方不同意监理工程师的决定时,在之后70天以内,争议的任何一方可申请通过仲裁的方式解决争议。

6.4.2 仲裁

采取仲裁方式解决争端,应注意以下几点:

(1)争议的任何一方如欲将合同争议提交仲裁,必须书面通知监理工程师;否则,仲裁机关不受理仲裁要求,不能开始仲裁工作。

(2)仲裁机关在受理仲裁申请后,首先要进行调解,争取协商解决,经过56天的调解仍不能使争议双方达成一致意见时,才正式开始仲裁。

(3)在仲裁期间,承包人仍应努力地进行施工,并保护工程不受损害。项目仍按原合同规定支付工程进度款,合同双方的义务没有改变。

(4)仲裁决定可能推翻监理工程师的决定,也可能与监理的决定基本相同,但是,争议双方必须遵守仲裁决定。

6.5 清场与撤离的监理工作内容

(1)监理机构依据施工合同约定,在签发工程移交证书前,监督承包人完成施工场地的清理,做好环境恢复工作。

(2)监理机构应在工程移交证书颁发后的约定时间内,检查承包人在保修期内为完成尾工和修复缺陷应留在现场的人员、材料和施工设备情况,其余承包人的人员、材料和施工设备均应按批准的计划退场。

7 协调

监理机构主要通过召开周例会、月例会、专题会、现场会的形式协调发包人与承包人之间的关系。

8 工程验收与移交

8.1 工程验收与移交工作内容

(1)协助发包人制订各时段验收工作计划。

(2)编写各时段工程验收的监理工作报告,整理监理部提交和提供的验收资料。

(3)参加或受发包人委托主持分部工程验收,参加阶段验收、单位工程验收、竣工验收。

(4)督促承包人提交验收报告和相关资料并协助发包人进行审核。

(5)督促承包人按照验收鉴定书中对遗留问题提出的处理意见完成处理工作。

(6)验收通过后及时签发工程移交证书。

8.2 分部工程验收监理工作内容

(1)在承包人提出验收申请后,组织检查分部工程的完成情况并审核承包人提交的分部工程验收资料。对提供的资料中存在的问题及时指示承包人进行补充、修正。

(2)在分部工程的所有单元工程已经完建且质量全部合格、资料齐全时,提请发包人及时进行分部工程验收。

(3)主持分部工程验收工作,并在验收前准备应由发包人提交的验收资料和提供的验收备查资料。

(4)分部工程验收通过后,监理部签署分部工程验收鉴定书,并督促承包人按照分部工程验收鉴定书中提出的遗留问题及时进行完善和处理。

8.3 阶段验收监理工作内容

(1)监理部在工程建设进展到基础处理完毕、截流、水库蓄水、机组启动、输水工程通水以及堤防工程汛前、除险加固工程过水等关键阶段之前,提请发包人进行阶段验收的准备工作。

(2)如需进行技术性初步验收,监理部参加并在验收时提交和提供阶段验收监理工作报告和相关资料。

(3)在初步验收前,监理部督促承包人按时提交阶段验收施工管理工作报告和相关资料,并进行审核,指示承包人对报告和资料中存在的问题进行补充、修正。

(4)根据初步验收中提出的遗留问题处理意见,监理部督促承包人及时进行处理,以满足验收的要求。

8.4 单位工程验收监理工作内容

(1)监理部参加单位工程验收工作,并在验收前按规定提交和提供单位工程验收监理工作报告和相关资料。

(2)在单位工程验收前,监理部督促承包人提交单位工程验收施工管理工作报告和相关资料,并进行审核,指示承包人对报告和资料中存在的问题进行补充、修正。

(3)在单位工程验收前,监理部协助发包人检查单位工程验收应具备的条件,检验分部工程验收中提出的遗留问题的处理情况,并参加单位工程质量评定。

(4)对于投入使用的单位工程在验收前,监理部审核承包人因验收前无法完成、但不影响工程投入使用而编制的尾工项目清单和已完工程存在的质量缺陷项目清单及其延期完工、修复期限和相应施工措施计划。

(5)督促承包人提交针对验收中提出的遗留问题的处理方案和实施计划,并进行审批。

(6)投入使用的单位工程验收通过后,监理部签发工程移交证书。

8.5 合同项目完工验收监理工作内容

(1)当承包人按施工合同约定或监理指示完成所有施工工作时,监理部及时提请发包人组织合同项目完工验收。

(2)监理部在合同项目完工验收前,按规定整编资料,提交合同项目完工验收监理工作报告。

(3)监理部在合同项目完工验收前,检验前述验收后尾工项目的实施和质量缺陷的修补情况；审核拟在保修期实施的尾工项目清单；督促承包人按有关规定和施工合同约定汇总、整编全部合同项目的归档资料，并进行审核。

(4)督促承包人提交针对已完工程中存在质量缺陷和遗留问题的处理方案和实施计划，并进行审批。

(5)验收通过后，监理部按合同约定签发合同项目工程移交证书。

8.6 竣工验收监理工作内容

(1)监理部参加工程项目竣工验收前的初步验收工作。

(2)作为被验收单位参加工程项目竣工验收，对验收委员会提出的问题作出解释。

9 保修期监理

9.1 保修期的起算、延长和终止

9.1.1 保修期的起算

按施工合同约定，本工作保修期自工程移交证书中写明的全部工程完工日开始算起。

9.1.2 保修期的延长

若保修期满后仍存在施工期的施工质量缺陷未修复或有施工合同约定的其他事项，监理部在征得发包人同意后，作出相关工程项目保修期延长的决定。

9.1.3 保修期的终止

保修期或保修延长期满，承包人提出保修期终止申请后，监理机构在检查承包人已经按照施工合同约定完成全部其应完成的工作，且经检验合格后，28天内签署和颁发保修责任终止证书给承包人。

9.2 保修期监理的主要工作内容

(1)监理部督促承包人按计划完成尾工项目，协助发包人验收尾工项目，并为此办理付款签证。

(2)督促承包人对已完工程项目中所存在的施工质量缺陷进行修复。在承包人未能执行监理机构的指示或未能在合理时间内完成修复工作时，监理机构可建议发包人雇用他人完成质量缺陷修复工作，并协助发包人处理由此所发生的费用。

若质量缺陷是由发包人或运行管理单位的使用或管理不周造成，监理部受理承包人因修复该质量缺陷而提出的追加费用付款申请。

(3)督促承包人按施工合同约定的时间和内容向发包人移交整编好的工程资料。

(4)签发工程项目保修责任终止证书。

(5)签发工程最终付款证书。

(6)保修期间现场监理部保留必要的人员和设施，撤离其他人员和设施，或将设施移交发包人。

10 信息管理

10.1 信息采集、资料整理及文档管理制度

10.1.1 信息采集

信息采集，就是收集原始信息，监理人员主要从以下几方面进行信息采集。

(1)现场监理工程师每日及时填写监理日志。

(2)现场监理工程师对关键部位或关键工序进行旁站监理,并及时填写旁站记录。

(3)现场监理工程师按月向项目法人提交监理月报。

(4)监理人员对承包人的指令,以及设计、施工、发包人和上级部门提供的信息。

(5)工程质量记录。

(6)单元质量评定记录。

(7)试验记录。

(8)会议记录。

10.1.2 资料整理及文档管理制度

对在工程建设实施过程中形成的原始信息进行收集积累、加工整理、立卷归档和检索利用等一系列工作,为了管好和用好监理资料,单位还建立一套相应的文档管理制度。资料及文档管理均采用计算机辅助管理。

10.2 监理报表

(1)承包人用表按照规范要求报表。

(2)监理机构用表按照规范要求报表。

11 安全生产与文明施工的监督

监理机构主要从以下几方面进行安全生产与文明施工的监督:

(1)监督各承包人建立、健全安全生产与文明施工保证体系,落实安全生产责任制和管理制度。

(2)核查设计图纸是否符合法律、法规和工程建设强制性标准。

(3)审查承包人报送的施工组织设计中的安全技术措施或者专项施工方案是否符合建设强制性标准。着重审查以下达到一定规模的危险性较大的分部分项工程的专项施工方案:

①抛石工程;

②土方开挖工程;

③模板工程;

④起重吊装工程;

⑤脚手架工程;

⑥拆除工程。

(4)在实施监理过程中,发现存在安全事故隐患的,应当要求承包人整改;情况严重的,应当要求承包人暂时停止施工,并及时报告业主。承包人拒不整改或者不停止施工的,监理部应当及时向有关主管部门报告。

(5)对从事爆破等具有危险性工种的作业人员要求持证上岗。

(6)要求承包人在危险部位设置明显的安全警示标志。

(7)要求承包人在施工过程中加强环境保护工作。督促承包人遵守有关环境保护法律、法规的规定,在施工现场采取措施,防止或者减少粉尘、废气、废水、固体废物、噪声、振动及施工照明对人和环境的危害与污染。

(8)监督承包人落实三级安全生产教育制度。

(9)要求承包人制定本单位生产安全事故应急救援预案,建立应急救援组织,配备必要的应急救援器材、设备。

(10)定期组织建设各方对工程进行安全生产与文明施工检查。

(11)检查防洪度汛措施并提出建议。

(12)参加重大的安全事故调查。

12　监理设施

12.1　本工程投入的监理设施

本工程投入的主要监理设施见表5-7。

表5-7　主要监理设施清单

序号	设施名称	型号	数量	单位	备注
1	计算机		1	台	
2	相机	索尼	1	台	
3	打印机	惠普	1	台	
4	常用检测工具		1	批	

12.2　设施使用的规章制度

(1)计算机、打印机不使用时用布盖好。

(2)未征得总监理工程师同意,不允许在计算机内私自安装软件。

(3)常用检测工具使用后要及时进行维护,并妥善保管。

实例二　山东省日照市东港区圈村水库除险加固工程监理工作报告

1　工程概况

1.1　工程简介

见案例一工程项目基本概况。

1.2　主要参建单位

项目法人:日照市东港区小(2)型病险水库除险加固工程建设处

设计单位:日照水利勘测设计院有限公司

监理单位:日照水源工程建设监理有限公司

施工单位:临沂水利工程处

检测单位:山东省水利试验中心

质量监督单位:日照市东港区水利工程建设质量与安全监督站

2　监理规划

2.1　监理组织机构

日照水源工程建设监理有限公司受业主委托,承担了本工程的监理任务,于2012年3月7日派员进场,成立了东港区2012年小型水库除险加固工程监理项目部,并进行施工监理日常工作。

根据《监理委托合同书》确定的监理范围,在总监理工程师赵建东的主持下,在详细阅读了监理项目有关资料的基础上,结合监理的具体条件,编制了《监理规划》及《监理细则》,其内容明确反映了监理工作的"三控制"、"二管理"、"一协调"的工作流程和监理人员的岗位职责。它是开展项目监理工作的指导性文件。

2.2　工程项目划分

由项目法人组织各参建单位根据《水利水电工程施工质量检验与评定规程》(SL 176—2007)和相关规范进行了项目划分,并报东港区水利工程质量监督管理站进行批准。根据东港区水利工程质量监督管理站的文件要求,本标段工程共划分为1个单位工程,5个分部工程,详见表5-8。

表5-8　圈村水库除险加固工程项目划分

单位工程名称	分部工程名称	该分部单元工程数
日照市东港区圈村水库除险加固工程	大坝迎水坡工程	7
	大坝坝顶及管理设施工程	8
	大坝背水坡工程	7
	放水洞工程及附属工程	7
	溢洪道及交通桥工程	13

2.3　质量检测方法

在施工阶段,监理对工程质量的检测,采取施工单位自检、监理机构抽检相结合的方法进行,对进场的水泥、砂、碎石、石料等原材料必须具有出厂合格证,并由施工单位负责按规定取样送到工程质量检测站进行检测,将试验报告单报监理机构审查,经监理机构审查合格的原材料才允许进场使用,不合格材料则清理出场。

2.4　建立验收制度

为使施工监理工作顺利进行,制定了以下有关制度:工程开工报审制度,基础开挖验槽和建基面处理检查制度,料场清理检查制度,单元工程验收制度,安全生产检查制度,完工初验制度,施工情况汇报制度。为确保施工质量,验收制度着重在每道工序的施工质量上,在每道工序完成后,必须进行自检和报监理、业主复查验收,建立"每道工序完成,未经验收合格不得进行下道工序施工"制度,每个单元工程的工序全部完成后方可进行单元工程验收。

3 监理过程

3.1 监理依据

(1)监理委托合同、施工承包合同及施工技术设计图纸、设计变更文件等。

(2)《水工混凝土施工规范》(DL/T 5144—2001)。

(3)《水利水电建设工程验收规程》(SL 223—2008)。

(4)《水利水电工程施工质量检验与评定规程》(SL 176—2007)。

(5)《碾压式土石坝施工规范》(DL/T 5129—2001)。

(6)《水电水利工程混凝土防渗墙施工规范》(DL/T 5199—2004)。

(7)其他相关规程、规范的有关参数及标准。

3.2 质量控制

3.2.1 事前控制

3.2.1.1 制定施工质量控制原则

(1)以施工及验收规范、工程质量评定标准为依据,督促施工单位全面实现本工程项目施工合同约定的质量目标。

(2)对本工程项目全过程实施质量控制,以质量预控为重点。

(3)对本工程项目的人、机、料、法、环境等因素,进行全面质量控制,监督施工质量保证体系落实到位。

(4)严格坚持工序质量不合格或未进行验收不予签证,下一道工序不得施工的制度。

3.2.1.2 进行工程项目划分

受业主委托组织设计、施工单位依据有关规范、规程,结合圈村水库除险加固工程实际情况,共划分了1个单位工程、5个分部工程。

编写监理实施细则,明确监理例行程序。

结合本工程实际,分别编制了以下实施细则:

(1)《工程监理工作细则》。

(2)《施工测量监理实施细则》。

(3)《土石方开挖工程施工监理实施细则》。

(4)《原材料质量控制监理实施细则》。

(5)《土石坝填筑工程施工监理实施细则》。

(6)《迎水面坝坡工程施工监理实施细则》。

(7)《浆砌石工程施工监理实施细则》。

(8)《混凝土工程施工监理实施细则》。

(9)《施工质量验收与评定》。

并将监理实施细则下发现场监理人员和施工单位执行,向施工单位下发监理作业表格,明确质量签证程序。

3.2.1.3 向施工单位移交测量基准点及审查施工单位放样成果

在工程开工前,监理人员会同业主、设计单位相关人员在工地现场向施工单位移交测量控制点,要求施工单位保护好所有测量控制点,并对施工单位的测量放样数据进行审查和校验。

3.2.1.4 审批施工单位报送的施工组织设计

施工单位按照各标段的设计文件、施工合同的要求及工地实际提交某某除险加固工程施工组织设计,由总监理工程师审批。

3.2.1.5 检查施工单位的质量保证体系

施工单位委托有相应资质的质量检测单位进行检测,建立了班组自检、专职质检员复检和质检负责人终检的"三检"制度,完成了质量保证体系文件的编制。

3.2.1.6 检查开工条件

(1)施工设备进场查验:施工单位组织施工设备进场,均向监理工程师报送进场设备报验单,由监理工程师对报验单中的设备数量、型号、技术性能进行检查。

(2)原材料进场检验:在生产试验和施工使用前,施工单位均向监理机构报送原材料进场报验单,监理工程师检查出厂检验报告及合格证、施工单位的复检报告。

(3)下达工程开工令:本项目工程实施过程中,共下达1份合同工程开工令,开工令中开工日期为2012年3月13日。

3.2.2 事中控制

3.2.2.1 监督工序质量控制工作

监督施工单位完善工序质量控制,对于重要的工程部位或专业施工如黏土心墙回填施工、现浇混凝土等项目施工,监理人员均进行旁站监理。

3.2.2.2 施工过程中进行质量报验

上道工序完成后,先由施工单位自检,经施工单位"三检"合格后,向监理工程师提交工程质量报验单及中间交工证书,经监理工程师复检,签署合格意见确认其质量。

3.2.2.3 施工过程中的质量检查(测)

对原材料及中间产品的取样检查,按照有关规程、规范由施工单位进行自检,监理进行抽样检查(测)。

对施工过程中的质量,监理机构采取巡视、旁站、跟踪检查等方法,对施工全过程进行质量控制。及时发现施工中存在的质量问题或隐患,以监理工程师联系单(通知)下发整改指令,保证施工质量符合设计、规范要求。

3.2.3 事后控制

3.2.3.1 质量事故及缺陷处理

本项目工程施工过程中,并未出现较大的质量事故,但由于施工单位技术力量薄弱或其他外部因素影响,均存在不少质量缺陷。对于施工过程中出现的质量缺陷,监理工程师及时会同相关技术人员,找出造成质量缺陷的原因,制定补救措施进行修复,并要求施工单位进行整改。

3.2.3.2 工程质量评定与验收

单元工程完成后,其施工质量评定,先由施工单位进行自评,提出自评意见及质量等级,后由监理工程师复核,提出复核意见,并核定质量等级。分部工程质量等级先由施工单位自评,监理单位复核其质量等级,再由业主组织分部工程验收工作组对分部工程进行验收,核定分部工程质量等级。单位工程由验收委员会进行验收,并由质量监督单位核定其质量等级。本项目共划分为1个单位工程、5个分部工程、42个单元工程。2012年9月30日由日照市东港区小(2)型病险水库除险加固工程验收组主持,进行了圈村水库分部工程验收和单位工程外观质量验收。

本工程共划分为5个分部工程,质量全部优良。其中,第一分部大坝迎水坡工程共7个单元工程,全部合格,6个优良,优良率85.7%,其中重要(隐蔽)工程3个,3个优良,优良率100%;第二分部大坝坝顶及管理设施工程共8个单元工程,全部合格,7个优良,优良率87.5%,其中重要(隐蔽)工程5个,5个优良,优良率100%;第三分部大坝背水坡工程共7个单元工程,全部合格,7个优良,优良率100%,其中重要(隐蔽)工程3个,3个优良,优良率100%;第四分部放水洞工程及附属工程共7个单元工程,全部合格,7个优良,优良率100%,其中重要(隐蔽)工程5个,5个优良,优良率100%;第五分部溢洪道及交通桥工程共13个单元工程,全部合格,12个优良,优良率92.3%,其中重要(隐蔽)工程9个,9个优良,优良率100%。项目所有单元工程合格率100%,优良率93%,完工资料齐全,且单位工程外观得分率经项目法人组织各参建单位评定达到93.12%,单位工程质量等级自评为优良。

3.3 进度控制

3.3.1 工程进度控制的主要任务

(1)协助业主编制工程控制性总进度计划;

(2)审查施工单位报送的施工进度计划及分阶段提交的详细进度计划;

(3)对工程进展及实施过程进行监督、检查和控制;

(4)按合同文件规定受理施工单位申报的工程延期申请;

(5)向业主提供关于施工进度的建议及分析报告;

(6)依据工程建设监理合同规定,向业主编报工程进度报表;

(7)组织进度协调与现场生产会议。

3.3.2 工程进度控制的方法

3.3.2.1 审查批准施工进度计划

在每一个合同工程、分部工程开工前,监理工程师对施工单位提交的施工进度计划进行审查。

3.3.2.2 加强施工进展的检查与协调

根据工程的进度,逐月检查工程进度计划的实际情况,及时发现、协调和解决影响工程进展的外部条件和干扰因素,促进工程施工的顺利进行。

3.3.2.3 发出加快工程进度、加速施工的指令

对由于施工单位的责任或原因造成施工进度拖延,及时发出了要求施工单位加快工程进度、加速施工的指令。

3.3.2.4 调整工程进度计划

对于非施工单位的责任或原因(如天气影响、汛期防汛等)导致施工进度计划在执行过程中必须进行实质性修改时,监理工程师按照工程承建合同文件的规定对施工单位重新上报的施工进度计划进行了审核批准。

3.3.2.5 工程停工与复工

本工程未下发过停工令。

3.3.3 实施工程情况

监理部于2012年3月7日对施工单位下发进场通知，并于2012年3月11日进场。经施工准备后，监理部下发开工令，圈村水库除险加固工程开工时间为2012年3月13日。至2012年6月20日完成主体工程施工任务。

3.3.3.1 大坝迎水坡工程

开工时间为2012年3月16日，至2012年5月17日完工。

本工程主要进行了原护坡石、防浪墙拆除抛石压重；迎水坡补土、整平、压实；迎水坡M7.5浆砌石齿墙；迎水坡护坡反滤层铺设；坝坡料石观测台阶砌筑；迎水坡150厚干砌块石护坡等项目施工。

3.3.3.2 大坝坝顶及管理设施工程

开工时间为2012年3月19日，至2012年5月25日完工。

本工程主要进行了坝顶黏土心墙接高；M7.5浆砌防浪墙基础；M7.5浆砌块石防浪墙；M7.5浆砌料石防浪墙压顶；C30混凝土坝顶路面硬化；坝顶路沿石；坝顶照明设施安装；新建管理房等项目施工；坝外防汛路修整。

3.3.3.3 大坝背水坡工程

开工时间为2012年4月2日，至2012年5月28日完工。

本工程主要进行了背水坡补土、削坡、整平、压实；背水坡纵、横向排水沟工程；背水坡干砌块石排水体；背水坡排水体碎石垫层；背水坡排水体M7.5浆砌石压顶；背水坡草皮防护等项目施工。

3.3.3.4 放水洞工程及附属工程

开工时间2012年5月3日，至2012年6月10日完工。

本工程主要进行了放水洞进口维修；放水洞内衬ϕ200PE管安装；放水洞衬管灌浆封堵；蝶阀室土方开挖、回填；钢筋混凝土闸阀井底板、井壁；闸阀室上部结构；蝶阀、伸缩器安装等项目施工。

3.3.3.5 溢洪道及交通桥工程

开工时间2012年5月5日，至2012年6月20日完工。

本工程主要进行了溢洪道开挖、修整；浆砌石桥墩；C30钢筋混凝土桥现浇；钢筋混凝土栏杆现浇；浆砌乱石溢洪道挡土墙基础；M10浆砌溢洪道岸墙、块石镶面；C25混凝土溢洪道护底；浆砌乱石溢洪道护底齿墙；块石垒砌防冲槽等项目施工。

3.3.4 工程工期情况

本工程合同工期为2012年3月12日至2012年6月30日，共3.5个月。经各参建单位共同努力，圈村水库已于2012年6月20日完成了主体项目施工，按期完工。

3.4 投资控制

圈村水库除险加固工程施工项目主要为单价承包，临时工程为合价承包。监理人员对工程投资仅作宏观控制，依据合同及补充合同条款、经批准的设计文件来围绕工程计量支付开展工作。

3.4.1 工程量计算

计量方法:依据设计施工图纸(或工程变更)结合现场实际完成工程情况,按规定的方法进行测算,确定支付工程量。工程总量控制方法采取中间计量的方式进行月计量,最终以完成后实际发生的工程量进行决算。

计量条件:监理工程师、业主代表仅对按设计要求完成的、施工质量合格并按合同文件规定必须进行支付的工程项目,才予以计量。

计量签证:监理工程师对每月符合计量条件的可计工程量进行签证确认。

3.4.2 工程款的支付

圈村水库除险加固工程合同中无预付款项目,工程款的支付分施工阶段中月支付、工程完工结算支付两个阶段进行。

3.4.2.1 施工阶段中月支付

中间月支付每月25日前,由施工单位提交工程计量支付申请和计量附件(如图纸、计算方式、计算式、质量检验合格证明等),现场监理人员对施工单位的计量申报进行审查、签证后,由监理机构总监理工程师复审,签署支付意见,报业主单位进行审批支付。

3.4.2.2 工程完工结算支付

工程完工后,由审计单位对工程结算进行审计,审计完成工程验收合格后按合同约定进行支付。

3.5 "两管理"、"一协调"情况

3.5.1 合同管理

监理人员要严格遵照合同条款实施监理,促使合同双方围绕着工期、工程质量、合同价等主要方面执行合同约定。在工程付款中,按合同有关条款规定,审签工程进度款,严把工程进度付款,如实做好完工结算。

3.5.2 信息管理

主要是对施工中的计划、进展情况和施工质量安全等信息,进行资料收集、整理、传递分析、汇报,对有关单位来往文件的处理、传送、存储、整理归档备查。并根据施工中的实际情况,发出口头或书面指令。重大问题,由建设、监理、施工等共同协商研究,再作出信息反馈指令,并做好施工监理日记,反映施工质量、进度、投资、施工组织等情况。

3.5.3 组织协调

根据工程施工监理工作原则与建设单位授予的权限,监理与参建单位及其他主管部门密切配合,在督促检查施工单位严格履行施工承包合同的职责和义务的同时,充分发挥监理的职责与技能,协助建设单位为工程建设施工创造好的外部周边环境,协助施工单位做好施工协调工作,排除或减轻施工干扰。

4 监理效果及存在问题

4.1 监理效果

圈村水库除险加固工程项目虽然受诸多客观条件的影响致使监理工作难度较大,但监理人员能够认真履行监理职责,深入实际,调查研究,依据科学数据和事实,并运用合同规定处理具体合同事务,从而使本工程无论是质量、投资控制以及在有效施工期内的施工

进度控制都取得了明显的效果。

4.1.1 质量控制方面

4.1.1.1 施工质量检测情况

在施工过程中,施工单位自检时,监理人员采取见证取样形式。

1)原材料试验成果的整理与评价

(1)水泥。

本工程使用的水泥为“大宇”牌 P. O32.5 级水泥,施工中各抽取水泥 1 组,其各种物理力学指标均符合现行国标规定。

(2)粗、细骨料。

本工程使用的细骨料为日照陈疃镇河沙,共抽取试样 2 组。成果表明各项物理、化学指标均符合有关规范要求。

另外本工程使用的粗骨料为日照五莲产碎石,共抽取粗骨料 2 组。成果表明粗骨料的各项物理、化学指标符合有关规范要求。

(3)钢材。

本工程使用的钢材抽取钢筋 $\phi12$ 等规格钢筋 1 组,其各项指标均符合国标规定。

(4)石料。

本工程岩块石料,岩性为晶屑凝灰岩。施工中共抽取试样 1 组,成果表明,该岩石料各项物理力学指标符合设计及有关规范要求。

2)中间产品及成品检测成果的整理与评价

(1)大坝工程质量检测成果的整理与评价。

根据设计要求,大坝坝顶为 C30 混凝土路面,上游护坡为干砌石护坡。

本期施工中坝顶公路 C30 混凝土取 1 组试块,其 R_{28} 天抗压强度为 30.5 MPa,根据《水利水电工程施工质量检验与评定规程》(SL 176—2007)中规定,同一强度等级混凝土试块 28 天龄期抗压强度的组数只有 1 组时,混凝土试块强度应同时满足下列要求:

$$R \geq 1.15R_{标}$$

即

$$30.5\ \text{MPa} > 1.15 \times 25 = 28.75(\text{MPa})$$

上述 1 组 C30 混凝土试块判定为合格。

(2)防渗工程质量检测成果的整理与评价。

根据设计,回填黏土压实度不小于 0.96。

对黏土回填压实度检测 10 组,成果变幅为 0.963 ~ 0.982,合格率为 100%,满足设计要求。

(3)溢洪道工程质量检测成果的整理与评价。

根据设计,溢洪道底板为 C25 混凝土。

溢洪道底板 C25 混凝土抽检 1 组,其 R_{28} 天龄期抗压强度为 29.2 MPa,根据《水利水电工程施工质量检验与评定规程》(SL 176—2007)中规定,同一标号(或强度等级)混凝土试块 28 天龄期抗压强度只有 1 组时,混凝土试块强度应满足下式要求:

$$R \geq 1.15R_{标}$$

$$29.2\ \text{MPa} > 28.75\ \text{MPa}$$

上述1组混凝土试块的抗压强度判定为合格。

4.1.1.2　质量等级评定情况

本工程共划分1个单位工程，单位工程质量等级合格；共划分5个分部工程，分部工程质量等级全部合格，详见表5-9。

表5-9　圈村水库除险加固工程质量评定汇总表

单位工程名称	分部工程名称	单元工程质量评定				
		总个数	合格数/合格率(%)	优良数/优良率(%)	关键单元数	优良数/优良率(%)
圈村水库除险加固工程(优良)	大坝迎水坡工程	7	7/100%	6/85.7%	3	3/100%
	大坝坝顶及管理设施工程	8	8/100%	7/87.5%	5	5/100%
	大坝背水坡工程	7	7/100%	7/100%	3	3/100%
	放水洞工程及附属工程	7	7/100%	7/100%	5	5/100%
	溢洪道及交通桥工程	13	13/100%	12/92.3%	9	9/100%

4.1.2　进度控制方面

本工程实际开工日期为2012年3月13日，至2012年6月20日完成施工，按期完工。

4.1.3　投资控制方面

本工程合同价款为1 531 200元，实际结算价款有所增加(以最终审计为准)，投资增加主要在以下方面：

(1)防汛公路土方开挖工程量占总开挖工程量比例较大。

(2)大坝坝坡补土工程量比例较大。

(3)根据变更指令要求，齿墙基础排淤换沙工程量较大。

4.2　存在问题及处理意见

圈村水库除险加固工程主体项目虽已经完工，但大坝变形观测设施还未进行施工，在大坝运行过程中将无法了解大坝位移、沉降及渗水情况，建议业主单位能够进行完善。

5　工程评价

5.1　大坝工程

(1)外观尺寸：圈村水库加固后坝顶桩号为0+000~0+116，坝顶高程为68.00 m，上游坝脚高程为60.2 m，大坝迎水坡坡比为1:2.5，下游坝坡坡比为1:2.25。经检测质量满足设计要求。

(2)坝顶公路：圈村水库加固后坝顶路面宽3.6 m，由上至下分别为180 mmC30混凝土面层、120 mm碾压碎石垫层。经检测质量满足设计要求。

(3)上游坝坡：上游坝坡60.20 m至68.00 m高程间由下至上分别为350 g/m^{2}的反滤土工布、150 mm砂砾石垫层、长×宽×厚为0.5 m×0.25 m×0.15 m的干砌方块石。

经检测质量满足设计要求。

(4)下游坝坡:下游坝坡进行了坝坡清理,并进行了培土施工,坝坡为草皮护坡。沿坝轴线在大坝0+030、0+080、0+130桩号处各设排水沟一道,其中0+180处做成台阶式,沟路两用;坝后坡脚处设横向排水沟一道,两坝肩处各设斜向排水沟一道,与坝后坡脚外侧的横向排水沟相接。排水沟沟内尺寸为300 mm×400 mm,底部采用M7.5浆砌乱石,边墙采用M7.5浆砌料石,沟壁厚均为150 mm。经检测质量满足设计要求。

(5)排水工程:下游坝坡桩号0+110~0+158段,设贴坡式排水设备,顶高程58.0 m,外边坡1∶2.25。排水体顶最大宽1.10 m,采用M7.5浆砌块石压顶,外坡面采用干砌方块石护砌,厚度均为0.15 m,内侧设反滤层,总长度为48 m。经检测质量满足设计要求。

5.2 溢洪道、生产桥工程

溢洪道进水渠桩号为0-005~0+000,渠长5 m,底宽5 m,墙高为0.7~2.2 m。边墙采用M10浆砌乱石重力式挡土墙,块石镶面,墙内根据高度设1~2排ϕ50硬塑排水管,间距2 m,排距1 m,梅花形布置。

控制段桩号为0+000~0+007段,为宽顶堰,堰顶高程为64.80 m。堰顶长7 m,为矩形断面,底宽5.0 m。两岸采用M10浆砌块石重力墙及交通桥"U"形支墩防护,墙高3.2 m。墙内设2排ϕ50硬塑排水管,间距2 m,排距1 m,梅花形布置。

溢洪道泄槽段桩号为0+007~0+100,净宽58 m,总长度93 m,护底采用C30混凝土硬化处理,两岸采用M10浆砌块石重力墙防护,挡墙净高2.8~1.6 m,渠底高程64.80~64.75 m。底板为0.3 m厚C25混凝土。

经检测,溢洪道施工质量满足设计要求。

生产桥为简支板结构,桥板为C30钢筋混凝土现浇,桥面宽4.5 m,净宽3.7 m,桥顶高程68.0 m,桥长12.6 m,净跨5.0 m。桥面铺装C40细石混凝土铺装层,最大厚度0.13 m。U形桥台为M10浆砌块石砌筑,基础长5.1 m,宽4.8 m。桥面两侧设混凝土预制栏杆。

生产桥施工质量满足设计要求。

5.3 放水洞工程

圈村水库大坝左端,0+178桩号处,原有ϕ300混凝土无压涵管,内衬ϕ200PE管,长度38 m,管外充填水泥浆。放水洞出口新建蝶阀室。

经检测质量满足设计要求。

5.4 其他工程

(1)进库及上坝公路情况:本次加固工程对进库接村1 250 m防汛公路进行了加固施工,路面采用回填C30混凝土硬化。

(2)观测设施建设情况:本次加固工程观测设施只进行了水位观测设施水尺的建设。

(3)管理房建设情况:本次加固工程新建管理房60 m^2,装修并设院墙及进行院内地面硬化。

6 经验及建议

6.1 业主的支持是保证工程顺利完成的基础

在整个施工过程中,业主领导对监理方在各方面都给予了大力的支持和协助,积极支持监理方的各项管理措施和监理手段，为工程的顺利完成提供了保证。

6.2 协调、沟通的重要性

在项目实施过程中，有很多的协调沟通工作要做，一个成功的监理项目部既要严格监理工程，也要同承包商建立良好的监理和被监理的合作关系，站在不同的角度为了一个共同目的，做好各自工作，只有这样才能出色地控制好质量、进度、投资等各项指标。

6.3 监理项目部自身建设

监理工作需要丰富的现场管理经验和扎实的理论水平，综合素质要求很高，要做一个优秀的监理工作者，只有取彼之长，补己之短，在工作中不断提高自身素质，才能更好地把监理工作做好。

7 附件

7.1 监理机构的设置与主要人员情况表

监理机构的设置与主要人员情况见表5-10。

表5-10

姓名	职务	职称	备注
×××	总监理工程师	高级工程师	
×××	监理工程师	工程师	
×××	监理工程师	工程师	
×××	监理工程师	工程师	

7.2 工程建设监理大事记

(1)2012年3月12日监理单位下发合同项目开工令。

(2)2012年3月16日大坝迎水坡工程开工。

(3)2012年3月19日大坝坝顶及管理设施工程开工。

(4)2012年4月2日大坝背水坡工程开工。

(5)2012年4月29日临时管理房开始施工。

(6)2012年5月3日放水洞工程开工。

(7)2012年5月5日溢洪道及交通桥工程开工。

(8)2012年5月10日临时管理房完工。

(9)2012年5月12日水利局×局长、×科长、总监理工程师×××等来工地检查整治情况。

(10)2012年5月17日大坝迎水坡工程完工。

(11)2012年5月23日水利局×局长、×科长、总监理工程师×××等来工地检查整治情况。

(12)2012年5月25日大坝坝顶及管理设施工程完工。

(13)2012年5月28日大坝背水坡工程完工。

(14)2012年6月10日放水洞工程完工。

(15)2012年6月20日溢洪道工程完工。

职业能力实训

实训一 基本知识训练

一、单项选择题

1. 下列有关监理规划的内容中,( )应当最先规划确定。

A. 项目监理组织　　B. 投资、进度、质量控制

C. 信息管理　　D. 监理总目标

2. 下列人员中,( )不是建设工程监理规划的参编或审查者。

A. 企业技术负责人　　B. 总监理工程师

C. 专业监理工程师　　D. 监理员

3. 关于工程项目三大目标的内容在监理规划的( )中规定。

A. 建设工程监理目标　　B. 工程项目概况及建设工程监理目标

C. 工程项目概况　　D. 监理范围

4. 建设工程监理目标是项目监理机构建立的前提,应根据( )确定的监理目标建立项目监理机构。

A. 监理实施细则　　B. 委托监理合同

C. 监理大纲　　D. 监理规划

5. 监理单位的( )中应明确提出拟配备到工程项目中的主要监理人员,并对他们的基本情况进行介绍。

A. 监理大纲　　B. 监理合同

C. 监理规划　　D. 监理细则

6. 按有关规定,监理业务完成后监理单位应向项目法人提交( )。

A. 工程竣工图　　B. 工程技术总结

C. 监理档案资料　　D. 工程决算

7. 在监理工作结束时,监理单位应向建设单位提交的资料或文件是( )。

A. 监理工作总结　　B. 工程验收资料

C. 工程质量评定资料　　D. 监理合同文件

8. 下列不属于建设工程监理规划作用的是( )。

A. 监理规划是建设监理主管机关对监理单位监督管理的依据

B. 监理规划指导项目监理机构全面开展监理工作

C. 监理规划指导具体监理业务的开展

D. 监理规划是业主确认监理单位履行合同的主要依据

9. 下列文件中,( )是编制设计阶段监理规划的重要依据。

A. 施工合同　　B. 设计文件　　C. 监理合同　　D. 设计合同

10. 监理规划的表达方式应当(　　)。

A. 规律化　　B. 随意化　　C. 格式化、标准化　　D. 具体化

11. 建设工程监理规划在监理工作中起着重要的作用,下述对监理规划作用的表述中不正确的是(　　)。

A. 监理规划需要对项目监理机构开展的各项监理工作作出全面、系统的组织和安排

B. 监理规划的作用之一是政府建设工程监理主管机构对监理单位监督管理的依据,是监理单位在设立定级、升级时应提交的主要资料之一

C. 监理规划应当能够为业主监督监理合同的履行提供依据

D. 监理单位对项目监理机构的工作进行考核,其主要依据之一就是监理规划

12. 下列工程建设监理程序中,(　　)项工作是错误的。

A. 编制工程建设监理规划,然后分专业编制建设监理细则

B. 按照建设监理细则,进行建设监理

C. 组织工程竣工验收

D. 建设监理任务完成后,向项目法人提交监理档案资料

13. 依据现行《水利工程建设项目施工监理规范》,监理规划的编制应针对项目的实际情况,明确项目监理机构的(　　),确定具体的监理工作。

A. 工作目标　　B. 总监理工程师　　C. 工作内容　　D. 工作方法

14. 建设部《关于落实建设工程安全生产监理责任的若干意见》规定,监理规划中应当包括(　　)。

A. 安全监理的范围、内容、工作程序和制度措施

B. 安全监理的方法、措施和控制要点

C. 对施工单位安全技术措施的检查方案

D. 对施工单位应急救援计划的检查方案

15. 下列文件中,由专业监理工程师编制并报总监理工程师批准后实施的操作性文件是(　　)。

A. 监理规划　　B. 监理实施细则　　C. 监理大纲　　D. 监理月报

16. 编制建设工程监理规划需满足的要求是(　　)。

A. 基本构成内容和具体内容都具有针对性

B. 基本构成内容和具体内容都应当力求统一

C. 基本构成内容应力求统一,具体内容应有针对性

D. 基本构成内容应有针对性,具体内容应力求统一

17. 监理规划中,建立健全项目监理机构,完善职责分工,落实质量控制责任,属于质量控制的(　　)措施。

A. 技术　　B. 经济　　C. 合同　　D. 组织

18. 依据现行《水利工程建设项目施工监理规范》,监理实施细则的主要内容包括(　　)。

A. 项目监理机构的组织形式　　B. 监理工作的控制要点及目标值
C. 监理设施　　D. 监理工作制度

19. 监理实施细则应在(　　)完成,并必须经(　　)批准。
A. 召开第一次工地会议前　总监理工程师
B. 相应工程施工开始前　当地建设主管部门
C. 相应工程施工开始前　总监理工程师
D. 相应工程施工开始前　项目业主

20. 监理工作总结包括(　　)。
A. 向业主提交的监理工作总结
B. 向政府有关部门提交的工作总结
C. 向资质年检部门提交的工作总结
D. 向总监理工程师提交的工作总结

21. 监理文件中,(　　)关系可以比作施工图设计与初步设计的关系。
A. 监理大纲与监理细则　　B. 监理规划与监理细则
C. 监理规划与监理大纲　　D. 监理细则与监理规划

22. 监理规划应当在(　　)的基础上编制。
A. 监理合同　　B. 监理投标文件
C. 监理大纲　　D. 业主的监理招标文件

23. 工程建设照片和声像资料收文登记后,应交给项目总监或(　　)进行处理,重要文件内容应在监理目标中记录。
A. 项目经理　　B. 授权的监理人员
C. 授权的监理工程师　　D. 监理单位技术负责人

24. 监理规划对项目监理机构的作用是(　　)。
A. 监督管理监理单位的活动
B. 指导项目监理机构全面开展项目监理工作
C. 监督监理单位执法情况
D. 提供工程竣工的档案资料

25. 下列不属于监理实施细则内容的是(　　)。
A. 控制要点及目标值　　B. 监理工作流程
C. 专业工作特点　　D. 本工程的试验项目及其要求

26. 在下列监理文件档案中,需要建设单位、监理单位、城建档案管理部门均保存的文件是(　　)。
A. 预付款报审与支付　　B. 供货单位资质材料
C. 有关造价控制监理通知　　D. 监理实施细则

27. 建设工程监理规划的审核应看其监理范围监理工作内容是否(　　)。
A. 理解了业主对该工程的建设意图　　B. 包括了全部委托的工作任务
C. 与合同要求和建设意图相一致　　D. 适合工程的特点

28. 监理单位投标书的核心内容是(　　)。

A. 监理规划　　B. 监理大纲
C. 监理费报价　　D. 目标控制措施

29. 下列关于监理大纲、监理规划、监理实施细则的表述中,错误的是(　　)。
A. 它们共同构成了建设工程监理工作文件
B. 监理单位开展监理活动必须编制上述文件
C. 监理规划依据监理大纲编制
D. 监理实施细则经总监理工程师批准后实施

30. 监理规划的基本内容不包括(　　)。
A. 合同管理和信息管理　　B. 工作目标和工作流程
C. 监理组织和目标控制　　D. 监理细则和监理收费

31. "负责编制本专业的监理实施细则"是(　　)的基本职责。
A. 总监理工程师　　B. 专业监理工程师
C. 总监理工程师代表　　D. 监理员

32. 下列不属于建设工程监理规划作用的是(　　)。
A. 监理规划是建设监理主管机关对监理单位监督管理的依据
B. 监理规划指导项目监理机构全面开展监理工作
C. 监理规划指导具体监理业务的开展
D. 监理规划是业主确认监理单位履行合同的主要依据

33. 根据建设工程监理程序,项目总监理工程师开展监理工作第一步是(　　)。
A. 主持编写监理规划　　B. 主持制定监理细则
C. 完善项目监理组织　　D. 组织制定监理大纲

34. 建设工程监理工作文件中的监理大纲是(　　)时编制的。
A. 监理单位在投标　　B. 建设单位在招标
C. 监理单位在签订合同　　D. 监理单位在实施监理

35. 在制定监理规划时,应将关于会议制度和报告制度的内容放在(　　)中。
A. 组织协调　　B. 合同管理　　C. 信息管理　　D. 目标控制

二、多项选择题

1. 监理大纲、监理规划、监理实施细则的区别是(　　)。
A. 监理实施细则是开展监理工作的依据,而其他不是开展监理工作的依据
B. 编审时间不同　　C. 主持编写人身份不同
D. 内容范围不同　　E. 内容粗细程度不同

2. 监理单位在竞争承揽监理业务时应注意的事项有(　　)。
A. 严格遵守国家的法律、法规及有关规定
B. 遵守监理行业职业道德
C. 严格按照批准的经营范围承揽监理业务
D. 拒绝承揽风险较大的监理业务
E. 承揽监理业务的总量要视本单位的力量而定

3. 监理大纲的作用是(　　)。

A. 为今后开展监理工作提出监理方案

B. 指导监理机构全面开展监理工作

C. 为监理单位承揽监理业务服务

D. 编写监理规划的直接依据

E. 具体指导监理各专业开展监理实务作业

4. (　　)职责必须由总监理工程师亲自履行。

A. 主持编写项目监理规划　　B. 审批项目监理实施细则

C. 审查和处理工程变更　　D. 整理工程项目监理资料

E. 审核签署承包单位的申请、支付证书和竣工结算

5. 建设工程监理规划编写的依据是(　　)。

A. 工程项目监理大纲及业主合理要求　　B. 建设工程方面的法规

C. 承包单位信息　　D. 政府批准的建设工程文件

E. 建设工程监理合同及其他建设合同

6. 在监理工作实施过程中，如(　　)，总监理工程师应及时召集专业监理工程师对监理规划进行修订，并按原程序报建设单位。

A. 设计方案重大修改　　B. 承包方式发生变化

C. 建设单位的出资方式发生变化　　D. 工程进度慢

E. 工期和质量要求发生重大变化

7. 监理规划应在(　　)后开始编制。

A. 监理工作范围、内容确定　　B. 监理工作程序确定

C. 签订委托监理合同　　D. 明确项目监理机构的工作目标

E. 收到设计文件

8. 建设工程监理规划编写的依据包括(　　)。

A. 工程建设方面的法律、法规　　B. 总监理工程师批准的工程建设文件

C. 建设工程监理合同　　D. 监理大纲

E. 其他建设工程合同

9. 监理实施细则应包括下列主要内容(　　)。

A. 专业工程的特点　　B. 监理工作的流程

C. 监理工作的控制要点及目标值　　D. 监理设施及人员安排

E. 监理工作的方法及措施

10. 监理工作总结应包括(　　)提交的工作总结。

A. 向监理单位　　B. 向总监理工程师

C. 向政府有关部门　　D. 向业主

E. 向施工单位

11. 项目业主授予监理单位的权力，应明确反映在(　　)中。

A. 监理合同　　B. 监理规划

C. 监理大纲　　D. 施工合同

E. 监理细则

12. 编写监理规划应注意以下要求(　　)。

A. 充分体现建设单位的要求　B. 与承包单位的技术水平相适应

C. 基本内容的构成力求统一　D. 表达方式标准化、格式化

E. 一般应分阶段编写

13. 总监理工程师不得将(　　)等工作委托总监理工程师代表。

A. 主持编写项目监理规划

B. 审批工程延期

C. 确认工程监理机构人员的分工和岗位职责

D. 签发工程暂停令

E. 审查分包单位资质

14. 参与工程建设各方共同使用的监理表格有(　　)。

A. 工程暂停令　B. 工程变更单

C. 工程款支付证书　D. 监理工作联系单

E. 监理工程师通知回复单

15. 制定监理工作程序,应体现(　　)。

A. 事前、事中、事后控制　B. 事前控制

C. 主动控制与被动控制　D. 主动控制

E. 前馈控制

16. 总监理工程师不得将(　　)等工作委托给总监理工程师代表。

A. 调换不称职监理人员　B. 主持编写项目监理规划

C. 审核签认竣工结算　D. 审批项目监理实施细则

E. 审定承包单位的施工组织设计

17. 下列监理文件中,要求在监理单位长期保存的有(　　)。

A. 监理规划　B. 有关质量问题的监理会议纪要

C. 有关进度控制的监理通知　D. 分包单位资质材料

E. 工程竣工总结

18. 下列说法中,符合监理规划的是(　　)。

A. 由项目总监理工程师主持制定

B. 监理规划是签订合同之前制定的

C. 监理规划是开展监理工作的第一步

D. 监理规划相当于工程项目的初步设计

E. 监理规划是指导项目监理机构全面开展监理工作的指导性文件

19. 依据现行《水利工程建设项目施工监理规范》,监理实施细则的主要内容有(　　)。

A. 专业工程的特点　B. 监理工作方法及措施

C. 监理工作的流程　D. 监理工作的控制要点及目标值

E. 监理工作制度

20. 监理规划的主要内容包括(　　)。

A. 工程项目概况、监理工作范围　　B. 监理工作目标、监理工作内容
C. 监理工作依据及程序　　D. 监理工作设施、制度、方法及措施
E. 与项目相关的标准及技术资料

21. 下列关于监理大纲、监理规划、监理实施细则三者之间关系的说法中正确的有(　　)。

A. 三者是相互关联的
B. 它们之间存在明显的依据关系
C. 监理规划一定要严格根据监理大纲的有关内容来编写
D. 监理实施细则一定要在监理规则的指导下进行
E. 监理实施细则一定要在监理大纲的指导下进行

22. 建设工程监理规划编写的依据是(　　)。

A. 工程项目监理大纲及业主合理要求　　B. 建设工程方面的法规
C. 承包单位信息　　D. 政府批准的建设工程文件
E. 建设工程监理合同及其他建设合同

23. 编制监理规划的依据包括(　　)。

A. 施工组织设计　　B. 施工招标文件
C. 监理大纲　　D. 监理合同
E. 业主的正当要求

24. 依据现行《水利工程建设项目施工监理规范》,监理规划的主要内容有(　　)。

A. 工程项目概况　　B. 监理工作范围
C. 监理工作目标　　D. 监理工作依据
E. 监理大纲

实训二　案例分析

某水利工程项目,项目法人(业主)委托某监理公司负责施工阶段的监理工作。该公司副经理出任项目总监理工程师。总监理工程师责成公司技术负责人组织经营、技术部门人员编制该项目监理规划。参编人员根据本公司已有的监理规划标准范本,将投标时的监理大纲做适当改动后编成该项目监理规划,该监理规划经公司经理审核签字后,报送给项目法人(业主)单位。

在第一次工地会议上,项目法人(业主)单位根据监理中标通知书及监理公司报送的监理规划,宣布了项目总监理工程师的任命及授权范围。项目总监理工程师根据监理规划介绍了监理工作内容、项目监理机构的人员岗位职责和监理设施等内容。

问题:

(1)建设监理规划分哪几个层次?它们分别由谁组织编写?

(2)监理规划的主要作用是什么?

(3)请指出该监理项目编制监理规划做法的不妥之处,并写出正确的做法。

(4)请指出“第一次工地会议”上项目法人(业主)单位不正确的做法,并写出正确做法。

附　录

附录一　水利工程建设监理规定

(2006年11月9日水利部部务会议审议通过,水利部令第28号)

第一章　总　则

第一条　为规范水利工程建设监理活动,确保工程建设质量,根据《中华人民共和国招标投标法》、《建设工程质量管理条例》、《建设工程安全生产管理条例》等法律法规,结合水利工程建设实际,制定本规定。

第二条　从事水利工程建设监理以及对水利工程建设监理实施监督管理,适用本规定。

本规定所称水利工程是指防洪、排涝、灌溉、水力发电、引(供)水、滩涂治理、水土保持、水资源保护等各类工程(包括新建、扩建、改建、加固、修复、拆除等项目)及其配套和附属工程。

本规定所称水利工程建设监理,是指具有相应资质的水利工程建设监理单位(以下简称监理单位),受项目法人(建设单位,下同)委托,按照监理合同对水利工程建设项目实施中的质量、进度、资金、安全生产、环境保护等进行的管理活动,包括水利工程施工监理、水土保持工程施工监理、机电及金属结构设备制造监理、水利工程建设环境保护监理。

第三条　水利工程建设项目依法实行建设监理。

总投资200万元以上且符合下列条件之一的水利工程建设项目,必须实行建设监理:

(一)关系社会公共利益或者公共安全的;

(二)使用国有资金投资或者国家融资的;

(三)使用外国政府或者国际组织贷款、援助资金的。

铁路、公路、城镇建设、矿山、电力、石油天然气、建材等开发建设项目的配套水土保持工程,符合前款规定条件的,应当按照本规定开展水土保持工程施工监理。

其他水利工程建设项目可以参照本规定执行。

第四条　水利部对全国水利工程建设监理实施统一监督管理。

水利部所属流域管理机构(以下简称流域管理机构)和县级以上地方人民政府水行政主管部门对其所管辖的水利工程建设监理实施监督管理。

第二章　监理业务委托与承接

第五条　按照本规定必须实施建设监理的水利工程建设项目,项目法人应当按照水利工程建设项目招标投标管理的规定,确定具有相应资质的监理单位,并报项目主管部门备案。

项目法人和监理单位应当依法签订监理合同。

第六条 项目法人委托监理业务,应当执行国家规定的工程监理收费标准。

项目法人及其工作人员不得索取、收受监理单位的财物或者其他不正当利益。

第七条 监理单位应当按照水利部的规定,取得水利工程建设监理单位资质等级证书,并在其资质等级许可的范围内承揽水利工程建设监理业务。

两个以上具有资质的监理单位,可以组成一个联合体承接监理业务。联合体各方应当签订协议,明确各方拟承担的工作和责任,并将协议提交项目法人。联合体的资质等级,按照同一专业内资质等级较低的一方确定。联合体中标的,联合体各方应当共同与项目法人签订监理合同,就中标项目向项目法人承担连带责任。

第八条 监理单位与被监理单位以及建筑材料、建筑构配件和设备供应单位有隶属关系或者其他利害关系的,不得承担该项工程的建设监理业务。

监理单位不得以串通、欺诈、胁迫、贿赂等不正当竞争手段承揽水利工程建设监理业务。

第九条 监理单位不得允许其他单位或者个人以本单位名义承揽水利工程建设监理业务。

监理单位不得转让监理业务。

第三章 监理业务实施

第十条 监理单位应当聘用具有相应资格的监理人员从事水利工程建设监理业务。监理人员包括总监理工程师、监理工程师和监理员。监理人员资格应当按照行业自律管理的规定取得。

监理工程师应当由其聘用监理单位(以下简称注册监理单位)报水利部注册备案,并在其注册监理单位从事监理业务;需要临时到其他监理单位从事监理业务的,应当由该监理单位与注册监理单位签订协议,明确监理责任等有关事宜。

监理人员应当保守执(从)业秘密,并不得同时在两个以上水利工程项目从事监理业务,不得与被监理单位以及建筑材料、建筑构配件和设备供应单位发生经济利益关系。

第十一条 监理单位应当按下列程序实施建设监理:

(一)按照监理合同,选派满足监理工作要求的总监理工程师、监理工程师和监理员组建项目监理机构,进驻现场;

(二)编制监理规划,明确项目监理机构的工作范围、内容、目标和依据,确定监理工作制度、程序、方法和措施,并报项目法人备案;

(三)按照工程建设进度计划,分专业编制监理实施细则;

(四)按照监理规划和监理实施细则开展监理工作,编制并提交监理报告;

(五)监理业务完成后,按照监理合同向项目法人提交监理工作报告、移交档案资料。

第十二条 水利工程建设监理实行总监理工程师负责制。

总监理工程师负责全面履行监理合同约定的监理单位职责,发布有关指令,签署监理文件,协调有关各方之间的关系。

监理工程师在总监理工程师授权范围内开展监理工作，具体负责所承担的监理工作，并对总监理工程师负责。

监理员在监理工程师或者总监理工程师授权范围内从事监理辅助工作。

第十三条 监理单位应当将项目监理机构及其人员名单、监理工程师和监理员的授权范围书面通知被监理单位。监理实施期间监理人员有变化的，应当及时通知被监理单位。

监理单位更换总监理工程师和其他主要监理人员的，应当符合监理合同的约定。

第十四条 监理单位应当按照监理合同，组织设计单位等进行现场设计交底，核查并签发施工图。未经总监理工程师签字的施工图不得用于施工。

监理单位不得修改工程设计文件。

第十五条 监理单位应当按照监理规范的要求，采取旁站、巡视、跟踪检测和平行检测等方式实施监理，发现问题应当及时纠正、报告。

监理单位不得与项目法人或者被监理单位串通，弄虚作假、降低工程或者设备质量。

监理人员不得将质量检测或者检验不合格的建设工程、建筑材料、建筑构配件和设备按照合格签字。

未经监理工程师签字，建筑材料、建筑构配件和设备不得在工程上使用或者安装，不得进行下一道工序的施工。

第十六条 监理单位应当协助项目法人编制控制性总进度计划，审查被监理单位编制的施工组织设计和进度计划，并督促被监理单位实施。

第十七条 监理单位应当协助项目法人编制付款计划，审查被监理单位提交的资金流计划，按照合同约定核定工程量，签发付款凭证。

未经总监理工程师签字，项目法人不得支付工程款。

第十八条 监理单位应当审查被监理单位提出的安全技术措施、专项施工方案和环境保护措施是否符合工程建设强制性标准和环境保护要求，并监督实施。

监理单位在实施监理过程中，发现存在安全事故隐患的，应当要求被监理单位整改；情况严重的，应当要求被监理单位暂时停止施工，并及时报告项目法人。被监理单位拒不整改或者不停止施工的，监理单位应当及时向有关水行政主管部门或者流域管理机构报告。

第十九条 项目法人应当向监理单位提供必要的工作条件，支持监理单位独立开展监理业务，不得明示或者暗示监理单位违反法律法规和工程建设强制性标准，不得更改总监理工程师指令。

第二十条 项目法人应当按照监理合同，及时、足额支付监理单位报酬，不得无故削减或者拖延支付。

项目法人可以对监理单位提出并落实的合理化建议给予奖励。奖励标准由项目法人与监理单位协商确定。

第四章 监督管理

第二十一条 县级以上人民政府水行政主管部门和流域管理机构应当加强对水利工

程建设监理活动的监督管理,对项目法人和监理单位执行国家法律法规、工程建设强制性标准以及履行监理合同的情况进行监督检查。

项目法人应当依据监理合同对监理活动进行检查。

第二十二条 县级以上人民政府水行政主管部门和流域管理机构在履行监督检查职责时,有关单位和人员应当客观、如实反映情况,提供相关材料。

县级以上人民政府水行政主管部门和流域管理机构实施监督检查时,不得妨碍监理单位和监理人员正常的监理活动,不得索取或者收受被监督检查单位和人员的财物,不得谋取其他不正当利益。

第二十三条 县级以上人民政府水行政主管部门和流域管理机构在监督检查中,发现监理单位和监理人员有违规行为的,应当责令纠正,并依法查处。

第二十四条 任何单位和个人有权对水利工程建设监理活动中的违法违规行为进行检举和控告。有关水行政主管部门和流域管理机构以及有关单位应当及时核实、处理。

第五章 罚 则

第二十五条 项目法人将水利工程建设监理业务委托给不具有相应资质的监理单位,或者必须实行建设监理而未实行的,依照《建设工程质量管理条例》第五十四条、第五十六条处罚。

项目法人对监理单位提出不符合安全生产法律、法规和工程建设强制性标准要求的,依照《建设工程安全生产管理条例》第五十五条处罚。

第二十六条 项目法人及其工作人员收受监理单位贿赂、索取回扣或者其他不正当利益的,予以追缴,并处违法所得3倍以下且不超过3万元的罚款;构成犯罪的,依法追究有关责任人员的刑事责任。

第二十七条 监理单位有下列行为之一的,依照《建设工程质量管理条例》第六十条、第六十一条、第六十二条、第六十七条、第六十八条处罚:

(一)超越本单位资质等级许可的业务范围承揽监理业务的;

(二)未取得相应资质等级证书承揽监理业务的;

(三)以欺骗手段取得的资质等级证书承揽监理业务的;

(四)允许其他单位或者个人以本单位名义承揽监理业务的;

(五)转让监理业务的;

(六)与项目法人或者被监理单位串通,弄虚作假、降低工程质量的;

(七)将不合格的建设工程、建筑材料、建筑构配件和设备按照合格签字的;

(八)与被监理单位以及建筑材料、建筑构配件和设备供应单位有隶属关系或者其他利害关系承担该项工程建设监理业务的。

第二十八条 监理单位有下列行为之一的,责令改正,给予警告;无违法所得的,处1万元以下罚款,有违法所得的,予以追缴,处违法所得3倍以下且不超过3万元罚款;情节严重的,降低资质等级;构成犯罪的,依法追究有关责任人员的刑事责任:

(一)以串通、欺诈、胁迫、贿赂等不正当竞争手段承揽监理业务的;

(二)利用工作便利与项目法人、被监理单位以及建筑材料、建筑构配件和设备供应单位串通,谋取不正当利益的。

第二十九条 监理单位有下列行为之一的,依照《建设工程安全生产管理条例》第五十七条处罚:

(一)未对施工组织设计中的安全技术措施或者专项施工方案进行审查的;

(二)发现安全事故隐患未及时要求施工单位整改或者暂时停止施工的;

(三)施工单位拒不整改或者不停止施工,未及时向有关水行政主管部门或者流域管理机构报告的;

(四)未依照法律、法规和工程建设强制性标准实施监理的。

第三十条 监理单位有下列行为之一的,责令改正,给予警告;情节严重的,降低资质等级:

(一)聘用无相应监理人员资格的人员从事监理业务的;

(二)隐瞒有关情况、拒绝提供材料或者提供虚假材料的。

第三十一条 监理人员从事水利工程建设监理活动,有下列行为之一的,责令改正,给予警告;其中,监理工程师违规情节严重的,注销注册证书,2 年内不予注册;有违法所得的,予以追缴,并处 1 万元以下罚款;造成损失的,依法承担赔偿责任;构成犯罪的,依法追究刑事责任:

(一)利用执(从)业上的便利,索取或者收受项目法人、被监理单位以及建筑材料、建筑构配件和设备供应单位财物的;

(二)与被监理单位以及建筑材料、建筑构配件和设备供应单位串通,谋取不正当利益的;

(三)非法泄露执(从)业中应当保守的秘密的。

第三十二条 监理人员因过错造成质量事故的,责令停止执(从)业 1 年,其中,监理工程师因过错造成重大质量事故的,注销注册证书,5 年内不予注册,情节特别严重的,终身不予注册。

监理人员未执行法律、法规和工程建设强制性标准的,责令停止执(从)业 3 个月以上 1 年以下,其中,监理工程师违规情节严重的,注销注册证书,5 年内不予注册,造成重大安全事故的,终身不予注册;构成犯罪的,依法追究刑事责任。

第三十三条 水行政主管部门和流域管理机构的工作人员在工程建设监理活动的监督管理中玩忽职守、滥用职权、徇私舞弊的,依法给予处分;构成犯罪的,依法追究刑事责任。

第三十四条 依法给予监理单位罚款处罚的,对单位直接负责的主管人员和其他直接责任人员处单位罚款数额百分之五以上、百分之十以下的罚款。

监理单位的工作人员因调动工作、退休等原因离开该单位后,被发现在该单位工作期间违反国家有关工程建设质量管理规定,造成重大工程质量事故的,仍应当依法追究法律责任。

第三十五条 降低监理单位资质等级、吊销监理单位资质等级证书的处罚以及注销监理工程师注册证书,由水利部决定;其他行政处罚,由有关水行政主管部门依照法定职权决定。

第六章 附 则

第三十六条 本规定所称机电及金属结构设备制造监理是指对安装于水利工程的发电机组、水轮机组及其附属设施,以及闸门、压力钢管、拦污设备、起重设备等机电及金属结构设备生产制造过程中的质量、进度等进行的管理活动。

本规定所称水利工程建设环境保护监理是指对水利工程建设项目实施中产生的废(污)水、垃圾、废渣、废气、粉尘、噪声等采取的控制措施所进行的管理活动。

本规定所称被监理单位是指承担水利工程施工任务的单位,以及从事水利工程的机电及金属结构设备制造的单位。

第三十七条 监理单位分立、合并、改制、转让的,由继承其监理业绩的单位承担相应的监理责任。

第三十八条 有关水利工程建设监理的技术规范,由水利部另行制定。

第三十九条 本规定自2007年2月1日起施行。《水利工程建设监理规定》(水建管〔1999〕637号)、《水土保持生态建设工程监理管理暂行办法》(水建管〔2003〕79号)同时废止。

《水利工程设备制造监理规定》(水建管〔2001〕217号)与本规定不一致的,依照本规定执行。

附录二　施工监理主要工作程序框图

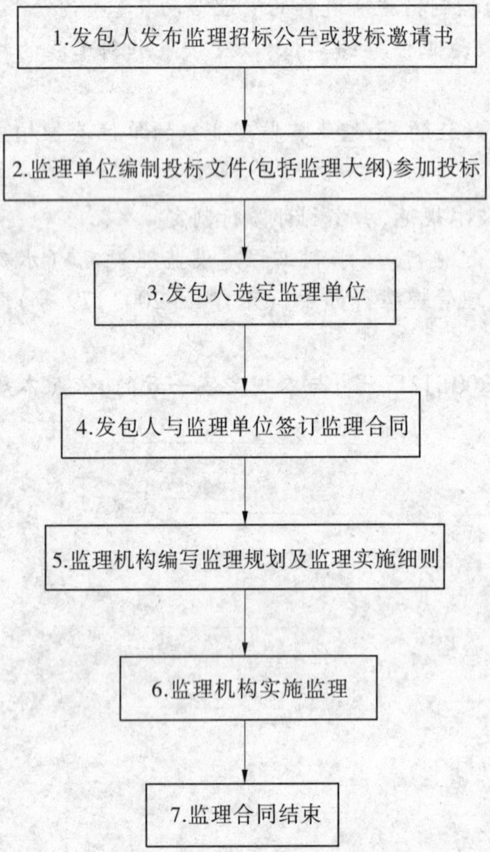

图1　监理单位选择工作程序图

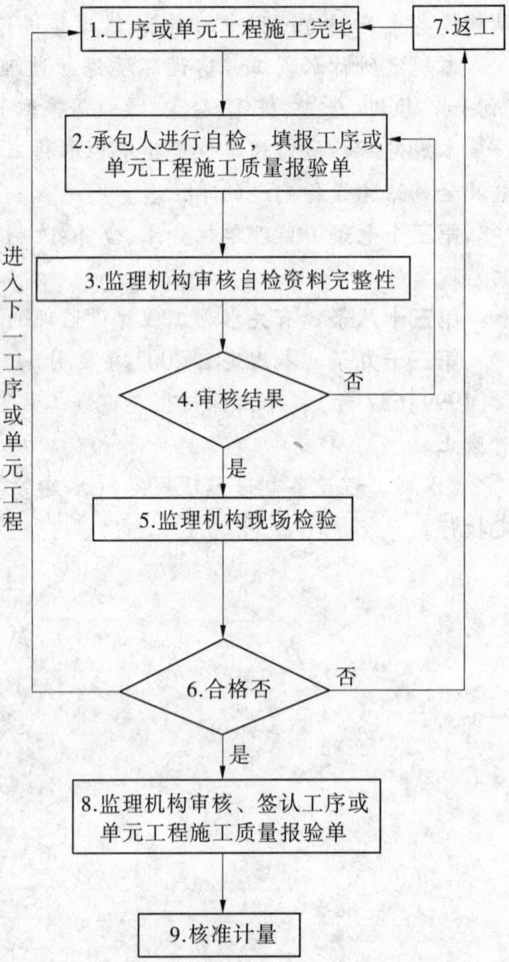

图2　工序或单元工程质量控制监理工作程序图

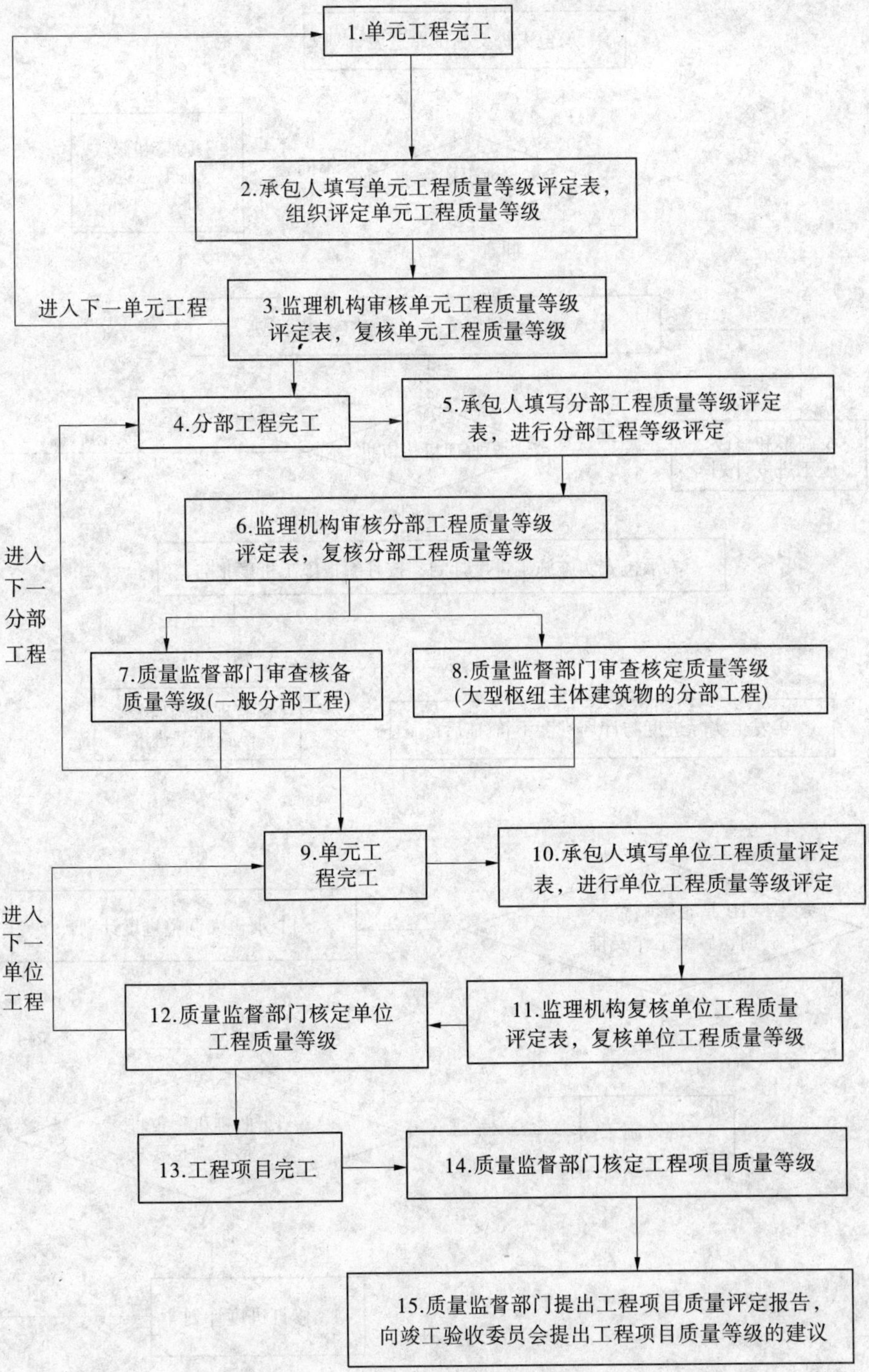

图3 工程质量评定监理工作程序图

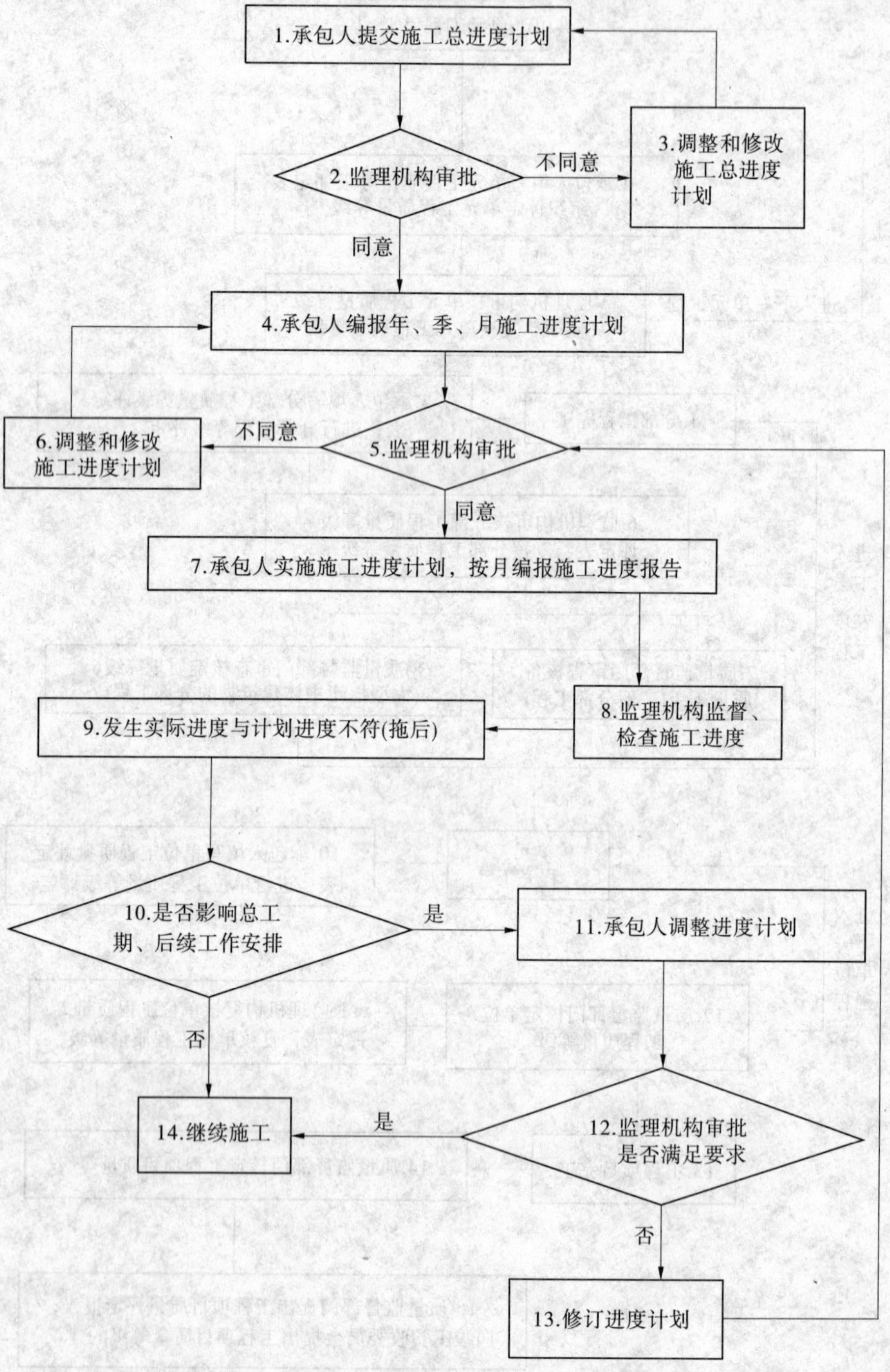

图4　工程进度控制监理工作程序图

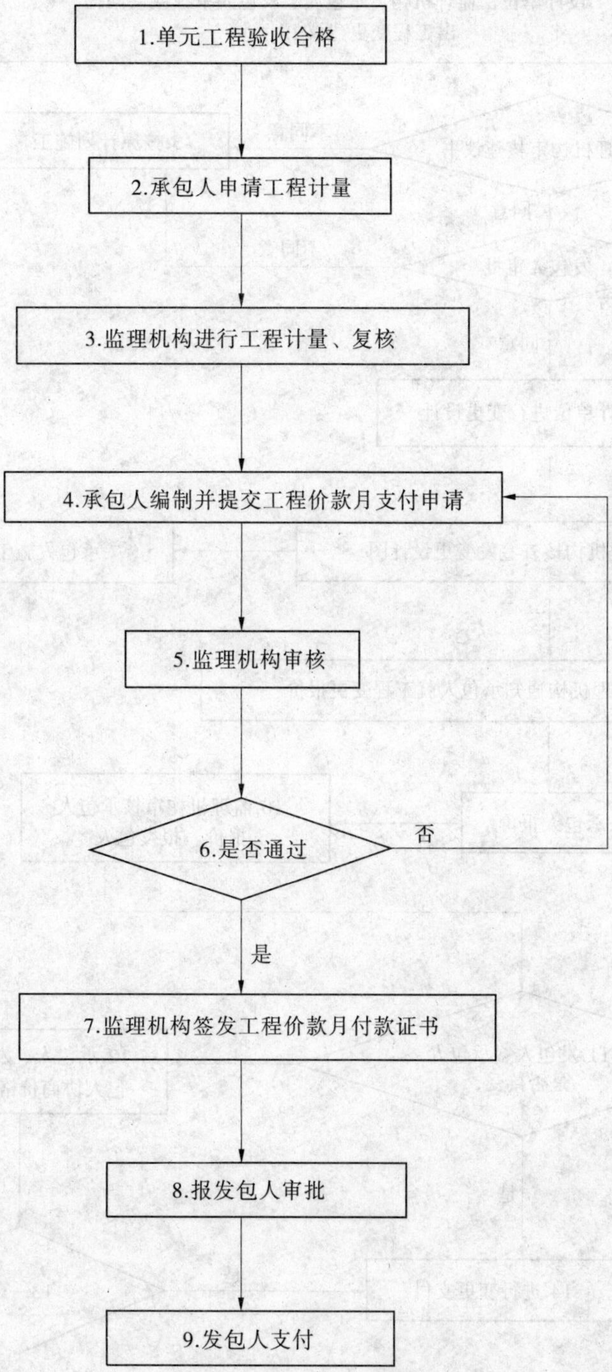

图5 工程款支付监理工作程序图

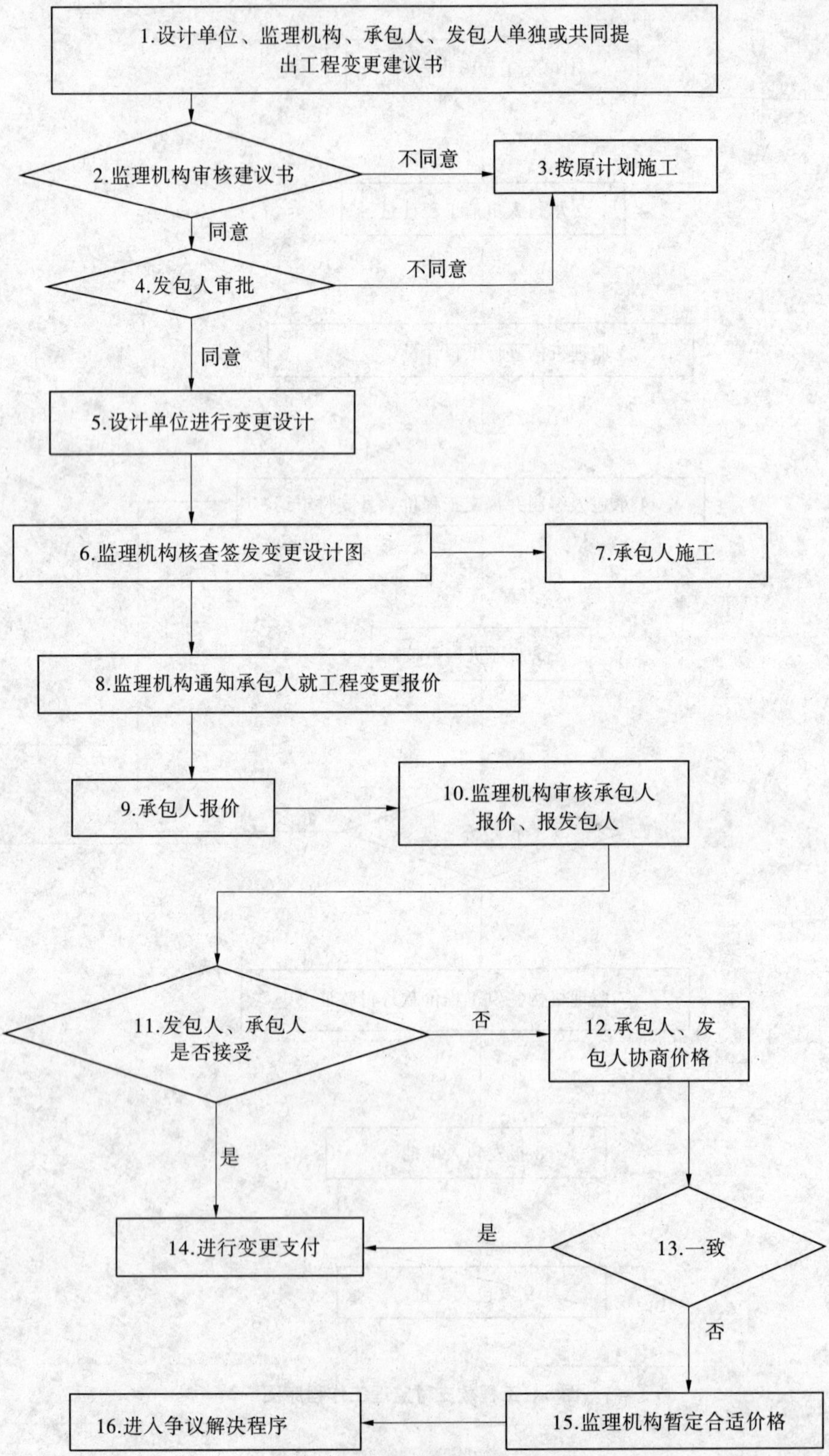

图6 工程变更监理工作程序图

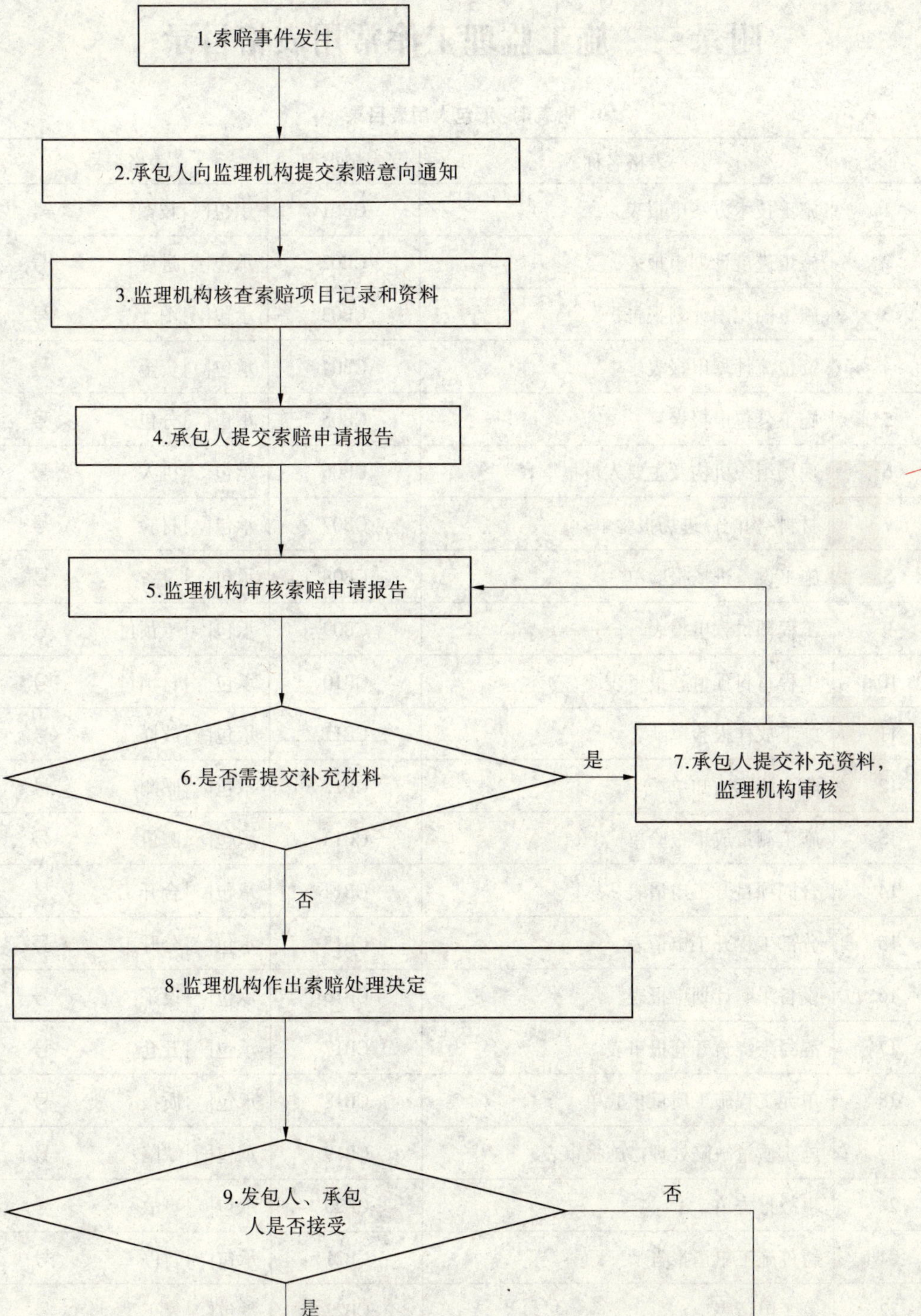

图7 工程索赔处理监理工作程序图

附录三　施工监理工作常用表格目录

附表1　承包人用表目录

序号	表格名称	表格类型	表格编号
1	施工技术方案申报表	CB01	承包[ ]技案　　号
2	施工进度计划申报表	CB02	承包[ ]进度　　号
3	施工图用图计划报告	CB03	承包[ ]图计　　号
4	资金流计划申报表	CB04	承包[ ]资金　　号
5	施工分包申报表	CB05	承包[ ]分包　　号
6	现场组织机构及主要人员报审表	CB06	承包[ ]机人　　号
7	材料/构配件进场报验单	CB07	承包[ ]材验　　号
8	施工设备进场报验单	CB08	承包[ ]设备　　号
9	工程预付款申报表	CB09	承包[ ]工预付　　号
10	工程材料预付款报审表	CB10	承包[ ]材预付　　号
11	施工放样报验单	CB11	承包[ ]放样　　号
12	联合测量通知单	CB12	承包[ ]联测　　号
13	施工测量成果报验单	CB13	承包[ ]测量　　号
14	合同项目开工申请表	CB14	承包[ ]合开工　　号
15	分部工程开工申请表	CB15	承包[ ]分开工　　号
16	设备采购计划申报表	CB16	承包[ ]设采　　号
17	混凝土浇筑开仓报审表	CB17	承包[ ]开仓　　号
18	单元工程施工质量报验单	CB18	承包[ ]质报　　号
19	施工质量缺陷处理措施报审表	CB19	承包[ ]缺陷　　号
20	事故报告单	CB20	承包[ ]事故　　号
21	暂停施工申请报告	CB21	承包[ ]暂停　　号
22	复工申请表	CB22	承包[ ]复工　　号
23	变更申请报告	CB23	承包[ ]变更　　号
24	施工进度计划调整申报表	CB24	承包[ ]进调　　号

续附表 1

序号	表格名称	表格类型	表格编号
25	延长工期申报表	CB25	承包[ ]延期 号
26	变更项目价格申报表	CB26	承包[ ]变价 号
27	索赔意向通知	CB27	承包[ ]赔通 号
28	索赔申请报告	CB28	承包[ ]赔报 号
29	工程计量报验单	CB29	承包[ ]计量 号
30	计日工工程量签证单	CB30	承包[ ]计日证 号
31	工程价款月支付申请书	CB31	承包[ ]月付 号
32	工程价款月支付汇总表	CB31 附表 1	承包[ ]月总 号
33	已完工程量汇总表	CB31 附表 2	承包[ ]量总 号
34	合同单价项目月支付明细表	CB31 附表 3	承包[ ]单价 号
35	合同合价项目月支付明细表	CB31 附表 4	承包[ ]合价 号
36	合同新增项目月支付明细表	CB31 附表 5	承包[ ]新增 号
37	计日工项目月支付明细表	CB31 附表 6	承包[ ]计日付 号
38	计日工工程量月汇总表	CB31 附表 6-1	承包[ ]计日总 号
39	索赔项目价款月支付汇总表	CB31 附表 7	承包[ ]赔总 号
40	施工月报	CB32	承包[ ]月报 号
41	材料使用情况月报表	CB32 附表 1	承包[ ]材料月 号
42	主要施工机械设备情况月报表	CB32 附表 2	承包[ ]设备月 号
43	现场施工人员情况月报表	CB32 附表 3	承包[ ]人员月 号
44	施工质量检验月汇总表	CB32 附表 4	承包[ ]质检月 号
45	工程事故月报表	CB32 附表 5	承包[ ]事故月 号
46	完成工程量月汇总表	CB32 附表 6	承包[ ]量总月 号
47	施工实际进度月报表	CB32 附表 7	承包[ ]进度月 号
48	验收申请报告	CB33	承包[ ]验报 号
49	报告单	CB34	承包[ ]报告 号
50	回复单	CB35	承包[ ]回复 号
51	完工/最终付款申请表	CB36	承包[ ]付申 号

附表 2　监理机构用表目录

序　号	表格名称	表格类型	表格编号
1	进场通知	JL01	监理[ ]进场　　号
2	合同项目开工令	JL02	监理[ ]合开工　　号
3	分部工程开工通知	JL03	监理[ ]分开工　　号
4	工程预付款付款证书	JL04	监理[ ]工预付　　号
5	批复表	JL05	监理[ ]批复　　号
6	监理通知	JL06	监理[ ]通知　　号
7	监理报告	JL07	监理[ ]报告　　号
8	计日工工作通知	JL08	监理[ ]计通　　号
9	工程现场书面指示	JL09	监理[ ]现指　　号
10	警告通知	JL10	监理[ ]警告　　号
11	整改通知	JL11	监理[ ]整改　　号
12	新增或紧急工程通知	JL12	监理[ ]新通　　号
13	变更指示	JL13	监理[ ]变指　　号
14	变更项目价格审核表	JL14	监理[ ]变价审　　号
15	变更项目价格签认单	JL15	监理[ ]变价签　　号
16	变更通知	JL16	监理[ ]变通　　号
17	暂停施工通知	JL17	监理[ ]停工　　号
18	复工通知	JL18	监理[ ]复工　　号
19	费用索赔审核表	JL19	监理[ ]索赔审　　号
20	费用索赔签认单	JL20	监理[ ]索赔签　　号
21	工程价款月付款证书	JL21	监理[ ]月付　　号
22	月支付审核汇总表	JL21 附表 1	监理[ ]月总　　号
23	合同解除后付款证书	JL22	监理[ ]解付　　号
24	完工/最终付款证书	JL23	监理[ ]付证　　号
25	工程移交通知	JL24	监理[ ]移交　　号
26	工程移交证书	JL25	监理[ ]移证　　号
27	保留金付款证书	JL26	监理[ ]保付　　号
28	保修责任终止证书	JL27	监理[ ]责终　　号
29	设计文件签收表	JL28	监理[ ]设收　　号
30	施工设计图纸核查意见单	JL29	监理[ ]图核　　号
31	施工设计图纸签发表	JL30	监理[ ]图发　　号

续附表 2

序　号	表格名称	表格类型	表格编号
32	工程项目划分报审表	JL31	监理[ ]项分　　号
33	监理月报	JL32	监理[ ]月报　　号
34	完成工程量月统计表	JL32 附表 1	监理[ ]量统月　　号
35	工程质量检验月报表	JL32 附表 2	监理[ ]质检月　　号
36	监理抽检情况月汇总表	JL32 附表 3	监理[ ]抽检月　　号
37	工程变更月报表	JL32 附表 4	监理[ ]变更月　　号
38	监理抽检取样样品月登记表	JL33	监理[ ]样品　　号
39	监理抽检试验登记表	JL34	监理[ ]试记　　号
40	旁站监理值班记录	JL35	监理[ ]旁站　　号
41	监理巡视记录	JL36	监理[ ]巡视　　号
42	监理日记	JL37	监理[ ]日记　　号
43	监理日志	JL38	监理[ ]日志　　号
44	监理机构内部会签单	JL39	监理[ ]内签　　号
45	监理发文登记表	JL40	监理[ ]监发　　号
46	监理收文登记表	JL41	监理[ ]监收　　号
47	会议纪要	JL42	监理[ ]纪要　　号
48	监理机构联系单	JL43	监理[ ]联系　　号
49	监理机构备忘录	JL44	监理[ ]备忘　　号

参考文献

[1] 中国水利工程协会. 水利工程建设监理概论[M]. 2版. 北京:中国水利水电出版社,2010.
[2] 中华人民共和国水利部. SL 288—2003 水利工程建设项目施工监理规范[S]. 北京:中国水利水电出版社,2003.
[3] 韦志立,等. 建设监理概论[M]. 2版. 北京:中国水利水电出版社,2001.
[4] 王立权. 水利工程建设项目施工监理实用手册[M]. 2版. 北京:中国水利水电出版社,2004.
[5] 张华. 水利工程监理[M]. 北京:中国水利水电出版社,2004.
[6] 娄鹏,刘景运. 水利工程施工监理实用手册[M]. 北京:中国水利水电出版社,2007.
[7] 陈惠忠,等. 水利水电工程监理实施细则范例[M]. 北京:中国水利水电出版社,2005.
[8] 姜国辉. 水利工程监理[M]. 北京:中国水利水电出版社,2005.
[9] 孙犁. 建设工程监理概论[M]. 郑州:郑州大学出版社,2006.
[10] 钟汉华. 工程建设监理[M]. 郑州:黄河水利出版社,2005.
[11] 张梦宇. 工程建设监理概论[M]. 北京:中国水利水电出版社,2006.
[12] 刘军号. 水利工程施工监理实务[M]. 北京:中国水利水电出版社,2010.
[13] 王海周,杨胜敏. 水利工程建设监理[M]. 郑州:黄河水利出版社,2010.
[14] 中国水利工程协会. 水利工程建设合同管理[M]. 北京:中国水利水电出版社,2007.
[15] 中国水利工程协会. 水利工程建设质量控制[M]. 北京:中国水利水电出版社,2007.
[16] 中国水利工程协会. 水利工程建设投资控制[M]. 北京:中国水利水电出版社,2007.
[17] 中国水利工程协会. 水利工程建设进度控制[M]. 北京:中国水利水电出版社,2007.
[18] 中华人民共和国水利部,国家工商行政管理总局. 水利工程施工监理合同示范文本[M]. 北京:中国水利水电出版社,2007.
[19] 中国水利工程协会. 水利工程建设监理员继续教育教程[M]. 北京:中国水利水电出版社,2008.